彩图一

1.印度象；2.低地貘；3.印度犀牛；4.野驴；5.斑马；6. 单峰骆驼；7.大羊驼；8.驯鹿；9.长颈鹿；10.麂羚；11.臆羚；12.角马；13.欧洲野牛；14.海象；15.海豹；16.海豚；17. 鲸

彩图二

1.格鲁吉亚人；2.阿拉伯人；3.努比亚人；4.中国的汉人；5.尼格罗人；6.澳大利亚人；7.北美印第安人；8.马来人；9.波利尼西亚人

彩图三

1. 猩猩；2. 大猩猩；3. 猕猴；4. 狒狒；5. 卷尾猴；6. 狐猴；7. 狐蝠；8. 吸血蝙蝠；9. 鼹鼠；10. 刺猬；11. 棕熊；12. 北极熊；13.獾；14.貂；15.臭鼬；16. 水獭；17. 狼；18. 狐狸；19. 斑鬣狗；20. 獴

彩图四

1.雄狮和雌狮；2.虎；3.金钱豹；4.野猫；5.猞猁；6.负鼠；7.袋鼠；8.松鼠；9.旱獭；10.仓鼠；11.河狸；12.豪猪；13.雪兔；14.树懒；15.犰狳；16.大食蚁兽；17.穿山甲；18.鸭嘴兽

彩图五

1.金雕；2.胡兀鹫；3.海东青；4.白兀鹫；5.神鹫；6.雕鸮；7.夜鹰；8.白腹毛脚燕；9.燕；10.灰伯劳；11.大山雀；12.夜莺；13.欧亚鸲；14.红尾鸲；15.鹪鹩；16.鸫；17.乌鸫；18.琴鸟

彩图六

1.灰鹦鹉；2.小葵花凤头鹦鹉；3.粉红凤头鹦鹉；4.绯红金刚鹦鹉；5.蓝黄金刚鹦鹉；6.百灵；7.黄鹀；8.苍头燕雀；9.禾雀；10.金翅雀；11.红腹灰雀；12. 家麻雀；13.紫翅椋鸟；14.灰乌鸦；15.喜鹊；16.松鸦；17.金黄鹂；18.小极乐鸟；19.蜂鸟；20. 戴胜；21. 大斑啄木鸟；22.双角犀鸟；23.翠鸟；24. 杜鹃；25.巨嘴鸟；26.斑尾林鸽；27.旅鸽；28.冠鸠

彩图七

1.原鸡；2.红腹锦鸡；3.松鸡；4.黑琴鸡；5.鹑；6.鸵鸟；7.鸨；8.鹭科；9.秃鹳；10.白鹮；11.流苏鹬；12.麦鸡；13.白骨顶；14.火烈鸟；15.绒鸭；16.天鹅；17.银鸥；18.暴风鹱；19.鹈鹕；20.凤头䴙䴘；21.刀嘴海雀；22.王企鹅

彩图八

1.玳瑁；2.尼罗河鳄；3.变色龙；4.捷蜥蜴；5.飞蜥；6.美洲鬣蜥；7.蛇蜥；8.红尾蚺；9.水游蛇；10.蝰蛇；11.眼镜蛇；12.响尾蛇；13.欧洲水蛙；14.树蛙；15.负子蟾；16.蝾螈；17.洞螈；18.钝口螈

彩图九

1. 鲈；2.鲤；3.狗鱼科；4.飞鱼；5.鲱鱼；6.鲑鱼；7.黑线鳕；8.大菱鲆；9.鳗；10.海马；11.四齿鲀；12.鲨；13.鳐；14.七鳃鳗

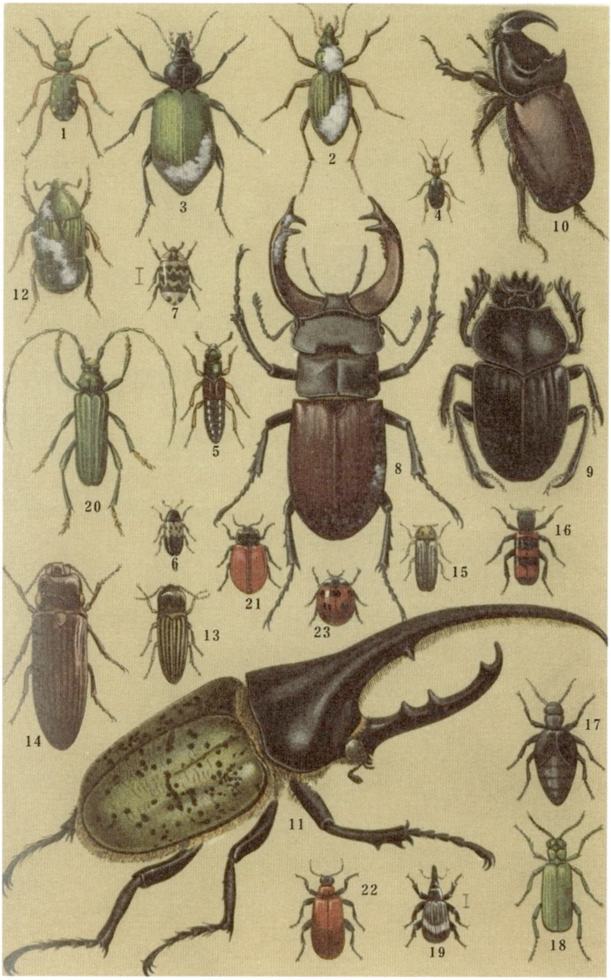

彩图十

1.绿虎甲；2.金步甲；3.金大步甲；4.气步甲；5.红隐翅虫；6.火腿皮蠹；7.标本皮蠹；8.锹甲虫；9.蜣螂；10.角蛀犀金龟；11.长戟大兜虫；12.金花金龟；13.叩甲虫；14.萤叩头虫；15.萤火虫；16.食蜂郭公虫；17.紫短翅芫菁；18.斑蝥；19.苹果花象；20.杨红颈天牛；21.杨树天牛；22.百合花叶甲；23. 普通瓢虫

彩图十一

1. 优红蛱蝶（a.幼虫；b.蛹；c.成虫）；2.孔雀蛱蝶；3.凤蝶（a.幼虫；b.成虫）；4.绢粉蝶；5.红襟粉蝶；6. 鬼脸天蛾；7.六星灯蛾；8. 杨干透翅蛾；9. 蚕蛾（a.幼虫；b.茧；c.蛹；d.成虫）；10. 天幕毛虫（a.幼虫；b.成虫）；11.模毒蛾（a. 幼虫；b.成虫）；12.缟裳夜蛾（a.幼虫；b.成虫）；13.冬尺蛾（a.幼虫；b.成虫）

彩图十二

1. 青蜂；2. 玫瑰瘿蜂；3.沙蜂；4.家蝇；5. 蟌；6. 草蛉；7. 球螋；8. 薄翅螳螂；9. 大绿灌丛蟋蟀；10. 尺蝽；11. 蜈蚣；12.蝎子；13.食鸟蛛；14. 十字园蛛；15. 拟蝎；16.臭虫；17. 海鳌虾；18. 寄居蟹；19. 鼠妇

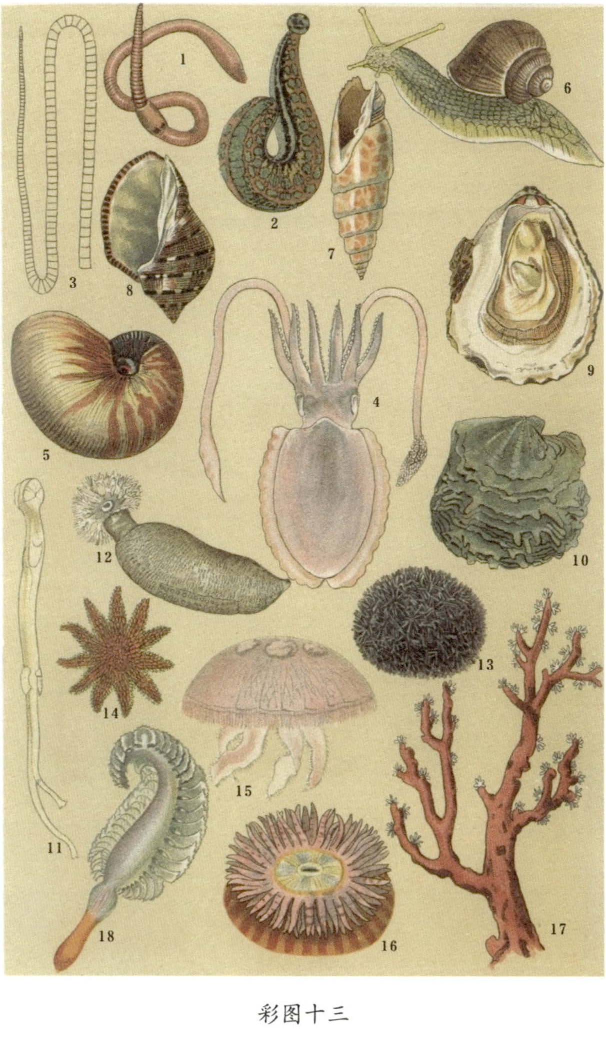

彩图十三

1. 蚯蚓；2. 水蛭；3. 绦虫的节；4. 乌贼；5. 鹦鹉螺壳；6. 罗马蜗牛；7. 笔螺；8.紫螺；9. 牡蛎；10.珠母贝；11. 船蛆；12. 海参；13.海胆；14.太阳海星；15. 水母；16.海葵；17. 红珊瑚；18.海鳃

极简动物图志

〔英〕亨利·舍伦 著　彭小格 译

中国画报出版社·北京

图书在版编目（CIP）数据

极简动物图志 /（英）亨利·舍伦著；彭小格译
. -- 北京：中国画报出版社，2018.8
ISBN 978-7-5146-1634-7

Ⅰ. ①极… Ⅱ. ①亨… ②彭… Ⅲ. ①动物—青少年
读物 Ⅳ. ①Q95-49

中国版本图书馆CIP数据核字(2018)第157244号

极简动物图志

［英］亨利·舍伦 著　彭小格 译

出 版 人：于九涛
责任编辑：郭翠青
责任印制：焦　洋

出版发行：中国画报出版社
地　　址：中国北京市海淀区车公庄西路33号　邮编：100048
发 行 部：010-68469781　010-68414683（传真）
总编室兼传真：010-88417359　版权部：010-88417359

开　　本：32开（880mm×1230mm）
印　　张：11.5
字　　数：306千字
版　　次：2018年9月第1版　　2018年9月第1次印刷
印　　刷：三河市金元印装有限公司
书　　号：ISBN978-7-5146-1634-7
定　　价：68.00元

前言

本书旨在用通俗易懂的语言，对动物界进行简单的介绍。本书的目标读者主要是青少年，因此并未对动物进行正式的分类，通篇采用动物俗称，但也根据现代分类法，简要介绍了动物界的主要分类。作者希望通过本书激起读者对动物的兴趣，鼓励读者去观察动物的习性，引导读者研究人与动物以及动物之间的相互关系。

亨利・舍伦

目　录

第一章　动物的分类

在博物学中，最首要的问题就是物种的分类。

我们以前根据动物的外形与习性的相似性进行分类，得出了许多错误的结论——比如把蹄兔归入啮齿类，把蜜熊归入狐猴科。根据动物的栖息环境分类也不太准确，普林尼（Pliny）就因此将鲸归入鱼类，而在《耶利米书》（*Jeremiah*）中认为它属于哺乳动物[①]。甚至到了17世纪中叶，在约翰·雷（John Ray）提出更科学的分类法之前，博物学者们还认为蝙蝠是属于鸟类的。

目前我们公认的是亲缘关系原则，亲缘关系原则认为现存的所有生命形式都是从更简单的生命形式进化而来——而这种更简单的生命形式同样也起源于更为简单的一些形式；如果继续往前推，直到这个星球上只存在一种生命体，其代表形式就是最低等的阿米巴虫了。

从前，人们习惯根据有无脊椎，将所有动物分为两类——脊椎动物和无脊椎动物。很长一段时间以来，这种分类似乎非常有效，但随着知识的增长，我们发现在无脊椎动物中，有些动物具有明显的脊索或极其类似的结构；而在有脊椎的动物当中，有些却并不是真正的脊椎或关节。还有一些生物，如鲨和鳐，它们的脊柱为软骨质，而并非骨质。

因此，我们可将动物分为三类：

脊椎动物（人、猴、狮子、象、鲸、鸟、爬行动物、蛙、蝾螈和鱼类等）。

脊索动物（文昌鱼、尾索动物或海鞘以及囊舌虫等）。

无脊椎或无脊索动物（乌贼、蜘蛛、昆虫、虾蟹、海星、海胆、蠕虫、海绵、刺胞动物以及原生动物或微生物等）。

① “就连一些海洋巨兽也用胸腔呼吸，也会给后代哺乳。”——《耶利米哀歌》5.3。

其中，一些动物虽有诸多不同，但也有非常独特的共同点，这就构成了纲。比如，肉食动物、鲸类和蝙蝠的幼崽都是由母体哺乳的，应属于同一个纲。它们与其他由母体对幼体进行哺乳的动物一起构成了哺乳纲。鹰、鸵鸟和鸽子的全身披满羽毛，与同样全身覆有羽毛的其他动物组成了鸟纲。

哺乳纲还可简单划分为几个主要的类别。猫、狗和熊主要以捕食同一个纲的动物为生；马、牛和鹿的脚趾都包裹蹄部；河狸、兔类和鼠类的门牙都适合啃咬；等等。这样的分类就是“目”——肉食目、偶蹄目、啮齿目等。

如果我们观察猫科动物（狮、虎、豹）与犬类及狼类的生理结构和习性，就会发现虎、豹和家猫之间具有狗和狼所不具备的共性。因此，虎、豹和家猫被归为猫科，而狗和狼则属于犬科。在猫科动物中，猎豹与其他同科动物之间的关系稍远。如果说狮子、老虎、美洲豹、美洲狮和美洲虎以及其他小型猫类是兄弟，那么猎豹就只能算是个远房亲戚。这种亲属关系的差异使得我们将真正的“猫”归为猫属，而将猎豹归为其他属，这两个属共同构成了猫科的一部分。

最后一层分类是种。“种”这一术语很难定义，可用于表示“彼此之间极为相似的一些动物，它们可能是同一生物的后代，并且彼此之间还能繁衍出与它们同样相似的后代”。

脊椎动物

既然我们了解了脊椎动物的主要特征，那接下来不妨试着画一下脊椎动物的轮廓示意图。

孩子们看到彩绘地砖和绘画描摹书的封面时，大都会产生丰富的联想。它们多是艺术家以“动物”为原型，用传统手法进行加工的。也就是说，我们可以这样理解：这类形象代表了某一类动物，比如马或狮子。如果在头顶加上几笔表示犄角，它就成了一头牛。当然，我们有时会在图形下方明确注释——“这是一头牛”，以免造成误解。

脊椎动物骨架图

早期的一些轮廓图与上图相似——大多为简笔画，而非逼真的图画，但也能清晰地表达我们的想法，甚至比大部分精心绘制的解剖图更为明了。解剖图非常精确，因此只能反映出某一个体的特征，而我们只需要发挥想象力，将简笔画加以改进，就完全可以用来表示七鳃鳗、鱼类、两栖动物、爬行动物、鸟类或者哺乳动物的骨骼。

那条横线代表脊椎，是身体的主要内部支撑，也称为中轴骨，是由若干独立的骨骼组成的。我们在享用兔子、鸡或者鱼做成的美味佳肴时，就可以亲自观察。软骨组织将这些骨骼连接在一起，让它得以自由活动，因此我们才能弯腰和转头。大部分骨骼呈中空状或管状，脊髓通过它们流向最顶层——大脑，而封闭的头骨则对大脑起到了保护作用。

下面四笔形成两个夹角，用来表示四肢，任何脊椎动物的肢数都不超过四个。当然，有些脊椎动物只有两肢，比如某些蜥蜴或鲸类；有的四肢甚至完全退化，比如藏身在灌木丛和种植园里的蛇蜥、游蛇以及蝰蛇；还有些动物的其中一对肢已经退化，而另一对肢发育良好，比如新西兰的无翼之鸟——几维鸟。

上图的特别之处在于头部的另一端。众所周知，它表示尾巴，这种骨质结构存在于生命的某个阶段，但人类、一些猴类、马恩岛猫和豚鼠并不具备这种附器。狗用尾巴表达高兴的情绪；马和牛用尾巴赶走蚊蝇；鸟类和鱼类的尾巴是“方向盘”，也是天然的“螺旋桨”；对一些猴类而言，尾巴可以当作它们的第三只手。

我们可以观察自己的身体，或者观察家猫和宠物兔，来验证上述内容的真实性。双手轻柔地从脖子沿背部游走到尾巴的位置，你会发现脊椎是一条连续的整体，四肢和头骨与其相连。我们一定会发现，四肢与脊椎内的主神经系统的方向并不一致。记住，这样的分布是脊椎动物的共性。尽管脊椎动物都有肢部，但它们的形态和用途各不相同。人的手臂相当于马、狮子、大象、蜥蜴或青蛙的前肢；相当于鸟类或蝙蝠的翅膀；相当于鱼类离头部较近的胸鳍（腹鳍相当于它们的腿）。低等脊椎动物的肢，用途也有差异：通常用于移动，将身体从一个地方搬运到另一个地方；有时前肢或后肢进化为类似于手的抓握器官。大家都见过松鼠蹲坐着用前爪抱起一片饼干啃咬，鹦鹉也会用脚把美味送到嘴里。

一些情况下，例如蟒蛇，虽然身体外部没有四肢，体内却有一对类似肢部的痕迹——这种痕迹有可能会在未来的某一天进化为肢部，也可能是由于原来的肢部因不常使用而退化消失（如鲸鱼和海豚）。重要的是，某一器官因不常使用而退化消失，表明虽然进化是自然的一般法则，但也存在退化或者反向的发展。关于这一点，金斯莱（Kingsley）曾在作品《水孩子》（*Water Babies*）中写道，随便族人（Do as you like）离开了劳作之地，前往位于乐天山脚的安逸之土，那里充斥着胡言乱语。当然，《水孩子》仅仅是一个虚构的故事：作者自己也知道，他也说过这只是个虚构的故事，但其中也展现出许多真理和大量博物学知识。

哺乳动物

对人类而言，哺乳动物比其他动物更为重要，马、牛、羊等有蹄类哺乳动物更是如此。它们有的帮人类拉车和负担重物，有的供人类食用，甚至它们死后的毛皮、蹄也能得到充分利用。

所有哺乳动物都有温暖的红色血液，都用肺而不是用腮呼吸。除鸭嘴兽和针鼹外，幼崽都是胎生，成长过程像蛙类和蝾螈那样，经历生理变态，也就是说，哺乳动物没有幼体期。有袋类哺乳动物出生时并未完全发育，大部分会在母亲的育儿袋里待一段时间。新生的幼崽均由母体用自身分泌的乳汁喂养，这也是哺乳动物名称的由来。

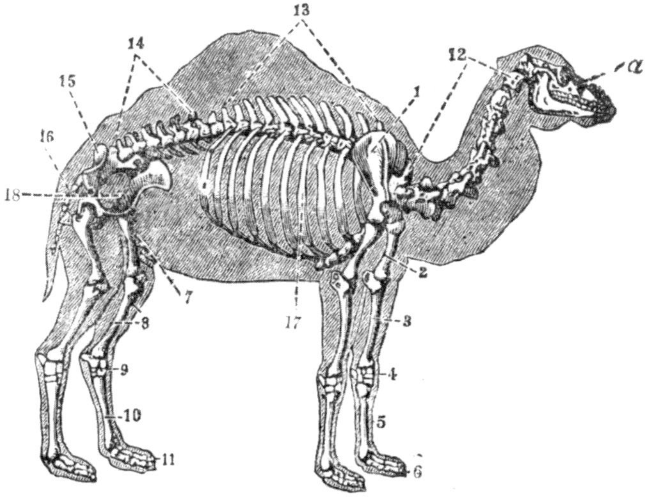

骆驼的骨骼

a.头骨；1.肩胛骨；2.上臂（肱骨）；3.前臂（尺骨）；4.腕部（腕骨）；5.掌骨，相当于人类的手掌；6.趾，相当于手指；7.股骨；8.下肢（胫骨）；9.踝部（踝骨）；10.跖骨，相当于人类的脚底；11.趾，相当于人类的脚趾；12.颈椎；13.脊椎；14.腰椎；15.骶椎；16.尾椎；17.肋骨；18.骨盆

哺乳纲动物的另一个特征是全身被毛。大部分哺乳动物全身或几乎全身长满毛发，不过鲸类的毛发极其稀少，只有嘴巴周围有一圈刚毛，这些刚毛会在它们成年后消失。毛发一般有两种——一种生长在体表，又长又密；短而柔软的，称为绒毛。海狗就是一个典型的例子，许多海狗被人类猎杀，皮毛制成了欧美女性的外套和斗篷。猪科动物有浓密的猪鬃；刺猬和豪猪科动物长满坚硬浓密的棘刺，也称为“刚毛”。穿山甲的身体覆有鳞片，犰狳则长满骨质甲，在这些鳞片和甲片之间，生长着或浓密或稀疏的毛发。绵羊的毛相互粘连，形成紧实的块状，这是由于其表面覆盖着一层微小的鳞片，叫作“绵状毛”。人类除头部外，毛发比较稀少，但虾夷岛的阿依努人天生体毛发达，如同天然的毛衣，因而被称为“毛人”。被毛的作用当然是保暖，身体光滑的

鲸类，皮肤下方有一层厚厚的脂肪，叫作“鲸油”。生活在寒冷地带的哺乳动物，冬天皮毛通常更为厚实，到夏天则会脱落，因此在许多情况下，颜色会发生变化。比如毛皮极其珍贵的白鼬，冬天毛色雪白（通常在这一时期因皮毛珍贵而遭受捕杀），夏季则呈现出灰棕色。

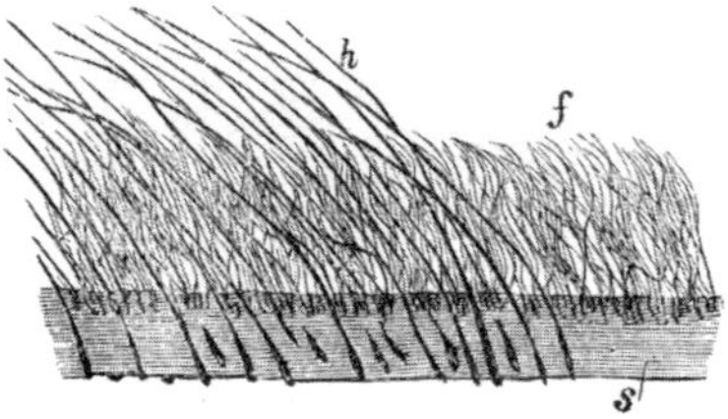

海狗的被毛

s.皮肤；f.短绒毛；h.粗毛

无脊椎动物

无脊椎动物则完全不同，它们的外形各不相同，根据各种奇特的外形差异而被划分为各个门。即便如此，我们对各个门进行详细介绍时，其中的关系也会一清二楚。

第二章　人

在博物学中，如果其他脊椎动物有与人体类似的结构，那么我们通常会用人体结构名称来命名。因此，我们更应认真了解绘于下页的人体骨骼图。

人体骨骼结构极为复杂，由200多块独立的骨骼组成，主要分为两部分，即“中轴骨”和“附肢骨骼”。中轴骨顶端为头骨，与面部骨骼一起构成了头部骨骼结构。

如果沿头骨、脊柱和骨盆画一条直线，将整个骨架分为左右两部分，我们会发现两部分骨骼完全一致，这就是两侧对称，骨架两侧对称是所有脊椎动物的共性。

两侧对称的不仅是四肢，即双臂和双腿，（双臂之间的）胸腔和（双腿之间的）骨盆也是左右对称的，且结构均匀一致。上臂和大腿各有一块骨骼，而前臂和小腿则各有两块；手腕与脚踝的骨骼结构一致；手指与脚趾的相似度也是众所周知。各肢均有5根手指或脚趾，大部分猿类及许多肉食动物等均符合这一特点。足部平铺于地面，（至少人类的）大脚趾与其他脚趾处于同一条线上，但其作用与大拇指不同。

四肢与躯干的连接方式也极为相似：上肢与肩胛骨相连，肩胛骨通过锁骨连接到胸骨，再由强壮的肌肉连接到躯干；骨盆两侧通过髋臼与大腿部骨骼融合为一，与骶椎相连。这些连接部位被称为“肩胛带”和“骨盆带”。

脊柱由上下堆叠的椎骨构成。我们扭动身体时，每块椎骨可小幅度转动。椎骨在人幼年时期共33块，其中一些骨骼会在成年后融合。

脊柱分为5个区域。颈部有7块椎骨（颈椎）；背部有12块椎骨（胸椎）；腰部有7块椎骨（腰椎）。这26块骨骼相互独立，因此也被称为“真椎”。而骶椎和尾椎（在成年后会融合成骶骨和尾骨）被称为“假椎”。因此，成年人的脊柱只有26块椎骨。婴儿时期，整个脊柱的骨质支撑都只向同一个方向弯曲，成长过程中，脊柱的五个区域会各自逐渐形成不同方向的曲线。

这些弯曲具有非常重要的作用：（1）脊柱因此能承受来自头部和肩部的更大重量，向多个方向弯曲的脊柱与只向一个方向弯曲的脊柱所能承受的重量之比为 9 ∶ 1。（2）这种结构更适于身体的运动，尤其是在奔跑时更为轻松。（3）在脊柱的活动中，这种结构能保护脊髓。脊髓与头部相连，向下延续至腰椎的第一块椎骨，并在整个过程中向两侧发出神经，脊髓在腰椎以下缩小成一束白色线状神经。类人猿的脊椎弯曲形态与人类最为接近。但就算是类人猿，它们腰部的弯曲程度也不明显，而人类腰部的弯曲得益于人类直立的姿势。

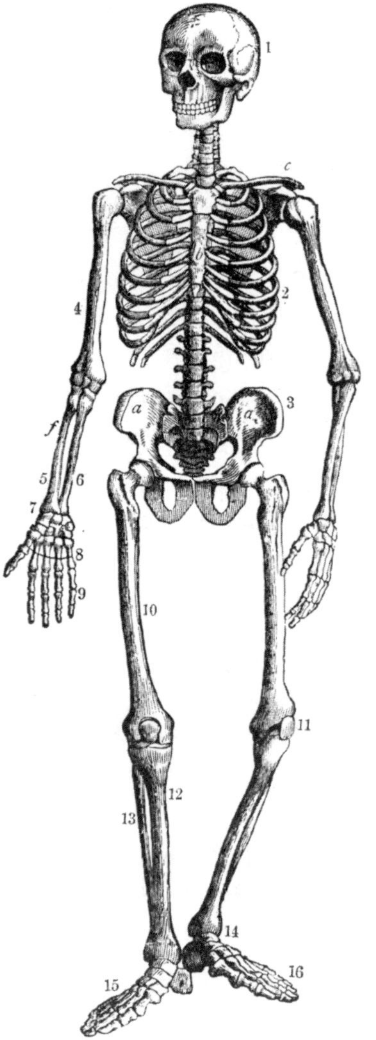

人体骨骼

1.头骨（颅骨）；2.胸腔；b.胸骨；c.锁骨；3.骨盆；a.髋骨；4.上臂（肱骨）；5、6.前臂的骨骼（尺骨和桡骨）；7.腕骨；8.掌骨；9.指骨；10.股骨；11.膝盖骨；12、13.小腿部的骨骼（胫骨和腓骨）；14.踝骨；15.足部的骨骼（跖骨）；16.趾骨

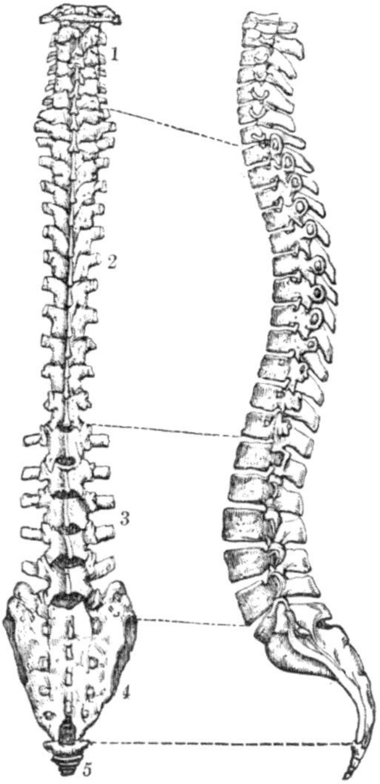

后视图　　　　左视图

脊柱

1.颈部（颈椎）；2.背部（胸椎）；3.腰部（腰椎）；4.骶部（骶骨）；5.尾部（尾骨）

其他脊椎动物的脊椎通常也可按上图中标出的5个区域划分。颈部区域，无论是像长颈鹿的颈部那样长，还是像鲸或鼠海豚的那样短，其椎骨通常都是7块，拥有9块颈椎的三趾树懒和拥有6块颈椎的海牛除外。低级哺乳动物其他部位的椎骨数量差别较大。

人类脊柱的最后一个区域称为“尾骨”，而“尾”一词仅指其他哺乳动物可自由活动的尾巴。之所以会出现这种差别，是人希望将自己与其他哺乳动物区分开来；也可能因为“长了尾巴”的人并不多见。一科学期刊中写道，在某些地方可能存在着一群长尾巴的人类，他们的尾巴也可自由活动。

最顶端的第一椎骨叫作“寰椎”，因为它支撑着头部，就像神话中泰坦巨神的首领支撑着整个寰宇。两侧的凹形关节面与枕骨的突起相对（见人类头骨图，o）。寰椎下方的椎骨是枢椎，从正面看就像一块骨钉，正好嵌进寰椎里，用来完成转头的动作。我们转头时，寰椎也会跟着转动。鸟类和爬行类的头骨只有一个突起，而两栖动物（青蛙和蝾螈）和人类一样有两个突起。其他椎骨形态差别不大，只有大小的区别，越靠下的椎骨尺寸越大，结构越紧实，其他 24 块椎骨的重量都压在坚固的腰椎上。腰椎是骨盆弓的基石。每一块椎骨均由两部分构成，前部是椎体，与后部的环状结构一起串连成封闭的椎管，脊髓就被容纳其中；后部的环状结构有多个骨质突起，这些骨质突起与其他椎骨组成关节，也为肌肉附着提供了条件。我们用手从两肩之间沿脊柱向下摸索，就能清楚地感受到这些棘突。颈部后侧最明显的是颈部的第 7 块（也是最后一块）脊骨的棘突，它的末端为一个球状结构。

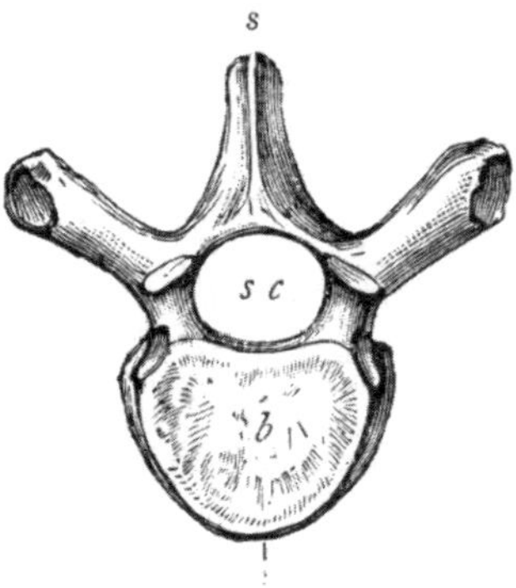

由上往下第六胸椎

b. 椎体；*sc.* 椎管；*s.* 棘突

头部有 22 块骨骼，统称为“颅骨”，其中，8 块构成了颅腔，另外的14块构成了面部支架。这22块骨骼中，只有一块是能够活动的，即下颌骨，用于咀嚼食物，在说话时也起到一些作用。

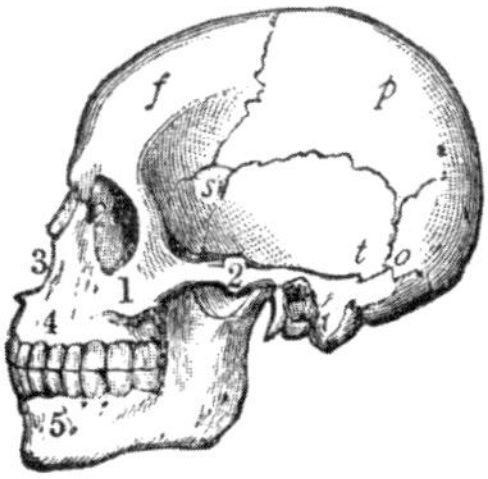

人类头骨

f.额骨；p.顶骨（两边各一）；*t*.颞骨（两边各一）；*o*.枕骨；*s*.蝶骨（构成颅底的一部分且右侧突出）；1.左颧骨；2.颧弓；3.鼻骨；4.上颌左边部分；5.下颌

图中是颅骨和面部的主要骨骼结构（面部支架部分用数字标出）。筛骨位于额骨下方、脸部背面，图中被其他骨骼遮挡。颅骨由不规则的裂缝拼接而成，有点像锯齿和接缝，图中能看到的裂缝称为“骨缝”。骨弓将面部骨骼与颅骨接合，也使肌肉能够附着在上面。许多哺乳动物的上颌骨有4块，而人类只有两块，切牙牙槽所在的部分与其他牙槽所在的不同。人类和一些猴类的下颌骨左右各一。人类的两块下颌骨拼合在一起，形成一个马蹄形骨结构，但有些哺乳动物的下颌骨是通过韧带连接在一起的。下颌骨两边均有一个骨质突起，稀松地插入颞骨的孔洞中，因而能够相对自由地活动。人和肉食哺乳动物的颌骨能上下活动，啮齿动物则是前后活动，而牛和羊的颌骨在反刍时显然是做圆周运动的。

人有两套牙齿。第一套是乳牙，共20颗，长大一些后会换成恒牙，共32颗。牙齿有三种——用于切咬的切牙（门牙）；用于撕碎食物的尖牙——因犬类的尖牙较大，因而也叫作“犬牙”（中国叫“虎牙”）；用于咀嚼的磨牙（臼齿）。幼年时期，我们只有两颗磨牙，长大一些后换成5颗。最靠近尖牙的两颗称为“前磨牙”，后面的3颗才是真正的磨牙。图中牙齿上的数字表示人长出这颗牙的年龄（上图的数字表示年，下图表示月）。人类将其他大部分哺乳动物的牙齿与自己的牙齿进行对比，低等哺乳动物的牙齿也采用同样的方式命名。啮齿动物没有犬牙；肉食动物的尖磨牙与草食的有蹄类哺乳动物的磨牙，在形状上有着较大的差别。

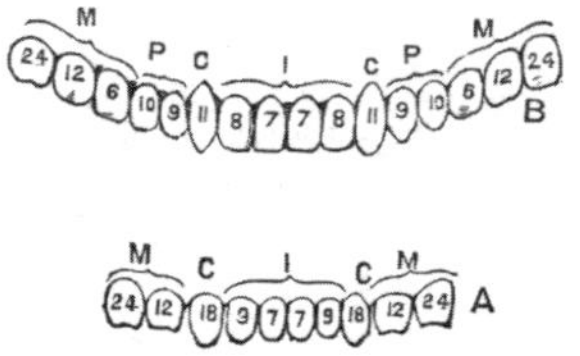

图为上颌的牙齿。A为幼年时期；B为成年时期；

I.切牙；C.尖牙；P.前磨牙；M.磨牙

胸腔是由肋骨将胸骨和腰椎骨连接围合起来的部分，其中胸骨在前方，腰椎骨在后方。肋骨有 12 对，其中 7 对我们称为“真肋”，这些真肋是通过软骨（我们称之为“软肋骨”）连接到胸骨的。剩下的 5 对我们称为“假肋”，其中 3 对通过类似的软骨与上方的肋骨相连，而最下面的两对肋骨因为末端游离，我们称为“浮肋”。胸骨顶部的骨头一端为锁骨，另一端与肩胛骨相连，与肩胛骨共同构成了肩胛带，将上肢与身体连接在一起。

胸腔容纳着心脏和肺——两个主要的生命活动中心——前者是促进血液完成全身循环的引擎；后者是呼吸器官。我们会发现在呼吸过程中，胸腔的腔壁会随着呼吸有规律地起伏，也就是说当空气在鼻腔和口腔中进出时，胸腔也会随之膨胀和收缩，这说明胸腔在呼吸过程中起着至关重要的作用。

骨盆（因形状像盆而得名）支撑着躯干，连接下肢。髋骨在前部合并，背面中部的骨骼像拱门似的楔石一样嵌入五根骶椎。骨盆不仅仅指由骨骼环抱所形成的空洞，还包括与之相连的这些骨骼，这些骨骼也称为“骨盆弓”。哺乳动物普遍都有骨盆，只不过可能存在一定程度的缺陷或差异，比如鲸类和海牛的骨盆只有两根短小的骨骼。有袋类雌性哺乳动物、鸭嘴兽和针鼹的骨盆前部通常有用来支撑育儿袋的两根骨质突起。

人类属于灵长目，与类人猿科、猴科和狐猴科同属一目。这一目中其他成员在外形上或多或少都与人类有些相似，这是灵长目动物的显著特征。灵长目动物的手指和脚趾通常都是5根，但拇指可能很小或完全缺失。大脚趾的趾甲扁平，可能同时具备拇指的功能，因而脚也是其抓握器官。从某种程度而言，小孩的脚也是抓握器官，对于有些民族的成年人来说也是如此。澳大利亚土著能用脚趾捡起长矛，印第安工匠手脚并用，以稳定工艺品。欧洲人虽然穿着鞋子，足部已经丧失了这些技能，但缺乏耐心的小男孩不费吹灰之力，也能赤脚捡起掉在地板上的铅笔。另外，除了指猴没有犬牙外，其他哺乳动物均有切牙、磨牙、尖牙这三种牙齿。

科学界用简洁的语言介绍了人类的物种起源，却对人类本身的进化过程缄口不言。目前有两种理论：一、人类都起源于同一个祖先；二、不同种族的人类在各自所属的区域独自进化。第一种是主流观点。所有种族，无论是具有高度文明的种族，还是最低等的野蛮人，彼此非常相似，这不仅指外形和身体结构，也包括思维方式。这一点或许体现在不同种族的人类拥有相似的信仰和民间传说，而这些信仰和传说很大程度上起源于低级文明发展阶段，是人类对自然现象的某种独立的反映，如日升日落、昼夜交替、闪电雷鸣等。此外，大部分种族自由通婚后能成功繁育后代，也证明他们拥有共同的祖先。

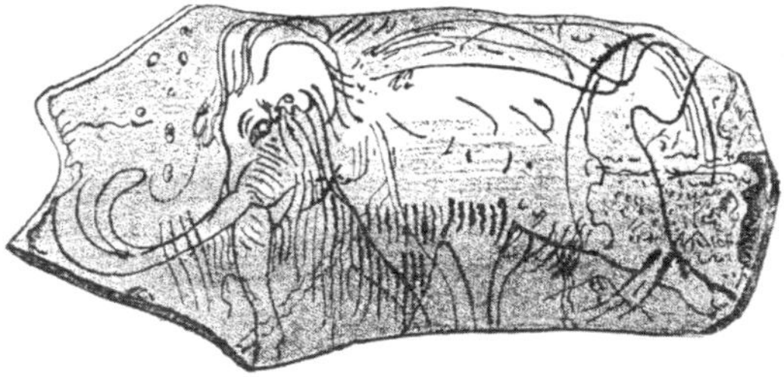

猛犸象牙画上的猛犸象形象

（来自法国马格德林洞穴）

早期人类的样子，我们只能从他们曾使用过的石器、废弃物的遗迹、艺术壁画和一些遗骸中，找寻蛛丝马迹。我们不知道人类最初的家园在哪里，虽然我们在各大陆的搜寻工作尚未彻底完成，但就目前而言，已知最古老的遗迹是在欧洲发现的。一位法国作家认为亚洲是人类的发源地，但在1883年，布林顿（Brinton）博士在美国科学促进协会题为“最早的人类”的演讲中表示，人类的发源地是欧洲南部或非洲北部，或在同纬度的亚洲西部和中南部。他认为进化的过程并非循序渐进，而是在5万到10万年前的冰期或冰期即将来临时，由最高等的类人动物进化而来。根据他的观点，最早的直立行走的人类，前额丰满，头发绯红，眼睛呈蓝色或灰色，体形和外表与现代人无异，或许体毛并不丰富，对他人友善，善于社交，有艺术天赋，掌握着一些语言，懂得如何生火。

人类作为一种动物，与亲缘关系最近的科相比，大脑和颅骨的体积比面部支架更大，身体已适应直立行走，犬牙较小，相对的颌骨没有容纳犬牙的空间。有一些人的牙齿大而突出，这也许是一种返祖现象，因为我们的祖先拥有类人猿一般高度发达的牙齿，可充当武器。

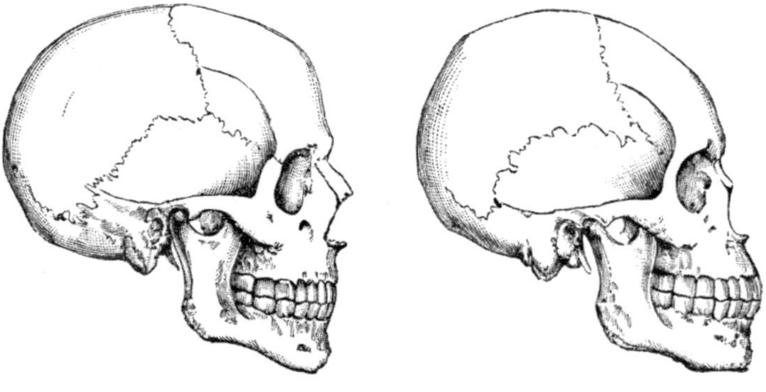

A. 欧洲人的颅骨颌骨扁平　　B. 澳大利亚人的颅骨颌骨前突

科学界普遍认为，人类都属于同一个物种，而所谓的人种是人类遗传差异的变种。人种的分类曾采纳过许多标准，其中，威廉·弗劳尔（William Flower）爵士所提出的标准最为科学，他把现有的人种分为三类：

一、白种人，或高加索人种；

二、黄种人，或蒙古人种；

三、黑种人，或非洲人种。

这几大人种的颅骨形状和由此导致的头部形状，以及颌骨与鼻骨的相对位置差异显著。很显然，图 A 中鼻骨和下巴可以连成一条竖直的线；图 B 中从颌骨向上画一条垂线，与鼻骨还有些距离。第一种颅骨称为直口式，第二种称为前口式。正如赫胥黎（Huxley）教授所说，“‘前口式’一词虽不如同义的‘口鼻部突出’一词优雅，但更加形象贴切”。

一、高加索人种是我们非常熟悉的人种。他们分布于欧洲和美国，构成系谱树的最顶层，但该人种之下的许多分支，地位不应如此之高。赫胥黎教授将该人种分为显白类型和暗白类型，也就是我们常说的白皙的皮肤和深褐色皮肤两类。显白类型以英国人为代表，暗白类型有来自马赛的法国人等。

（1）显白类型通常肌肤白皙红润，头发呈浅黄、棕色或赤褐色，拥有蓝色或棕色的眼睛。身高超过平均值，大多数人在 5 英尺 6 英寸（约 1.68 米）至 5 英尺 10 英寸（约 1.78 米）甚至 6 英尺（约 1.83 米）之间。当然，许多人身高不足 5 英尺 6 英寸，而有些人高于 6 英尺。苏格兰、挪威、瑞典、丹麦和德国北部的人以显白类型为主。其实，许多英国人也属于暗白类型。清晨散步时，只要认真观察，就会发现许多人的肤色其实介于这两种类型之间。过渡人种也同样分布于北非和阿富汗，显白类型与蒙古人通婚，因此在欧洲出现了芬兰人和拉普人，以及俄罗斯亚洲一带的一些族群。美洲、非洲和澳洲白色人种中，大部分都属于过渡人种。

（2）暗白类型的肤色呈白色、橄榄色或棕色，有些人肤色黝黑，甚至与尼格罗人种相差无二。发色多为棕色或黑色，顺直，但也有鬈发，眼睛乌黑明亮。身高方面，他们比显白类型矮，从 5 英尺（约 1.52 米）多到约 5 英尺 6 英寸（约 1.68 米），超出这一范围的人就属于高个子了。这一分支通常分布于欧洲南部、亚洲西南部，以及非洲北部。他们相互通婚，在今中南半岛的一些族群中留下了印记。此外，高等暗白类型与低等暗白类型（如澳大利亚土著居民）联姻，其后代也可能拥有两者典型的头发特点。暗白类型与尼格罗人血统混合，在埃及形成了科普特人和费拉人，红海和更南的一些族群也属于这一亚种。该亚种的最下层是乃各立山脉的托达人、锡兰（今斯里兰卡）的维达人和虾夷岛（今北海道）的阿依努人。近期拜访过他们的 A. H. S. 兰多尔（A. H. S. Landor）先生认为他们“与高度进化的人种的差异最大”。

我们对阿依努人所知甚少，只能从兰多尔先生的书《与毛人阿依努一起的日子》（*Alone with the Hairy Ainu*）中获取一些信息。阿依努人肤色微红，体毛极为丰富。据他描述，他们更像是猩猩，而非人类。阿依努人曾告诉他，那个国家曾经比现在更寒冷，那么如今“既然不必再用毛发保暖，我们为什么还要长着这身熊一般的体毛”？“他们的皮肤非常油腻，”兰多尔先生告诉我们，“这是常年不洗澡的结果，正因如此，毛人还散发着独特而浓烈的体味，和猴类有些相似。大家闻过未清洗的猴舍散发出的独特气味，阿依努人的体味甚至比它还要浓烈千倍，这就是阿依努村庄的一大特点。”如果阿依努人发怒，就会“冷笑甚至咆哮，野蛮地皱起眉头，露出门牙，但不会露出犬齿”。作者说，“他们的脚趾也具有手指的功能，经常用大脚趾和其他脚趾握持物体……同样地，脚趾还用于拾起手臂触及不到的小型物体，也可为下肢挠痒”。

二、黄种人或蒙古人种。他们的肤色呈灰黄色，就像我们欧洲人面色苍白的样子，也有些呈浅棕或深棕色。头发乌黑、粗糙、顺直，北美印第安人的头发很长。面部宽阔扁平，颧骨突出，多为杏仁眼，眼角微微倾斜。颌骨比高加索人种突出，但不如黑色人种。上唇有毛，但胡须稀疏。身高在 5 英尺 6 英寸（约 1.68 米）左右，变化不会太大。不过，一些北美印第安人的身材非常高大，中国的藏族人和玻利维亚人则身材矮胖。

黄种人可分为五个亚种或分支，首先是亚洲北部和中部的主要原住人口——中国的汉人和藏族人、日本人、缅甸人和暹罗（今泰国）人。亚洲的中部高原是蒙古人种的发源地，他们不断向西进犯，侵略欧洲，随后在所占领的土地上定居，于是出现了拉普兰人、芬兰人、匈牙利人和土耳其人。

第二个分支是马来人，他们主要分布于马来半岛、暹罗南部和马来群岛的东南部。第三个分支主要包括波利尼西亚原住民，新西兰人也属于这一类。本分支中的许多人与高加索人容貌相似，但身体结构的差异也许是与尼格罗人和白人殖民者通婚造成的结果。第四个分支属于在欧洲人征服美洲并在此殖民前美洲（包括格陵兰岛）原住民的后代。各族群在身材、习俗、生活方式和文明发展阶段方面参差不齐。正如费尼莫尔·库柏（Fenimore Cooper）和梅恩·利德（Mayne Reid）所言，我们最熟悉的就是所谓的红种印第安人。然而，“高贵的野蛮人”正迅速地从地球上销声匿迹。美国的印第安人战争毁灭了多个族群，而幸存的那些族群也被驱赶出已被白人征用的狩猎场。巴西海岸的美洲原住民，身高极少超过 4 英尺（约 1.22 米），文明程度极低。“博托克多人（Botocudos）”一词来源于葡萄牙语 botoque，原意指“栓子”，这里表示他们喜欢将耳朵和下嘴唇穿孔，佩戴木制饰品。该分支还包括高度进化的巴塔哥尼亚人和身材矮小的火地岛人。第五类为因纽特人和一些蒙古移民，他们的北部是皑皑冰雪，南方被印第安人包围。他们极少与南方各族群通婚，因此在很大程度上保留了自己的特征。格陵兰岛东部的丹麦人为一些地区的因纽特人带去了文明。

中国的汉人和日本人是这一类别的最顶层。中国的汉人在非常久远的时代就已拥有高度文明，而日本人在近代接受了欧洲的习惯和风俗，就算无法超越欧洲人，也几乎能与之比肩。欧洲的科学期刊中，也能发现日本人的名字，他们甚至解决了一些非常复杂的难题。有猜想认为，如果将水螅从里往外翻过来，原本的皮肤可变成消化器官（见刺胞动物）。一位在欧洲大学接受教育的日本人指出这种猜想是错误的。我们不能说哪个民族是最低等的民族，但有些民族的文明的确非常落后。

戴唇饰和耳饰的博托库克多人

三、黑种人或尼格罗人种颧骨突出，眼睛大而圆，瞳色乌黑，角膜（也就是我们所说的“白眼珠”）发黄。鼻子宽大扁平，厚嘴唇外翻，这种独特的形状并不是单凭噘嘴就能模仿的，还必须将手指放在嘴角，把嘴唇捏开，露出里面的红色皮肤。头发黑且短，满是卷结，呈羊毛状。皮肤一般为黑色，触感冰凉柔软，体味独特。在身材方面，他们中的大部分人高于平均身高，从 5 英尺 6 英寸（约 1.68 米）到 6 英尺（约 1.83 米）之间，但也有许多人只稍稍高过 4 英尺（约 1.22 米）。这一类别的第一个分支为非洲尼格罗人，在英国的街道上会见到一些。他们的生活范围从非洲东海岸延伸至西海岸，其中，非洲尼格罗人与暗白类型的白人通婚，又诞生出一些新的民族。非洲南部的卡菲尔人比北部族群肤色稍白，颌骨并不那么突出，牙齿较小。第二类是矮黑人，他们就像是斯坦利（Stanley）笔下的侏儒——肤色暗黄，颅骨呈圆形，居住在赤道非洲中西部，是身材最矮小的人种，平均身高仅比4英尺（约1.22米）稍高。第三类当属非洲南部的布须曼人。他们拥有黄皮肤，眼睛与中国人的非常相似，头发极短，比普通尼格罗人更为卷曲，仿佛头顶覆盖了一层小球。这一种族与正统尼格罗人通婚，形成了霍屯督人。最后，第四类是美拉尼西亚人，或称为岛上的黑人，包括新几内亚头发蓬乱的巴布亚人，以及南太平洋群岛和（可能包括）澳大利亚的大部分原住民，但居住地并不稳定。他们可能是混合了印度南部暗黑类型白人血统的尼格罗人，或者如威廉·弗劳尔爵士所说，“可能是非常原始的人种的直系后代，而这种原始人种或许就是鬈发的尼格罗人的祖先”。他们的皮肤为咖啡色，颅骨的形状和突出的颌骨像尼格罗人，鼻子宽阔但不扁平，头发卷曲，但与正统尼格罗人的羊毛状鬈发有天壤之别。已经灭绝的塔斯马尼亚原住民也属于这一类。

第三章　类人猿

类人猿分为四个属：黑猩猩、大猩猩、猩猩和长臂猿。前两个属主要分布在非洲，而第三和第四个属主要分布在亚洲。

黑猩猩的颅骨和牙齿特点以及胳膊的比例与人类相近。大猩猩腿部与身体的比例、手和脚的比例、足跟的大小、脊柱的弯曲程度以及颅骨的容量与人类相似。猩猩在肋骨数量和大脑半球的形式上最像人类，但其他方面差别较大，四肢远不如黑猩猩和大猩猩与人类的相似度高。就整体而言，长臂猿和人类相近程度是最远的，虽然胸腔的形态相似度较高。

类人猿中最高等的是黑猩猩。在非洲地图上从冈比亚河口向内陆画一条线，与东经 28° 相交，再将这条经线与本格拉的葡萄牙小镇相连，这个封闭的空间就是它们的家园。黑猩猩主要有两种——普通黑猩猩和倭黑猩猩。它们都已被人类熟知，动物园里常能看到它们的身影，专业的观察员近距离地研究着它们的习性。普通黑猩猩体长不超过 5 英尺（约 1.52 米），倭黑猩猩体形更小。但 1889 年，摄政公园动物园对同岁的黑猩猩和倭黑猩猩进行测量时，发现它们的体长基本相等。普通黑猩猩的前额、面部和全身覆盖着长而粗糙的黑毛；脸的上半部、眉毛和口鼻部呈肉灰色，手脚为红黏土色，与倭黑猩猩的肤色相同，但倭黑猩猩体毛为黑色，毛量较少，头顶的毛发更为稀疏，大而裸露的耳朵几乎竖直地向两旁突出。

黑猩猩在森林中栖息，多在树上生活，以水果、嫩芽和花苞为食，但食谱中有时也会添加幼鸟和小型哺乳动物。它们以家庭为单位生活，或由几个家庭组成一个小群体。它们直立行走时身体并不稳定，所以大多四肢并用，支撑身体的是合拢的手指背面而非手掌。无论在故乡的森林，还是在动物园的围栏中，黑猩猩似乎都能愉快地玩耍。美国传教士萨维奇（Savage）博士描述了它们像击鼓般拍打空洞的树干，召唤小黑猩猩共同玩耍，年迈的黑猩猩则围坐一圈看着孩子们嬉戏的场景。加纳（Garner）也认为它们确实用鼓声传递信号，但“鼓”其实是地上的一块泥炭，或者其他能发出声响的土块。

黑猩猩们似乎对人类社会有好感。加纳先生前往非洲研究他所谓的猴类的“话语”后，在《麦克卢尔杂志》(*Maclure's Magazine*)（1893年9月刊）中发文：“在这个海岸边，被驯养的黑猩猩并不罕见，它们和人类居民一样在家中随意走动。我想在这篇简短的序言中介绍我的一位小朋友，它和我一起居住在森林小屋中。我叫它摩西，它是我在奥果韦河的纸莎草沼泽中救起来的。因此它对我充满感激，像个被宠坏的孩子一般在我身后叫唤，总像只宠物狗一样跟着我……我出门时总会带上它，看到我拿出来复枪，它都会焦虑不安，除非我让它爬到我的背上。这个动作很有难度，就像一株挂在教堂墙壁上的常春藤。有一次，我们短途旅行回来没几天，我看到30码开外有一只小黑猩猩正穿过小路，于是试着让摩西和它的小兄弟打招呼，但最终无果。我指责摩西过于傲慢，因为它趴在我的背上，而那只小黑猩猩则站在地上，所以摩西才不理它。我想教它说英语，不过到现在它依然没学会。我只教了它很短一段时间，但总觉得它迟早能学会……它发现了什么怪事，总是用比较低沉的叫声通知我；要是距离太近，它就会大声叫喊。如果我忽略了它，它就躺在地上生气地尖叫，活像个调皮的孩子。它十分善妒，不愿意任何人靠近我。我用吊床和蚊帐给它搭了一间小屋，晚上帮它盖好被子后，它便静静地睡去，直到早上很晚才醒。它爬出来，揉揉眼睛，就向我讨要早餐。无论我吃什么，它都想尝尝。”不幸的是，还未等加纳先生离开非洲，摩西就死去了。

许多黑猩猩都被带到了欧洲，多年来始终生活在铁笼之中。气候差异导致黑猩猩普遍患有胸部疾病，已有多例沦为了人类消费的受害者。德累斯顿动物园就有一只黑猩猩死于这种疾病。在弥留之际，它的主人前来看望，它双手环抱着他的脖子，平静地看着他，亲吻了三下，就松开双手，吐出了最后一口气。面临死亡，这些生物竟然仍充满了人性。伦敦摄政公园的动物园里流传着一个类似的故事——“乔伊”的死——这个故事有着真实可靠的根据。

“萨莉”是摄政公园的动物园中的一只雌性黑猩猩，它在那里生活了8年之久，远近闻名。人们摩肩接踵地围住了它居住的树懒小屋，只为一睹它的“表演”，报纸上也全是它“智力超群”的描写。它不仅对待饲养员十分友好，甚至还能认出经常看望它的游客。它能用勺子从锡制的杯子里舀出东西喝，这就是人们教给类人猿的特技表演。已故的罗马尼斯（Romanes）教授说它的性情反复无常，尽管它整体上可以说是非常幽默，对饲养员表现出善意，但它总是乐此不疲地搞恶作剧，这样的闹剧经常上演。人们模仿它的叫声，想邀请它一起玩耍，“它却把嘴噘成管状，发出奇怪的、咆哮似的、有规律的叫声。然而，这叫声迅速变得越来越短，声音也越来越大，以尖叫声达到高潮，通常还会用脚打着节奏，用力摇晃面前的笼子。最后，它发出几声嘟哝，整场表演结束。”

小黑猩猩

他认为，与其他动物相比，“萨莉”能够在很大程度上理解语言。人们对它说话，它会尝试着回应，但都以失败告终，因为它的“语言”是由三种嘟哝声构成——第一种表示“是”；第二种（与第一种非常相似）表示“否”；第三种（与前两种明显不同）表示“谢谢”。

不过，教“萨莉”识数取得了巨大成功，如果它能像家养宠物一样饲养的话，说不定效果更好，但因为观众来来往往，分散了它的注意力，就像教室里来了陌生人，也会分散小学生的注意力一样。

罗马尼斯教授让饲养员找“萨莉”要一根稻草、两根稻草或者三根稻草，它会从笼子里的稻草窝中捡出相应根数的稻草交给饲养员。这些指令没有特定的顺序，如果它答错，饲养员就会没收奖励；答对了，它就能得到一些水果。当 3 以内的计数不再出错时，饲养员就开始教它 4 和 5，效果也非常理想。此时，罗马尼斯教授决定终止实验，但有位饲养员私下里仍在继续，他想让“萨莉”学会 10 以内的数字，结果却并不成功。据说它生命最后的日子里最多只认识到6或7，其他的只是一些模糊的印象，只知道 7、8、9 这些数字大于 6 但小于 10，但实际上，如果要它拿起大于 6 根的稻草时，它就会随机地给出大于 6 根但小于 10 根的稻草。

人们还尝试用白色、黑色、红色、绿色和蓝色的稻草教它认识颜色，虽然它很快就学会了白色，但也仅此而已。罗马尼斯教授从这些实验中得出结论，它无法辨别黑色、红色、绿色和蓝色，并不是智力问题，而是因为它有些色盲。

萨莉

黑猩猩之后是大猩猩，大猩猩是体形最大、最为凶猛的类人猿，尽管有种种让人信服的理由，但其实说它们性情凶残，有些夸大其词。大猩猩以家庭为单位生活在西非赤道区。成年雄性身高约 5 英尺 6 英寸(约 1.68 米)——比英国人的平均身高稍矮，但体格比人类更加强壮。它们的腿很短，胳膊却长得不成比例，半直立时，整个手掌都能撑在地面上。不过加纳先生说它们并不会这样走路，而是用手指的第二关节背面支撑上半身。它们的皮肤呈黑色，覆有深红至黑色的长毛。

从古希腊罗马时期开始至 19 世纪中叶，都传说非洲西部的森林之中栖息着巨型类人猿，它们甚至能把大象制服。人们当时并不了解这种生物，而现在我们知道，这种大型类人猿的确存在，幼崽活体样本已被送往欧洲，在南肯辛顿自然历史博物馆就能看到成年的雄性和雌性，但那些神奇的传说是有些言过其实的。这些猿科动物比黑猩猩在地面上活动的时间更多，夜里会爬到树上睡觉。人们普遍认为，年迈的雄性在地面休息，倚靠在树干上，以保护家人免遭危险。加纳先生对此表示怀疑，他认为老年雄性，也就是当地人所说的“猩猩王”，“只考虑个人的舒适与安全，对家人放任不管”。他还说，“大猩猩似乎本能地对人类社会感到厌恶，它们喜欢生活在荒无人烟的丛林最深处，我从未听说过哪只大猩猩能忍受和人类一起生活，甚至对人产生依赖，除非这只大猩猩尚未成年。我见过有人圈养大猩猩，这些大猩猩的性情都十分残暴，没有一丁点感恩之心”。

说到大猩猩攻击人类，是真是假仍需考证。在不被打扰的情况下，它们似乎会选择躲开；一旦遭到攻击，身强体壮的它们就变成了人类可怕的对手。科彭费尔斯（Koppenfels）认为，如果大猩猩被人类惊扰，“会发出咆哮或愤怒的叫声，像发怒的熊一样站起来，笨拙地前进，对敌人发起攻击，同时竖起头顶和后颈的毛发，露出牙齿，眼神冷酷且燃烧着怒火。如果敌人不再继续挑衅，选择了撤退，它便不会有进一步的进攻。否则，它会像一位久经沙场的战士一般，巧妙地避免与对手正面交锋，然后用手抓住敌人，将敌人撕碎，或者狠狠地砸到地上，用锋利的牙齿撕咬”。

1876 年 7 月至 1877 年 11 月，柏林动物园有一只大猩猩。法尔肯施泰因（Falkenstein）博士将它带到欧洲，并照顾了它两年多。据他描述："前几个星期，它表现得非常适应周围的环境，对认识的人类也非常友好，因此我们允许它自由活动，并不担心它会逃跑。它的行动不受铁索束缚，也没有被关在笼子里，人们只是像看管嬉戏的孩子般对它多些关注。它意识到自己的无助，因而依恋人类的陪伴，表现出依赖和信任。它从不淘气，也未表现出恶意或愤怒，但有时会比较固执。它遇到不同的事情，会发出不同的声音来表达自己的情绪，其中非常典型的是喋喋不休的请求和表达害怕或恐惧的声音，很少能听到它发出愠怒和挑衅的吼叫。"

大猩猩

如果迫切地想要得到什么，它会用最急切、最友爱的方式来表达愿望，这是任何小孩所不能及的。如果这样依然得不到自己想要的东西，它就开始耍滑头，急于确认自己是否有人看管。比如，如果它被关在房间里，几次请求而无果后，就会向命运屈服，假装冷漠地躺在门口附近，不一会儿就抬头确认幸运是否降临。等到时机成熟，它悄悄地越靠越近，谨慎地环顾，滚到门槛旁，站起来，蹑手蹑脚地观察，接着一个箭步飞快地冲出去，这时人们很难再跟上它的步伐。之后，柏林动物园又获得了第二只大猩猩样本。1887 年，动物学会获得的第一个样本——一只年幼的大猩猩——在伦敦的摄政公园的动物园展出。

奇怪的是，1860 年，第一只活着到达英国的大猩猩，却被当成黑猩猩在伍姆韦尔动物园展出。它只在英国生活了几个月，就死去了，买下遗体的沃特顿（Waterton）先生这才发现它的真实身份。1877 年，《动物学会会刊》（*The Proceedings of the Zoological Society*）刊登了这种动物的画像，原作现挂在汉诺威广场的动物学会会议室里。

猩猩是一种大型红毛类人猿，分布在婆罗洲和苏门答腊岛。猩猩只有一种，人们曾经将苏门答腊猩猩归为另一物种，但事实上只不过一种颜色较深，当地人称之为“米亚斯·帕潘”（Mias Pappan），另一种颜色较浅，当地人称之为“米亚斯·拉比”（Mias Rambi）。深色品种的雄性脸部两侧可向外扩张成褶皱，而浅色品种的皮肤不具备这种功能。还有一种体形较小的猿类被称为“米亚斯·卡色”（Mias Kassir），其脸部皮肤很光滑。当地人将这些猿类叫作“米亚斯”，而我们所熟知的“猩猩”一词原意是指在森林中生活的野蛮人。1891 年，人们在沙捞越附近捕获了一只小米亚斯，送到了动物学会，不幸的是，极短一段时间后，它便在摄政公园的动物园中死去。

猩猩“乔治”与饲养员关系非常要好，和更出名的“萨莉”一样，也喜欢玩小游戏。

华莱士有幸研究这种猿类的习性，他带回的皮肤和骨架比其他收藏家都多。他说，这些动物主要生活在婆罗洲低矮潮湿的丛林中，广阔而未知的原始森林是它们至关重要的生存环境。它们漫步于树顶，就像大草原之于印第安人、沙漠之于阿拉伯人那样轻松随意，根本无须担心会掉落于地面。它们主要以水果为食，沼泽中的岛屿和其他山丘就是猩猩的种植园，生长着它们赖以生存的水果。

至于猩猩如何穿行于这一地区，他说道：“猩猩悠然地在丛林中穿梭，非常独特有趣。它们小心翼翼地以半直立的姿势攀着大一些的树枝前进，因为手长腿短，动作非常自然。由于用指关节而不是像我们一样用脚掌支撑身体行走，四肢的比例更加不均衡。它们似乎总是选择相互纠结的树枝，一旦距离合适，它们便伸长胳膊，抓住面前的大树枝，双手握紧，似乎想要确认树枝的强度，然后才小心翼翼地荡到下一根树枝，周而复始。它们不会忽然跳跃或蹿起，甚至不会行色匆忙，但速度和人在地面上奔跑不相上下。对猩猩而言，长而有力的胳膊极具实用价值，能帮助它们轻松攀爬到高耸的树顶，抓取细长枝条上的水果和嫩叶，收集叶子和树枝修筑巢穴。”

猩猩将树枝折断，疏松地堆在树杈上，这就是它们的巢穴。巢穴直径约 3 英尺（约 0.91 米），猩猩仰躺在上面休息。对于类人猿来说，这样的巢穴似乎太过粗糙。但哈特曼博士提醒我们，人类的一些低等族群，在房屋建造方面，并不比类人猿高明多少。但人类的房屋至少能“遮风避雨”，而后者只是搭了个“睡觉的地方”。这样说来，猩猩是否真的会用棕榈叶和大型蕨类植物挡雨，还是值得怀疑的。

《丛林二载》（*Two Years in the Jungle*）的作者霍纳迪（Hornaday）描述了他见到的一只老年雄性猩猩：“它的背如此宽厚，胸腔如此深沉，就像最出色的战士。巨大的手和脚似乎只有一个用处——抓握。它的胳膊极长，强壮有力，但腿不成比例的短而粗。身体高大沉重，胸部宽厚，有些贼眉鼠眼，犬齿和小熊的一般大小。胳膊和腿部覆盖着一层坚硬的砖红色长毛，腹部和体侧也有一些，但胸部的皮肤松垮，呈袋状褶皱。脸部大部分区域无毛，但颌骨和下巴上有稀疏的毛发，图片上总是夸张得像浓密的胡子。富有光泽的皮肤为棕黑色，脸部和喉部颜色最深。”

华莱士猜测猩猩身高超过了 4 英尺 2 英寸（约 1.3 米）。之后的威廉·弗劳尔爵士认为猩猩最高能达到 4 英尺 4 英寸（约 1.32 米），但为美国博物馆收集标本的霍纳迪先生说他见过还要再高出一英寸半的猩猩。

霍纳迪发现它们的性情各不相同。他说，一只 6 到 8 个月大的小猩猩，性格就像老虎，固执地要啃他的手指，他只得把它的肘部捆在背后，把它的脚也绑起来，固定在船的另一头。就算这样，它也能成功逃脱，还狠狠地咬了捕获者的小腿一口。“我用力拍了下它的头，”霍纳迪先生写道，“它这才放开我，但我的身上很多天都带着它留下的青紫色伤痕。”他抓住的另一只猩猩，不仅性情野蛮，甚至还会绝食，总是一副闷闷不乐的样子。但第三只猩猩的性情非常和善，“不仅从来不咬人，当我接近它时，它甚至还会轻柔地呜咽，恳求似的转动棕色的大眼睛。我接受了它的恳求，割断困住它手脚的树皮，还在阳台上给它铺了一层柔软的稻草，它一躺下就深深陷了进去，人与猿的一段美好友谊就此展开”。

上一段中，有两处描写让人印象深刻。首先是霍纳迪先生饲养的两只猩猩性情大不相同。人们总会忘记，动物也具有个体差异。没有完全相同的两个人，同样也没有两只完全相同的低等动物。如果家里养了小兔子或者小白鼠，孩子通过观察它们就能有所体会。其次需要记住的是，猩猩生气时，会抓住人的手，放到嘴里啃咬。这让我们想起卢克莱修（Lucretius）的诗句：

先民的武器是拳头、指甲和牙齿；其次才是石头和折断的树枝。

有的小孩生气时，似乎也会做出猩猩那样的举动。为什么会这样？答案或许就藏在上面的诗句里。最后，霍纳迪建议，如果仍然不能理解人类与高等猿类的亲缘关系，可以亲自去婆罗洲看看，“让他去那里待一段时间，看看各种奇怪的、像人一样的生物；让他看看猩猩像未开化的人类一样行走、筑巢、饮食、打斗；让他看看雌性如何喂养幼崽，让孩子跨坐在自己的背上，就像印度斯坦族劳苦的女人们一样；让他去见证与人类相似的情感——喜爱、满足、疼痛和愤怒。这些比任何书本上的文字都要铿锵有力”。

长臂猿有些像矮小的老头，身材瘦削，手臂极长，有些在直立行走时能直接触碰到地面。与大猩猩和猩猩典型的粗陋的头部结构不同，长臂猿的头部非常精致美观，但就算外表与人类如此相像，且在地面上几乎直立行走，它们也与更低等的猴类关系更近，比如臀部有胼胝——皮肤上一块无毛的老茧，坐下时，胼胝就变成了天然的垫子。黑猩猩、大猩猩和猩猩的臀部没有胼胝。

猩猩和它的巢穴

长臂猿主要栖于东南亚，以马来群岛最多。它们主要为树栖，用长手臂从一根树枝摇晃到另一根树枝上，以水果、嫩枝、花苞、昆虫和鸟蛋为食。如果小鸟不幸落入长手臂能触及的范围，也会沦为它们的美餐。它们的声音非常响亮，其中有多个物种的名字都来源于它们的叫声。

合趾猿

其中最大的一个种是合趾猿，分布于苏门答腊岛。合趾猿体长约 3 英尺（约 0.91 米），手臂几乎是身长的两倍。毛发漆黑，因其第二趾和第三趾的第一关节之间有蹼相连，而有别于其他长臂猿。H. O. 福布斯（H. O. Fobes）先生常见到这种动物，“它们有些只用一只胳膊挂在高大的果树的枯树枝上，离地 80 英尺（约 24.38 米），树林中回荡着它们响亮的叫声”。它们的叫声非常独特，喉部的大气囊充气膨胀，延伸至嘴唇和脸颊，又瞬间排出空气，从而使音调发生变化。在作品《博物学者的漫游》（*Naturalist's Wanderings*）中，他讲述道，有一次，他的猎人射中了一只合趾猿，猿掉落到地上时，猎人发现怀中还抱着一只幼崽。猎人把它们一起带到福布斯先生的小屋中，才发现那只幼崽早就吓得不知所措了。

“只用了很短的时间，”他说，“它就被驯服，成为了我最可爱的伙伴。它的面部表情极为丰富，有时甚至可以说充满人性，但如果将它关在笼中，它就往往表现得悲伤和沮丧，兴奋的神情消失得无影无踪。它的优雅和温顺赋予了它纤弱的手指，除毛发浓密外，手指和头部都比其他猿类更像人类。它不会用容器喝水，总是怪异地用手舀水送到嘴边，去舔指关节漏下的水珠。最为迷人的是，它如此温顺亲昵地用长胳膊环住我的脖子，把头埋进我的怀中，发出满足而温柔的叫声。它每晚都会陪我去村中空地上逛逛，用手挽着我的胳膊，和我一样享受漫步时光。它用“O”形腿手忙脚乱地支撑着身子，头用力前倾，为了保持平衡，长长的手臂必须举过头顶，动作十分古怪滑稽。”

福布斯先生想知道，如果没有足够长臂猿活动的树木，它们会如何。他曾在一个合趾猿栖息地见到这样的场景，森林遭到采伐，它们恐慌地在树上上蹿下跳，即使那棵树被伐倒，它们也不愿跳到地上自保，而宁愿待在树枝上，和树一起重重地砸到地上，默默地死去。

除此之外，其他长臂猿外形各不相同，个体颜色差异巨大。

整个马来半岛北至海拔3000至3500英尺（约914米至1067米）遍布青山的丹那沙林，都能看到白掌长臂猿的踪迹。成年雄性体长约30英寸（约0.76米），雌性稍矮。皮毛颜色从黑色到黄白色不等，背部常为杂色。手脚苍白，覆毛多为白色或黄白色。脸部裸露的皮肤为黑色，前额有白环，两边向下延伸，在下颌处会合，形成一圈胡须。

长臂猿用手将水舀起来喝。在树枝间摇荡着前进时，很少用到脚，但可用脚自如地摘取途中遇到的战利品。曾有人目睹一群长臂猿仓皇逃走，脚上挂满从当地人院子里偷来的水果。

当地人根据白眉长臂猿的叫声为其命名。这种猿类栖于印度东北部和缅甸，向南延伸至上丹那沙林，平均体长约32英寸（约0.81米），被毛常为黑色，眉部有白色或灰色带状花纹。雌性毛色多比雄性浅。白眉长臂猿性情温顺，容易驯化。无一例外的是，人工饲养的白眉长臂猿如果仍没被驯服，饲养员或主人应负部分责任。

斯滕代尔（Sterndale）先生在他的著作《印度的哺乳动物》（*The Mammalia of India*）中讲到他的宠物白眉长臂猿：“只要允许它坐在我身边，它就别无他求了，它挽着我的胳膊，生怕我悄悄溜走。”这只白眉长臂猿体质羸弱，它还患了病，由作者的兄弟悉心照料。“他为它准备了一张床，医生每天都会来看望这位小病人，它对他们充满了感恩，但最终还是让他们失望了——它死了。”斯滕代尔先生说，这些猴子不适合当作宠物，原因只有一个，“它们会不停地放声大喊，呜呼，呜呼，呜呼，直到精疲力竭。”

白眉长臂猿

与白眉长臂猿亲缘关系最近的是海南长臂猿，来自北部湾和中国南海之间的海南岛。只有一只海南长臂猿“杰米”被活着带到了欧洲，在伦敦摄政公园的动物园展出了一小段时间。“杰米”性情温顺，毛色乌黑，接近成年。来到欧洲前，它在中国生活了四年。中国人对这一物种的自身特性一定比欧洲人对它更加好奇，海南的一位地方官向英国领事郇和（Swinhoe）报告，称这只长臂猿“能自由伸缩它的长胳膊，一只胳膊变短，另一只竟然变得老长，人们还以为它的两只胳膊是连为一体的”。

黑掌长臂猿有几个亚种，有些人曾认为黑掌长臂猿是不同的物种，它们分布于婆罗洲、苏门答腊岛、苏禄群岛，以及交趾支那（今越南南部、柬埔寨东南）至暹罗（今泰国）一带的内陆地区。最常见的毛色为深棕，脸部有一圈白毛。

戴帽长臂猿因头顶有一圈白色毛发而得名，米勒长臂猿有可能就是它的一种。下图展示的是被送往英国的唯一一只米勒长臂猿。这不仅是一幅生动的肖像画，也把长臂猿之所以得其名而表现得淋漓尽致。戴帽长臂猿身上的长毛为烟灰色，手掌和脚底为黑色，黑脸围绕着一圈白毛。

米勒长臂猿（灰长臂猿）

银白长臂猿与白眉长臂猿一样，当地人根据它“哇哇”的叫声而取名。根据权威数据，它们活跃于爪哇岛和苏门答腊岛。毛发长而浓密，呈羊毛状，脸上围绕着一圈白色（或浅色）毛发。皮肤颜色较浅，手掌和脚掌为黑色。1828年，有只银白长臂猿在动物学会动物园生活过一段时间，马丁说它大多时候是温顺的，但脾气有些阴晴不定，偶尔会想要咬陌生人。福布斯说，“初次听到它们的叫声，谁都会相信它们从小就是喧闹的。它们总是在沉闷欲雨的上午发出‘呜呜——呜呜——呜呜——呜呜呜——呜呜呜’的叫声，与惆怅的表情相衬。眼神充满人性。我曾目睹一只被射中的银白长臂猿之死，它的眼神是无比悲痛的。它砰的一声掉下来，背部着地，它用手肘撑起身体，纤长的手指抚过伤口，悲伤地看了看，就仰面死去——‘真像人类’，我的儿子如是说”。福布斯养过这样一只银白长臂猿，“它是最温顺、最迷人的生物”。习性方面，银白长臂猿与合趾猿非常相似。

第四章 旧世界猴

以前科学家习惯将旧世界猴分为三类——长尾巴的称为猴，短尾巴的称为狒狒，而没有尾巴的则是猿。这种分类法并不科学，因为猕猴就有长尾、短尾甚至无尾的，最好将“猿猴”定义为类人动物。“狒狒”属于狭鼻组猴科，剩下的一两种动物与猿和狒狒非常亲近，统称为“猴”。旧世界猴，鼻孔间距狭小，尾巴无缠绕性——换言之，尾巴不能作为抓握器官。它们都有臀疣，有些拥有颊囊（脸颊的皮肤松弛，因而形成天然的橱柜，用于储存食物）。

大部分叶猴原产于亚洲，无颊囊，但在胃的两边各有一个小袋子，或称为“囊”，可储存主要食物——树叶和嫩芽——供闲暇时消化。它们的拇指非常发达，我们在日常生活中用手指从桌子或地上拾起小物体时，拇指的作用尤为重要。印度的几个物种被称为“长尾叶猴”，普通叶猴最为出名，也称为“圣猴”。叶猴平均体长 2 英尺（约 0.61 米）多，尾巴几乎是身长的一半，毛色多为灰棕色，但脸部、耳朵、脚底和手掌为黑色，顶部无冠饰，但冠部毛发从头顶向四周展开。印度人将这种猴视为圣物，因此它们长期受到保护，所以并不惧怕人类，常成群地出现在村庄附近的树林甚至村中的树木上——雄性、雌性和它们的孩子，拥入圣城贝拿勒斯。

J.L. 基普林（J. L. Kipling）在《印度的动物与人类》（*Beast and Man in India*）中列出了从当地人口中听来的欧洲人杀猴的惨痛事实，还讲了一个感人的故事。一位地方官意外射中了一只猴，夜里提着灯笼悄悄溜出去把它埋葬了，他的心中充满愧疚，就像制造了一起谋杀后想要尽力掩藏证据。

野生叶猴常活跃于离水源不远的大树和石山上。杰登（Jerdon）说，“它们敏捷精准地从一根树枝跳跃到另一根树枝上，动作完美惊人。我见过它们在四五十英尺（约 12 ～ 15 米）的高空，跳到二三十英尺（约 6 ～ 9 米）远的一棵树上。它们擅用四肢奔跑，速度惊人”。但人类如果骑一匹好马，也能将其轻松猎杀。据布兰福德（Blanford）所说，它们之所以擅长跳跃，是因为它们跳跃时长尾巴在背后摆动，起到了加速的作用。

喜马拉雅长尾叶猴体形稍大，生活于更北的地带。有人曾在西姆拉附近看到它们在白雪皑皑的枞树间嬉戏。

一群叶猴

紫脸乌叶猴分布于斯里兰卡，身体大部分为棕色。霍纳迪说："它们排成7英里（约11.3千米）的长队，有时在树上，有时在地上行进。我们见到一群硕大的老家伙在马路上嬉戏，就像小学生一般，上下跑窜，互相追逐，长尾巴翘起呈45°角。它们喜欢跳跃着前进，除非树枝太过茂密，否则在树顶奔跑的速度与在平地上一般无二。如果对它们紧追不舍，我们也能看到它们狂奔。它们笔直地朝前，疯狂地在较大的树枝间跳跃，没有任何停顿或迟疑，也不会意外掉落或打乱步伐，而是大胆地从一棵树顶跳到另一棵树顶。除非地面上的视野非常开阔，否则它们便会像闪电一般逃出猎人的视线。"

交趾支那（今越南南部、柬埔寨东南）的白臀叶猴比长尾叶猴的体格更强壮，毛色更华丽。身体大部分为暗灰色，上体比下体颜色更深；尾巴为白色，尾巴根部两边各有一块面积很大的三角形白色毛发；四肢上半部分和手脚均为黑色；小腿是深红色，小臂为白色。我们未曾了解它的习性，也未能将它活着带回英国。

中国的西藏长尾叶猴来自青藏高原甚至中国内陆，很早就有关于它们的记载。它们的四肢比白臀叶猴的更加短而健壮，但皮毛的颜色并不如白臀叶猴艳丽，上身大体为黄褐色，下身和四肢内侧为黄色，脸部呈蓝灰色。它们的鼻子朝天，鼻尖几乎与眼睛处于同一条线。

此外，同属的还有马德拉斯叶猴、马拉巴尔叶猴、印尼叶猴、灰肢猕猴（其乌黑的皮毛非常珍贵，可制成马具和勋章）、冠叶猴、印度乌叶猴等。

长鼻猴原产于婆罗洲，常出没于水边，擅攀爬，极胆小。叫声为鼻鼾声，偶尔发出"嘿哼"声，长而洪亮，像古提琴的声音。这种生物因鼻子突出而得名。霍纳迪说："它们的鼻子是世界上最独一无二的，它挂在脸上，垂到了下巴，形状像梨，只不过中间多了一条褶皱。鼻孔的间隙狭小，导致这一结构只剩下两个小孔。成年雄性和搜寻猎犬一般大小，脸部皮肤为肉桂色，身体明显呈红棕色和白色，老年长鼻猴的尾巴会变得雪白。"

长鼻猴

疣猴亚科多分布于非洲，与叶猴亲缘关系较近，拇指退化或小到几乎不起任何作用。其中最著名的当数疣猴，主要分布于阿比西尼亚（今埃塞俄比亚），向南延伸至索马里兰。体毛长而黑，两侧饰有白色长毛，尾巴上有一簇白毛，脸两侧长有白色长胡须。据说它们以小的群落为单位，群居生活，以水果、种子和昆虫为食。阿比西尼亚的部落对其大肆猎杀，用它们的皮毛装饰盾牌。我们曾在乞力马扎罗山海拔 3000 英尺（约 914 米）的高地上发现了一种疣猴，这种疣猴胡须和尾部的簇毛更为发达。迄今已发现另外 10 种疣猴，其中，分布于冈比亚和加纳的西非红疣猴及分布于塞拉利昂的西非黑白疣猴，曾在伦敦展出过。

猴科的下一个属是长尾猴属，它们在非洲，尤其在非洲西部很常见。在动物园和马戏团我们常能见到它们的身影。年幼时，它们性格活泼有趣，年老后也几乎不会像猕猴和狒狒那么残暴。它们淘气顽皮，具破坏性，常夺取人们衣服上的装饰品，一旦得逞，便会当场撕成碎片。如果被戏弄或激怒，长尾猴们也会用力撕咬、猛掐和抓挠入侵者。

狄安娜长尾猴皮毛为灰色，长胡须和前额月牙状毛发为纯白色。林奈（Linnaeus）因其前额的白毛酷似罗马女神狄安娜的弓而为其命名。一只狄安娜长尾猴曾在伦敦摄政公园的动物园生活过一段时间，它对熟知的人非常友好。它靠近笼子，以发出口哨声，在地面上蹿下跳，翻几个筋斗，来表达开心的情绪。然后它会静静地坐下，双手抓住笼网，张开嘴等待着朋友们带给它的美味——葡萄干、葡萄、香蕉等统统收入腹中。有时它也会主动翻几个筋斗，似乎在说它还想要；就算它反应冷淡，人们也只需挥挥手，叫声“来，狄”，就足以调动它的情绪，而它似乎也和观众一样乐在其中。它好像天生会玩“捉迷藏”，有时在完成特技表演后，它会在笼中的枝丫上摇荡着，钻进树顶的小房子里，消失在人们的视线中；一两分钟后，它又会忽然蹿出来，继续“表演”。

狄安娜长尾猴

白腹长尾猴和狄安娜长尾猴一样，也来自西非。它们的身体背部颜色较暗，腹部为白色，尾巴根部两侧有椭圆形白斑。巴黎植物园里的一只白腹长尾猴能够自由活动。它活泼可爱，尤其喜欢搞一些小偷小摸的恶作剧。它会悄无声息地转动钥匙、打开锁扣，甚至在袋子里摸索，很少被人察觉。它性情温顺调皮，被抚摸时会发出低吟，似乎在表达享受和愉悦。

长尾黑颚猴毛色为灰绿色，脸、手、脚部皮肤呈黑色，活跃于非洲南部，据说以阿拉伯树胶为食。我们常在动物园中见到它们的身影，伦敦摄政公园中的一只长尾黑颚猴擅长偷盗，和上文中的白腹长尾猴一样爱恶作剧。它特别喜欢把胳膊伸出铁网，去拔熟人手背上的体毛。它也会变得非常凶猛，发出大量刺耳的声音。

非洲东北部的黑脸绿猴背部夹杂着黑黄色皮毛，因而看起来有些泛绿色，腹部为白色。布兰福德先生曾在阿比西尼亚（今埃塞俄比亚）遇到过一小群黑脸绿猴，认为它们的习性与猕猴有些不同，它们比印度的猴子更为敏捷，也没那么顽劣。

绿猴的栖息地从塞内加尔往南延伸至尼日尔。它们的背部皮毛散发着黑绿色的光泽，腹部泛黄。它们似乎不会叫，圈养时从未发出任何声音，在野生环境中也是相当安静的。

斯泰尔斯长尾猴直到最近才被人们发现。1892年，莫洛尼(Molony)博士从赞比西河三角洲带回一只年轻雌性红耳长尾猴。它是个温顺活泼的小家伙，但不久就死去了。与众不同的是，它的耳前有一块栗色斑点。说来奇怪，它并不是被带回英国的第一只斯泰尔斯长尾猴。在伦敦北部的一个花园中有一只雄性的老年斯泰尔斯长尾猴被放养了几年，1893 年被送给了动物学会，但它只在猴舍生活了 8 个月左右就不幸离世。

白眉猴也分布于非洲。有说法认为，由于它们的最后一颗磨牙与众不同，应独成一属。动物园中最常见到的是白颈白眉猴。它们的毛色如其名，和其他白眉猴一样，也有白色的眉毛，与身体的暗色形成鲜明对比。它们比大多数长尾猴体格更大，在圈养状态下举止得体、性情温顺。沃布维尔动物园中的一只白眉猴生性非常活泼，总是喜欢做出非凡的举动以吸引人们的注意。目前在伦敦摄政公园的动物园中生活的一些白眉猴也都温顺有礼，与隔壁笼中的猕猴形成鲜明对比。那些猕猴如果被人捉弄，而此时又刚好闲暇，则会露出牙齿，对戏弄它们的人而言，这似乎不是什么好兆头。

猕猴主要分布于印度，但主要分布于非洲北部的地中海猕猴是个例外，它们聚居在直布罗陀海峡，四肢更短，身体比长尾猴更健壮，口鼻部更为突出，但不及狒狒。雄性的体形比雌性的更大，尖牙更为发达。布兰福德先生说：“猕猴的习性非常相似，一般群居，数量庞大，雌雄老幼皆有。它们非常活泼主动，尽管无论在树上还是地面，动作都不如长尾猴敏捷。大部分猕猴食用昆虫，也有以种子、水果等为食，甚至有些还会吃螃蟹。它们偶尔还会吞食蜥蜴，当然，有时也不会放过青蛙。所有猕猴都有把食物塞进颊囊的习惯，以供闲暇时慢慢享用——如果你们经常给动物园的猴子喂食，对这一场景便不会陌生。”

蒂克尔（Tickell）上校说，沉默是它们愤怒的表现，或者与咆哮时发出的喉音不同，是嘶哑的“哟”声。它们在疲倦或渴望陪伴时会呜咽地“吼”叫；在表达邀请、反对和恳求的情绪时会咂嘴，夸张地咧开嘴，露出前排牙齿，压低声音轻笑。这些声音让人印象深刻，甚至无法用语言表达。它们感到害怕和警惕时，会发出高而刺耳的“咔”或者“克嗷”等尖叫声，这一信号是在提醒同伴提高警惕。

冠毛猕猴分布于印度南部。成年雄性体长约3英尺6英寸（约1.07米），其中尾巴约占一大半，皮毛背部为棕色，腹部泛白，耳朵和脸部呈肉色。冠部毛发很长，从头顶向四周散开，它们也因此而得名。这种猴类在印度南部很常见，丛林中出没的是野生冠毛猕猴，市镇上的则多已被驯化。当地街道上的商铺门窗大开，也让它们有了偷抢的可乘之机。主要的受害者就是水果和粮食店老板。一直以来，它们都被誉为好奇心最重、最淘气的猕猴，模仿能力超群。但就好奇心和淘气而言，它们不一定能超越恒河猴，据说它们的性情比恒河猴更为温顺。与冠毛猕猴同属一系的是锡兰（今斯里兰卡）的斯里兰卡猕猴。印度马戏团训练这两种猕猴完成各种杂技动作。J.L. 基普林先生曾见过一个旅行马戏团老板带着一群猴子演员。老板开始准备表演时，附近的一些野生猕猴躲在树中，但当它们看到自己的同胞随着笛声舞蹈，还穿着奇怪的衣服，骑山羊绕圈时，它们便惊讶而又厌恶地匍匐着靠近。

食蟹猕猴是动物园中非常常见的一种猕猴，全身长约 44 英寸（约 1.1 米），尾巴几乎和头身等长。个体毛色差别较大，有些为暗黑或灰棕色，有些则为棕红色；腹部泛白。它们广泛分布于缅甸和阿拉干（今缅甸西南沿海一带）、暹罗和马来半岛。这些猴类以小群为单位，生活在潮沟的红树林中，主要以种子、螃蟹和昆虫为食，擅游泳。《田野》（*Field*）杂志中，一位作家描述了食蟹猕猴的习性，说他完全有理由猜测（孟买附近的）长尾叶猴也是如此，有时还能看到食蟹猕猴的白化变种。若干年前，伦敦摄政公园的动物园中就有这样一对。它们活泼可爱，生机勃勃，但那些阳光明媚的日子里，它们似乎饱受光照的折磨，每当阳光照在它们脸上，那只雄性食蟹猕猴总会用眉头紧锁来表达不满。

恒河猴是印度北部的常见猴类，甚至在海拔 8000 英尺（约 1438 米）的一些地方也能看到它们的身影。它们的身体总长度约 32 英寸（约 0.81 米），其中锥形的尾巴就超过了总长度的三分之一。毛色大体呈棕色，带有一丝灰色，腹部与背部的毛色非常接近。它们总是一大群集体行动，比起丛林，它们多出没于人类的聚居地，会用昆虫来改善素食食谱。尽管印度人并不把恒河猴视为圣物，但也不会去骚扰它，于是它们也变得和长尾叶猴这般嚣张跋扈，甚至更为大胆莽撞。印度北部的马戏团主会训练它们表演，各种杂技动作它们都能轻松掌握。这些猴子极其淘气大胆，甚至随着年龄的增长而愈演愈烈。

据说，成年的豚尾猴体形类似大型獒犬，在马来半岛向北至丹那沙林、苏门答腊岛和婆罗洲均有分布。通体毛色较暗，头部形状（尤其是老年雄性的头部形状）与狒狒相似。听说苏门答腊岛的居民会训练这些猴子攀爬椰子树，为主人摘取椰子，不过也许只有年幼的豚尾猴才能如此顺从。

狮尾猴常被误称为“紫脸猴”，这是锡兰人对所有猴类的叫法。它们以 12 到 20 只为单位，栖息于马拉巴尔海岸茂密的山林之中。毛发大部分呈黑色，脸部围着一圈形如飞边（16、17 世纪欧洲流行的白色轮状皱领）的浅色长毛，但不会在前额处相连。成年雄性体长约 33 英寸（约 0.84 米），尾长 1 英尺多（约 0.3 米），末梢有簇毛。布兰福德认为人类驯养的狮尾猴性格阴郁残暴，但就目前伦敦摄政公园的动物园中的三只来看却并非如此，它们和长臂猿共享一只大铁笼，与所有观众相处融洽，尽管它们也是绝不肯吃半点亏的。作者喜欢给猴子们投食，它们在笼子底部坐成一排，用手抓住铁网，张开嘴接住葡萄或者一小截香蕉。一天上午，作者正在喂食，一只长臂猿悄悄溜到笼子前面的铁丝网边，伸出手夺过作者原本想要留给狮尾猴的水果。狮尾猴跳起来，大声叫唤着，满笼子追逐长臂猿。偷食的家伙从一根树枝摇荡到另一根树枝上，发出恐惧的惊叫，但狮尾猴最终还是抓到了仓皇逃窜的长臂猿，擒住它的腰，狠狠地咬了一口，如果换作其他动物可能就小命难保了。

狮尾猴

拥有柔软的棕色长毛和红色脸庞的日本猕猴，比同科其他物种的栖息地更靠北。它们喜欢群居生活，以橡子、坚果、橙子、豆柿以及其他有经济价值的水果为食，因经常对花园和种植园造成巨大破坏而臭名昭著。日本马戏团团主驯化了这种猕猴，训练它们走钢丝，进行杂技表演。据说一些马戏团团主为了让它们一直长不大，而抑制它们的自然生长，不过考虑到抑制自然生长可能带来的严重后果，这种说法几乎不太可信。

普通猕猴栖于中国北京以东的山地，浓密的棕黄色毛发让这种动物能够忍受中国北方寒冷的冬季，那时的气温常在0℃以下——低于冰点。该物种和日本猕猴一样，尾部都很短小。动物学会拥有日本猕猴和普通猕猴的样本，不过都喂养在露天的铁笼中，因为它们无法忍受温暖的猴舍。不过，温暖地区的猴类却比我们想象的要耐寒得多。老年的斯泰尔斯长尾猴在英国伦敦北部露天生活多年。1893年，两只来自故乡锡兰的斯里兰卡猕猴从笼中逃脱，在野外待了8周左右，而那段时间地面已经开始结霜。

地中海猕猴（比“直布罗陀猿”这个名字更贴切）分布于非洲北部，直布罗陀巨岩是它们的根据地。1779年围攻直布罗陀前不久，一群西班牙人企图突袭英军哨站。就在他们悄无声息地逼近哨站时，惊动了一群地中海猕猴，它们的叫声引起了哨兵的警惕，西班牙人见到英军有所戒备，只得仓皇作罢。埃利奥特（Elliot）将军决不允许它们受到惊扰，现在，直布罗陀巨岩信号中士管辖与保护着这一小块根据地。它们体长2英尺（约0.61米）有余，背部通体棕黄，腹部为白色，脸部和耳朵为肉色，尾巴是典型的皮肤褶皱。这种猕猴是如何来到欧洲的，我们已无从知晓，也许是现已灭绝的某个物种的后代，它们曾活跃于欧洲大陆的各个角落，甚至在英国也有分布。

黑冠猕猴仅分布于西里伯斯岛（今苏拉威西岛）和巴占岛，最初可能是由马来人带上这些岛屿的。除了呈肉粉色的臀疣，皮毛均为深黑色，脸部、手脚也都不例外。头顶有一簇长毛，向后方和两侧伸出，因此形成冠状。尾长几乎不足1英寸（2.54厘米）。它们以水果为食，少量群居于树顶——这是区别于狒狒的两点，尽管突出的口鼻说明了它们之间具有千丝万缕的联系。

黑冠猕猴

狮尾狒原产于阿比西尼亚（今埃塞俄比亚），这种猕猴与狒狒极为相似，二者的区别在于狮尾狒的鼻孔并不位于鼻子的末端，而是稍高一些，靠近眼睛的位置。毛色较暗，头顶和脸部周围的毛发很长，向后生长，落在肩上，形成鬃毛，尾部末端有簇毛。狮尾狒是群居动物。它们成群出山，劫掠田地，因为粮食是它们的主要食物。它们遭到攻击时，会从高处朝敌人滚下巨石，和高山部落的人类如出一辙。动物园偶尔能见到它们的身影，但“它们没有任何规矩可言，性情是野蛮而残暴的”。

现在我们来了解真正的狒狒，它们主要分布于非洲及红海北岸的国家，与东西半球的猴类有较大区别，主要体现在它们的口鼻更为突出，身体形态与性格方面都与人类相距甚远。类人猿与旧世界猴主要生活在树顶，以水果为食；狒狒则栖于石山峭壁之间，暴露于野外，除粮食外，食谱中还会添加蜈蚣和蝎子等，偶尔也会抓蜥蜴和蛙，据说有一种狒狒还会攻击羊群。它们用四肢行走，在平地上奔跑的速度能与马抗衡。四肢几乎等长，臀疣通常颜色鲜艳。除非被惊扰，它们一般不会主动攻击人类；不过若被打扰或激怒，它们也会变成非常可怕的猛兽，巨大的尖牙足以一口就令一条狗毙命。

阿拉伯狒狒是古埃及人的圣物之一，由于酷似“文字之神”托特神而作为他的化身与象征，受到人们的崇拜。尽管这些动物非常神圣，但古埃及人似乎也会教它们做一些有用的劳动。现存的一座纪念碑上，几只狒狒在摘取果实，站在下方的奴隶们用篮子去接。成年雄性只是与猎犬一般大小，但体格更为健壮；皮毛呈烟灰色，雄性的颈部和肩部覆有浓密的鬃毛，既像狮子，又像巨型贵宾犬。尾巴极长，末端有簇毛。双手呈黑色，脸部和耳部为肉粉色，臀疣为鲜红色。雌性几乎与雄性同等大小，但和幼年阿拉伯狒狒一样没有鬃毛——年纪较大的雄性，鬃毛已成为一种防御武器。根据伦敦摄政公园的动物园调查，达尔文（Darwin）发现，狒狒在打斗时会去撕咬对方的后颈部。这些动物在阿比西尼亚（今埃塞俄比亚）和苏丹地区比在阿拉伯半岛更为常见，而在埃及则已经绝迹。

狒狒

虽然遭到攻击时，这些生物会变得异常凶猛，毫不犹豫地奋起自卫，但是它们也有温顺的一面。罗马尼斯教授曾在伦敦摄政公园的动物园猴舍，目睹一只东非狒狒因试图偷走邻居阿拉伯狒狒的坚果而遭到撕咬。受害者凄惨的叫声引起了饲养员的注意，它便因此得救。饲养员用铁棒“武力镇压”，攻击者才不得不放手。“于是，东非狒狒退到它的铁笼中央可怜地呻吟，用受伤的手捂住胸口，还用另一只手不断摩挲。这时，阿拉伯狒狒从笼子上方走近它，发出同情的安慰声，双手搂住受伤的东非狒狒，就像母亲对待受伤的孩子那样。这种同情的抚慰声一定对伤者起到了安抚的作用，它的哀鸣越来越平静，这时，被抚慰者松开了它的手。东非狒狒的脸颊贴着对方的胸膛，这是对同情与安慰的最佳回馈。”

黄狒狒，顾名思义，皮毛呈棕黄色，冠部有长毛，手、脚和脸部呈黑色。它们原产于西非，延伸至乞力马扎罗山。据约翰斯顿（Johnston）先生所言，“它们常活跃于当地的种植园附近，主要以玉米和从人类的花园里偷来的其他食物为食。查加人的故乡也盛产狒狒。它们以14只到20只左右群居，族群中包含各年龄段的雄性和雌性。它们极少被当地人打扰，因而并不惧怕人类，会站在20码（约18米）开外观察我，而不是选择逃跑，老年雄性会龇牙发出咕哝声。我常见到当地人像对待一群捣蛋的男孩一样把它们赶出种植园，狒狒们撤退时，颊囊中塞满了食物，身后还拖着一串战利品。有一次，我的印度仆人，一个非常大胆的男孩，在乞力马扎罗山脚的河床上遇到一群黄狒狒，它们并非立即逃窜到树上，而是气势汹汹地径直奔向他，吓得他仓皇逃走。狒狒们步步紧逼，但男孩涉过了一条浅溪，要不是溪水阻断了敌人的追赶，男孩恐怕将遇上一场激战。我曾在查加杀死过一只狒狒。当时那群狒狒正光顾一个玉米种植园，开枪之后，它们并没有逃走，而是围着同伴的尸体朝我咆哮。我的子弹用尽了，只得回到住处多叫些帮手，一群人气势汹汹地赶来，它们这才离开”。

豚尾狒狒生活在非洲南部的山区。老年雄性豚尾狒狒据说与英国獒一般大小，但英国獒还没有这么大的样本。豚尾狒狒通体灰黑色，长短不一的毛发显得非常蓬松。它们成群出没，常以百合科等植物的鳞茎为食，也会捕捉蠕虫、昆虫、蜥蜴和鸟蛋换换口味，但听说它们在某些情形下会变成肉食动物。

东非狒狒通体呈橄榄绿色，来自非洲西部，主要以千岁兰的茎为食，它们用巨大的獠牙撕开茎干，就像绵羊啃食萝卜一样轻咬它的根。这些动物会成群结队地闯进农田里，一夜之间就能拔光整片玉米地，因此被当地农民誉为“大瘟疫”。

山魈

几内亚狒狒是动物园的常客，与山魈有亲缘关系，尽管脸颊肿胀、颜色暗淡。毛色为棕黄色，夹杂着色彩较暗的沙黄色或浅红色；眼睑为白色，无毛的部位呈黑色，尾长约为体长的一半，末端无簇毛。野外习性不详。

山魈长相非凡，或用“面目可憎”一词也不为过。它的家乡在西非的热带地区。成年雄性几乎与猩猩同等大小，体格健壮，四肢粗短，头部硕大，前额极短。鼻孔在嘴唇稍后，脸两侧颊囊突出，覆有浅蓝、深红和紫色花纹的皮肤。臀疣颜色血红，尾部极为短小。山魈极少能人工饲养。

鬼狒同样来自西非，但分布面积更广，背部为棕色，腹部颜色较浅。和山魈一样，脸部两侧有颊囊，但皮肤为黑色。雌性和幼崽的面相比老年雄性鬼狒和善。

第五章　新世界猴与狨猴

新世界猴与它们在旧世界的亲戚有显著不同。虽然它们也都生活在丛林之间、树巅之上，尾部大都具有缠绕性，相当于它们的第五只手，但新世界猴普遍没有储存食物的颊囊，也没有天然的坐垫——臀疣。它们的鼻孔的间距很宽；一些猴类有拇指，却无法和其他手指并拢抓握物品；（除狨猴外）所有新世界猴都比旧世界猴的32颗牙齿多了4颗，即一共36颗，而旧世界猴的牙齿数量和我们人类一致。

卷尾猴属的英文名因其酷似男修道士斗篷中前额的长发而来。在中美洲的原始森林之中，它们大量结伴而行，以树木的嫩芽、水果、鸟蛋和小鸟为食。它们非常聪明，能够忍受圈养的生活和英格兰的气候，常被人圈养，巡回音乐家和马戏团团主常训练它们表演。

白额卷尾猴，毛色红棕，脸和胸部为白色，活跃于巴西平坦的森林地貌之中，动物研究者贝茨（Bates）在亚马孙河上游河岸见过大群的白额卷尾猴。它们灵敏地从一棵树摇荡到另一棵上，“在下降的过程中，用手和尾巴瞬间抓住树枝，转眼已吊在另一棵树的枝丫上了”。贝茨养了一只当宠物，但以失败告终，因为卷尾猴杀死了深受主人喜爱的另一只猴。贝茨说：“正因如此，我放弃了它。”动物研究者贝尔特（Belt）就幸运多了。他的白额卷尾猴“米基”弄死的无非是一些小鸭子。有一次，它弄坏了一盏灯的开关，才深刻明白必须改掉喜欢破坏东西的坏习惯，真是个悲剧的小偷。“一旦有人抚摸它，它一定不会错过这个机会去掏掏他的口袋……一天，它摆脱了人们的视线，被发现时正从桌上夺走一只奶壶，双手捧着，企图逃走。它被迫交出奶壶，牛奶并没有溅出一滴，它还一直发出道歉的嘟哝声。每次做坏事被人逮个正着时，它总是发出这样的声音，表示‘我知道错了，别惩罚我。其实我不是故意的——这只是个意外’。然而它发现人们不买账，便转而发出尖锐的威胁声，露出牙齿，试图吓唬对方。它的叫声非常丰富，有粗暴的喊叫，也有尖锐的口哨声；我们不用看它就能分辨出它是饿了、正在享用美食、害怕了，还是遇到了威胁。毫无疑问，它的同类应该更了解它的各种声调和表情的细微变化，而我们无法体会它的情感和需求，会因无法理解而忽略它的感受。”

卷尾猴属中还有许多其他品种。圭亚那的许多黑帽悬猴被送往英国。罗曼尼斯教授在其作品《动物的智慧》(*Animal Intelligence*)中，描述的也是这一品种。

绒毛猴分布于巴西，长毛之下还覆盖着一层羊毛似的短绒毛。尾部末端下方裸露，抓握时更牢固，拇指非常发达。普通绒毛猴身材粗壮，皮毛和脸部均为黑色，酷似一位老年的尼格罗人，因而常被称为“黑人猴”。它们在圈养状态下性格温顺和善。一只在伦敦摄政公园的动物园中短暂生活过一段时间的绒毛猴，就结交了许多朋友，尽管它从不会公开表达自己的问候，却温暖而深情。它会抚摸别的动物，然后跳到树枝上，用尾巴悬挂着自己，头凑近铁网，因表现好而伸出嘴唇讨要水果奖赏。绒毛猴是美洲最大的猴类。贝茨带回的一个样本，头和身体就有26英寸（66.04厘米）长，尾部1英寸（2.54厘米）有余。

巴西东南部的绒毛蛛猴既有绒毛猴的一些特征，也有蛛猴的一些特征。首先它有一层羊毛状短毛，但拇指已经退化。

蛛猴的栖息地北至墨西哥，南达乌拉圭。其名字的由来是因为它们纤长的四肢。它们主要以水果为食，常用尾巴喂食，胃部与长尾叶猴有些相似。蛛猴的活动量大，即使在动物园的猴舍中也是如此。伦敦摄政公园中，一只蛛猴与黑帽悬猴生活在一起，总是特立独行地追得那群黑帽悬猴绕着笼子一圈一圈地跑，可能是在邀请它们玩耍。但如果黑帽悬猴不接受邀请，蛛猴便孤单地从绳子荡到树枝上，从笼子的一头来到另一头。

红脸蛛猴从巴西到圭亚那均有分布。它们体形较大，覆有粗糙的黑色皮毛，脸部呈肉色。贝茨说它们是印度很常见的宠物，性情温顺。它们会在石头或硬树枝上敲打巴西胡桃，剥开坚硬的外壳。至于折断枯树枝刺伤敌人的说法还有待考证。

棕蜘蛛猴生活在亚马孙河两岸，毛色非常艳丽。背部长而柔软的皮毛为黑色，脸颊为白色；前额有一条鲜艳的橙色带状毛发，下部、四肢两边和尾巴则为黄色。棕蜘蛛猴有时也被称为巴特利特猴，因为E. 巴特利特（E. Bartlett）先生曾于1866年带回一只样本，并确定为新物种。同属的还有来自哥伦比亚的黑掌蜘蛛猴和棕头蜘蛛猴，以及来自秘鲁东部的倭蜘蛛猴。

蜘蛛猴

夜猴也称为“鸮猴”，因和鸮一样昼伏夜出而得名。它们的体形较小，头大而圆，脸部较短，眼睛非常大，常为灰色或棕色，皮毛浓密，长尾巴只能握住物品，无法悬挂身体。就这一点而言，它们和接下来介绍的猴类，与前面所提到的新世界猴都有所区别，当然，吼猴是个例外。夜猴的栖息地从尼加拉瓜延伸至亚马孙河和秘鲁东部，有三或四个物种，习性的差别极小。贝茨先生说，它们白天在空心树中酣睡，只在夜晚出来捕捉昆虫、享用水果。他曾遇见过两种夜猴——普通夜猴和阿氏夜猴。它们的前额主体都为白色，上面有三条黑纹，前者在冠部会合，而后者在前额会合。他把一只普通夜猴当作宠物。这种动物喜欢食用昆虫，尽管也会吃水果。贝茨听说这些猴子能清理屋内的蝙蝠和蚊虫。“每当我轻轻走近，它便等待着我的爱抚。不过，一旦动作有些重了，它总会变得警惕起来，狠狠地咬下一口，抽出小小的胳膊，像小猫一样发出咕咕声。”

松鼠猴生活在哥斯达黎加到巴西和玻利维亚一带的热带丛林中。这些活泼优雅的小家伙有三个物种，野生状态下，总是一大群生活在一起，食谱中大部分为昆虫。其头部细长。普通松鼠猴头身长约 10 英寸（约 0.25 米），尾部几乎也是体长的一半。身体呈橄榄灰色，胳膊和腿为鲜红色，脸部为白色，但口鼻部为黑色。

伶猴与松鼠猴的不同之处在于，伶猴的头部比后者更圆，眼睛较小，尾部毛发更长。它们分布于南美洲，从巴拿马向南至亚马孙河流域广袤的森林中。贝茨说它们是迟钝而倦怠的动物，五六只群居，在粗大的树枝间穿行。他曾得到过一只伶猴，是“一天日出时在我家屋后低矮的果树上捉到的……附近只有那一棵树，所以它一定是在旁边的森林里先爬到地上，走了一段距离才上了这棵树的”。

僧面猴也栖息于南美洲广袤的森林中。大多数僧面猴头顶有长毛，有的中分，有的从头顶像假发一样散开。所有品种均长有腮须和颌毛，有的颌毛极长。其中最著名的是狐尾猴。贝茨描述它是胆小无害的动物，覆盖着一层灰色、带斑点的毛皮，其毛发像熊一样长而粗糙。它们的长毛披散着，半遮住小巧讨喜的脸庞，连尾巴尖的毛发也很长。尾部非常发达，长达 18 英寸（约 0.46 米），比身体还长。它们非常柔弱，人工饲养时活不过几星期。美洲的猴类中，它们表现出的对人类的依赖感是最强烈的。

秃猴属的身体覆有长毛，但胡须和尾部很短，有些甚至已变成退化的器官。和僧面猴一样，它们栖息于赤道附近的森林之中，极少在地面活动。秃猴属有几个物种，其中最著名的当属白秃猴。据贝茨描述，它们体长约 18 英寸（约 0.46 米），颈部到尾部均覆有长而直的、有光泽的白毛。头部几乎裸露，脸部呈最为鲜艳的红蓝色；浓密的沙色胡须在颌下会合，眼睛为橙色。它们的活动范围似乎只限于雅普拉河西侧靠近主河口的位置。它们以小群为单位，生活在高耸的树冠之中，以各种水果为食。据说它们的动作非常敏捷，但并不善跳跃，而是倾向于在树与树粗壮的树枝上奔跑。

吼猴恰如其名，以发出可怕的叫声闻名。它们的气管上方有一个空心的骨结构，可放大叫声。与蛛猴一样，尾部具有缠绕性，但与之不同的是，吼猴的拇指非常发达。它们主要活跃于巴西，有些也出没于中美洲。它们栖息于树顶，是素食主义者。其体长在新世界猴当中当属第一，有些总体长甚至达到近 6 英尺（约 1.83 米），其中尾长占一半。各物种生活习性差异较小。

吼猴与幼崽

一只帚吼猴和一只褐吼猴曾被成功带到英国，但却在抵达动物园不久便双双离世。

狨猴与柽柳猴属

这些袖珍的小动物生活在中南美洲。手和脚更像是爪，指（趾）上长有爪子而非指甲；牙齿数量与旧世界猴一致，但形态有所不同。尾部无缠绕性，且大多具有深浅不一的环状花纹，许多物种的耳朵已经退化得只剩下一小簇毛发。它们以小群为单位聚居，树栖，主要以昆虫和水果为食。性格温顺，彼此友爱。人工饲养时，它们的行为有所不同，有些专家认为它们极易驯化，但也有人对此并不乐观。他们可能考虑到，如果把狨猴当作宠物饲养，它们的性情就会大变，不过也许是饲养方法的问题。它们一胎分娩两三只幼崽，而猴类一胎只生产一只幼崽，可见这些小生物比猴类低级。

在攀爬的习性上，这些小家伙更像松鼠而非猴子，它们只在树干和较大的树枝上活动，长指甲让它们得以牢固地攀附在树上。贝茨见过一只狨猴迅速爬过树干，尾部无法缠绕在树枝上，拇指也无法抓握，因此狨猴无法像其他猴子那样在树枝间跳跃。

普通狨猴分布于巴西地区。曾有人这样描述它："小家伙像小猫似的，身体和尾部均有黑灰相交的环状花纹，耳部周围有一圈白色长毛。"一位南美旅者谈及他饲养的一只狨猴宠物："只要让它趴在我的肩上，就能让它开心，它会用毛茸茸的长尾巴环住我的脖子，陪我散步。它的尾巴像围巾一样裹着身体，温度至少有 100 华氏度（38 摄氏度），但如果我不带着它，它似乎会非常失望，不过我是不可能抛下它的。对昆虫的共同爱好，让我们能够如此亲密，不过它比我更有耐心。它可以坐在蜜蜂、蝴蝶常去的花丛或树枝间，几小时一动不动，直到它们放松警惕，然后猛地一把捉住。"

一位法国博物学者饲养的一群普通狨猴会杀死放入笼中的小鸟，但不吃它，不过会舔舐滴落笼底的鲜血。

英国的动物园中常见到它们的身影，它们在英国等欧洲国家繁衍数代。1883 年《泰晤士报》（*Times*）就报道了这样一例，而它的主人误以为他的狨猴是在欧洲成功繁衍的首例。

其他品种与普通狨猴在大小和颜色方面有些许差异，但习性几乎相同。“维斯提提”(Ouistiti)这个名字就是模仿它们尖锐的叫声而来。

柽柳猴属群居于秘鲁、巴拿马和巴西的森林之中，性情暴躁、体形小巧，几乎无时无刻不在活动，它们的食物有水果、昆虫、鸟蛋等。耳部无簇毛，尾部也没有环状花纹。

普通狨

黑柽柳猴是人们最熟知的物种。它们分布于圭亚那和亚马孙河谷的低洼地带。贝茨说，“在巴西的帕拉州，居民们常在家中驯养柽柳猴”。成年柽柳猴的头身长约 9 英寸（约 0.23 米），尾长 15 英寸（约 0.38 米），被毛浓密黝黑，背部下方有红棕色条纹。

金狮面狨猴因其皮毛柔软、长着垂至脖颈处的棕色长鬃毛而得名，外表有点像“迷你版”狮子。贝茨说到一只人工驯养的金狮面狨猴：“我一进门，它就径直穿过房间，跑到我坐的椅子旁，爬上我的肩膀，转身看着我的脸，露出小牙齿吱吱叫，好像在说，‘哎呀，你过得好吗？’”它毛色金黄，体长约 2 英尺（约 0.61 米），其中尾长占到一半。

第六章　狐猴与类狐猴动物

狐猴及其同类与猴类在许多方面都非常相似，不过它们的头部更尖，更像狐狸，眼睛大而显眼，鼻孔像猫狗一样位于鼻尖。一些狐猴的食指几乎退化，第二根脚趾长有爪子，其他指或趾则长有扁平的指甲。指（趾）尖扁平，呈圆盘状，皮肤神经发达，因此不仅可作为跳跃时的缓冲气垫，也是精密的触觉器官。尾部无缠绕性。大部分狐猴为夜行动物——即夜晚比白天更活跃，树栖，极少选择在地面活动。它们以水果、昆虫、爬行类、鸟蛋和小鸟为食。牙齿数量不一，臼齿与食虫动物的类似，均具有齿尖。

马达加斯加是狐猴最主要的家园，非洲也有一些，东边菲律宾群岛和西里伯斯岛（今苏拉威西岛）的广袤森林中也能零星地看到它们。

短尾大狐猴来自马达加斯加东部的森林之中，白天比较活跃。头身长约2英尺(约0.61米)，尾部仅为退化器官。毛发乌黑发亮，背部、前臂和后腿部分有一些白色花纹。这种动物受到一些村民的崇拜，但欧洲旅行者未能弄清其中缘由。一位法国博物学者认为，可能是由于它们哀怨的叫声，像极了饱受痛苦折磨的人类。

冕狐猴因前额有一条白带而得名，脸部呈黑色，边缘饰以灰色毛发，外观独特。身体背部毛色较深，有一些浅色花纹。它们以及和它们亲缘关系很近的另外两种动物，后肢比前肢长，尽管完全适应树上的生活，但难以手脚并用地行走，在地面上呈半直立状态，通过跳跃前进，双手举向天空，长尾巴在身后摆动。同属的还有两个物种——维氏冕狐猴和金冠冕狐猴，前者活跃于马达加斯加岛的西部和南部，后者分布于马达加斯加岛西北部。

毛狐猴经常独自行动或两两为伴。它们白天在茂密的树叶间或树洞之中沉睡，黄昏时外出觅食玩耍。当地人认为它们愚笨蠢钝，但事实或许并非如此，因为它们的大脑与身体的比例比其他狐猴科动物的比例更大。毛发浓密，颜色大致为红色，尽管个体差异明显。这些动物的第二、第三、第四、第五趾与第一趾有蹼相连。它们主要以水果为食。

狐猴

美狐猴属仅活跃于马达加斯加岛和科摩罗群岛，与前面所提到的几种狐猴大不相同，脚趾之间没有蹼，四肢几乎等长。有些品种为昼行性，有些则为夜行性；在狐猴以水果为主食的食谱中，还增添了鸟蛋、昆虫和幼鸟。

白头美狐猴拥有棕红色被毛，前额有一条宽阔的白色花纹，它们常被送往英国。布罗德里普（Broderip）先生曾饲养过一只白头美狐猴宠物。有时他会允许它在房子里闲逛，他这样描述它进房间时的欢愉心情：

“它欢快地跳跃，从桌上一跃 20 英尺（约 6 米）高，落到敞开的大门上，然后又跳到桌子或者主人的肩上，轻快得像个仙子。跳跃时，尾巴就像一根平衡杆，指尖的弹性肉垫能让它轻巧地着陆，跳到我身上时我几乎毫无知觉。它落在我的颈后，小小的脑袋亲昵地摩擦我的脸颊或耳朵，一连串的爱抚和呢喃后，又来到我的脚背上。我翘着二郎腿坐在壁炉前，它就静静地待在我的脚上沉沉睡去，用尾巴包裹着自己，就像围着一条毛披肩。如果关在笼子里，它就在栖木上休息，身体蜷缩着，尾巴舒适地盖在身上。”

环尾狐猴背部灰白，腹部为白色，尾部有黑白环状花纹。与其他狐猴相比，它们更多在地面上生活。人工饲养的状态良好，大都性情温顺，尽管动物学会有一只环尾狐猴也喜欢恶作剧，比如把喂食者的手狠狠地咬上一口。

獴美狐猴的皮毛呈红灰色；领狐猴则常为黑白色，毛色由大斑点的颜色决定，多覆盖一层红棕色毛发；伦敦摄政公园的动物园中有黑美狐猴，曾成功繁殖过小狐猴。

驯狐猴属的头部比美狐猴更圆。它们生活在马达加斯加的竹林之中，昼伏夜出，以柔嫩的枝叶为食。

鼬狐猴有两个品种，也是夜行性动物。与驯狐猴不同的是，成年的鼬狐猴无切齿，或仅剩下退化的切齿。

鼠狐猴因体形小巧而得名，布封（Buffon）称其中的一种为马达加斯加鼠。其食谱主要为水果、昆虫，可能也会吃小型鸟类。大部分鼠狐猴会筑巢，有些会夏眠，以酣睡度过炎热的季节。夏眠前它们会在尾巴根部囤积大量脂肪，使尾部膨胀变大。它们将靠着这些脂肪度过沉睡的夏日，夏眠结束时，尾巴便会变小。和婴猴一样，鼠狐猴的踝骨极长，因而能更好地支撑腿部肌肉，增加弹跳力。

婴猴只分布于非洲大陆，一些物种的体形甚至比鼠狐猴还小。它们长着古怪的招风耳，尾部长而多毛。

小耳大婴猴分布于非洲东部，尽管也被称为“黑婴猴”，但毛色为深棕色，下肢颜色较浅，呈黄色。

此外还有分布于非洲西部的粗尾婴猴，毛茸茸的大尾巴比头和身体还长；据了解，塞内加尔婴猴是体形最长的婴猴；还有一种小型的倭丛猴，分布于西海岸，耳部较小，尾部纤细。

蜂猴或懒猴属动物的尾部短小或退化。拇指和大脚趾与其他手指和脚趾相对，而其他指（趾）指向后方。亚洲蜂猴的食指很小，西非的一支甚至退化得只剩下一个肉瘤。它们都是夜行性动物，在树上生活，行动多为爬行，不会跑跳。

普通蜂猴

（蒂克尔上校的素描作品）

普通蜂猴分布于印度，东达孟加拉湾，东北部沿海也有它们的身影，向南则穿过马来半岛和暹罗（今泰国）到达婆罗洲和毗邻的岛屿。蒂克尔上校说："它们栖息于最茂密的丛林深处，从不会主动爬到地面。它们行动迟缓，却能轻松攀爬，牢固地抓握。如果把它们放在地上，受到惊吓后也能前进，但步履蹒跚，四肢与身体呈直角。睡觉时它们的身体会蜷成一个球，头和手埋在大腿之间，像所有夜行性动物一样，在黄昏时醒来，开始一天的活动。"全身长约 1 英尺（约 0.3 米），皮毛为烟灰色，背部有杏色花纹，眼眶边缘有黑眼圈。

分布于印度南部和锡兰（今斯里兰卡）的瘦懒猴体形更加小巧，灰黑色毛发泛红色光泽。锡兰人用这种生物的眼睛制作催情药。

非洲的蜂猴品种称为树熊猴。18 世纪早期，博斯曼（Bosman）在几内亚发现了这一物种，但在此后的 120 年里它们却销声匿迹。它们尾部很短，颈椎有两三个长突起，仅有一层薄薄的皮肤覆盖。其习性与普通蜂猴相似，但据说行动更为迟缓。此外，在老卡拉巴（今尼日利亚东南部）发现了另一个品种——金熊猴。

指猴

跗猴生活在东印度群岛的森林之中，和松鼠一般大小，甚至连坐姿和吃东西时手捧食物的样子都与松鼠十分相像。它们的脸较圆，有尖而突出的吻部、大耳朵和圆瞪的双眼。后肢比前肢长，尾部有丛毛，皮毛一般为鹿褐色。它们因脚踝的骨骼（即跗骨）较长而得名。这种动物树栖夜行，在树枝间跳跃，追逐昆虫和蜥蜴。当地居民因对它们有种迷信般的恐惧，所以，爪哇岛一些地区的人们如果在稻田附近见到了它们，便会遗弃这块田地。

指猴仅分布于马达加斯加的竹林中，独居或成对生活。它们与体形较大的猫一般大小，拥有长而松软的深棕色被毛，下层绒毛呈羊毛状，长尾巴毛茸茸的。大脚趾与其余四趾相对，长有指甲，其余的趾均长有长爪，双手中指纤细，一位作家将其比作弯曲的电线。指猴在树杈上用干树叶筑巢，侧边开口，以供出入。它们的属种分类问题曾长期被人误解。根据牙齿的数量和典型特征，它们曾被认定为啮齿动物。它们和啮齿动物相似的地方不仅仅局限于牙齿的数量。它们的门牙有能不断生长的牙髓——也就是说就像兔子和老鼠一样，牙齿磨损多少便会长出多少。伦敦摄政公园的动物园中有几只指猴，但很少有人看到，因为它们白天都躲在笼子顶端的小箱子里酣睡，只在黄昏无人的时候才会出来。

第七章　蝙蝠和食虫类

蝙蝠为夜行性动物，前肢为方便飞行而进化为翼。我们可以利用自己的身体想象这一飞行器官的模样。我们站直身子，脚微微张开，手肘弯曲呈“V”字形，拇指向上指，其余手指向下，这样便能想象出蝙蝠飞行的器官结构了。蝙蝠的肩膀到拇指间有一层敏感的薄膜，连接细长的手指，并从小指延伸至足跟，从足跟沿体侧连接腋窝，这便是翼膜。大部分蝙蝠的双腿间有一层薄膜几乎延伸至足跟，由后肢做支撑，各足跟常向后、向下长有骨刺。它们张开双臂和手指，伸展翅膀就能飞行。由于手掌的骨骼十分灵活，所以手指看起来就像直接从腕部长出一样，像扇骨。和我们一样，蝙蝠也有三种牙齿，牙齿数量不一，但不超过 38 颗。蝙蝠的耳朵极大，食虫性蝙蝠更是如此，它们也长有内耳，也称为耳屏；大都长有“鼻叶”——围绕并覆盖鼻子的一块皮肤。耳朵、鼻叶和翼膜极其敏感，是灵敏的触觉器官。

蝙蝠的头部（假吸血蝠），能清晰看到耳屏和鼻叶

由于蝙蝠的后肢羸弱，膝盖向后弯曲，因而在地面上寸步难行。

它们可用脚趾和拇指上的长爪攀爬倾斜或竖直的、有着力点的表面。休息时，它们用脚倒挂在山洞、古老的建筑或树枝上，头部朝下。温带的蝙蝠冬眠时间长。即使在印度，寒冷的季节里也很少看到食虫性蝙蝠出没，但食果蝠依然和往常一样活跃。

蝙蝠有两个亚目——分布于旧世界热带和亚热带地区及澳大利亚食果的大蝙蝠亚目，以及东西半球热带和温带地区均有分布的食虫性小蝙蝠亚目。

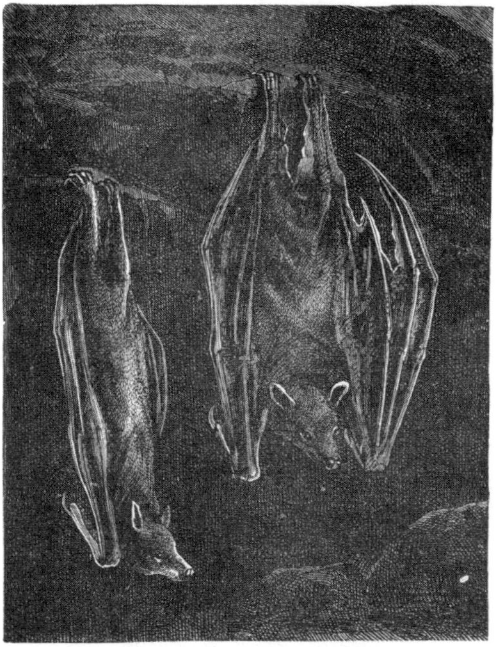

休憩的狐蝠

东方的狐蝠口吻部长而突出，外观似狐，是食果蝙蝠的代表。其平均体长 1 英尺（约 0.3 米）有余，翼幅约为体长的 4 倍，无尾。毛色大都为红棕色。

马来大狐蝠是已知体形最大的蝙蝠，翼幅长达 5 英尺（约 1.52 米）。华莱士说道：“这种生物奇丑无比，却是美味佳肴，成为人类争相猎捕的目标。每年伊始，它们成群结队地觅食水果，白天聚集在海湾中的小岛上，数以万计地挂在树上，尤其是枯树上。这时捕捉它们是轻而易举的，只需用棍子敲下来，就能满载而归。烹饪时需要小心处理，因为皮毛有狐狸的恶臭，一般会添加大量香料和调味品，简直算得上是上等的美味，吃起来有些像野兔肉的味道。”

锤头果蝠的头部

澳大利亚的灰头狐蝠、生活在古建筑遗址如金字塔黑暗厅室里的北非果蝠，以及印度、锡兰（今斯里兰卡）和缅甸的棕果蝠是近亲。棕果蝠栖息在近海的山洞中，据说以软体动物为食。

遍布非洲的怀氏饰肩果蝠，从北部热带地区至塞内加尔均有分布。它们是这一族群的典型，大多数雄性的肩部附近有囊，嘴部长有黄色长毛突起，因此被称为“饰肩果蝠”。它们主要栖息在无花果树上。同科的还有迪·谢吕（Du Chillu）在非洲西部发现的锤头果蝠。除此之外还有许多其他品种，不过它们的习性与上文提到的相差无几。

食虫性小蝙蝠亚目可根据尾部和毛发的差异分为两种。第一种尾巴较长，包裹在尾膜之中。第二种如果有尾巴，通常穿过翼膜。两个种群的被毛差异不大。下页图中的 *a* 为包裹尾部的蝙蝠的被毛，*b* 则为露出尾部的蝙蝠的被毛。

菊头蝠的鼻吻部覆有叶状附器，覆盖鼻孔前侧的附器形似马蹄。英格兰南部各郡常见的马铁菊头蝠，在欧洲中南部、亚洲部分地区和整个非洲大陆均有分布。菊头蝠总体长近 4 英寸（约 0.1 米），翼幅达 13 英寸（约 0.33 米），背部为灰红色，腹部则不具红色毛发。它们常出没于荒芜的采石场、古老建筑和天然洞穴，钟爱极黑暗的无人地带，冬季常蛰伏，冬末春初时开始活跃。据说它们觅食的主要对象是危害农作物和种植园的金龟子。

英国还有小菊头蝠，但也不仅限于英国，在爱尔兰也能见到它们的踪影。利奇（Leach）博士说它们“总是小心翼翼，易驯服，但喜欢把自己藏起来”。它们的飞行高度可能比大部分同类都高，降落的方式也与其他蝙蝠有较大差异。

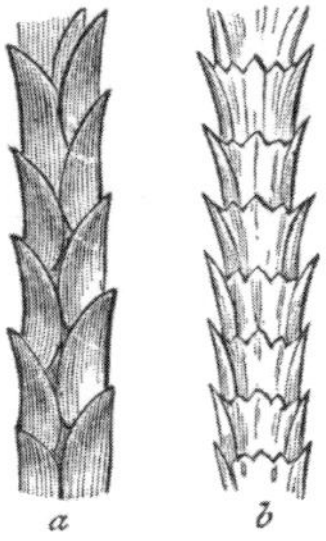

蝙蝠的被毛

大菊头蝠原产于印度和亚洲诸岛，被毛长而浓密，呈黑色，因此而得名。它们全身长不足6英寸(0.15米)，东方还有其他物种。此外，灰褐色被毛、大鼻叶的澳洲蹄蝠来自澳大利亚。

冕蹄蝠分布于印度、锡兰（今斯里兰卡）和缅甸，体长3.5至4英寸（约0.09米至0.1米），翼幅约2英尺（约0.61米）。毛色为浅棕色。赫顿（Hutton）上尉说：“人们常听到这一物种在空中咬碎甲虫坚硬翅膀的声音，傍晚时它们会成群地在树上栖息；其牙齿锋利，形似斗牛犬。”该属也有许多亚洲品种。

假吸血蝠和夜凹脸蝠的耳部极为发达，耳屏非常大。这些蝙蝠生活在旧世界的温暖地区。最著名的假吸血蝠为分布于印度和锡兰的印度假吸血蝠，体长3到4英寸（约0.08米至0.1米），翼幅14到19英寸（约0.36米至0.48米）。其背部被毛呈灰蓝色，腹部为黄色。斯滕代尔说，它们群居于古建筑中，是不折不扣的吸血鬼。布莱思（Blyth）注意到一只假吸血蝠叼着另一只小蝙蝠飞进他的房间，小蝙蝠因失血过多虚弱地掉到地上。次日早上，印度假吸血蝠和那只小蝙蝠都被捉进笼子里，小蝙蝠再次遭到攻击，精疲力竭而死。斯滕代尔还提到这只蝙蝠将两只金丝雀赶尽杀绝。威廉·弗劳尔爵士认为假吸血蝠在环境允许时，会捕食小型蝙蝠和其他小型哺乳动物。

爬行的欧洲宽耳蝠

夜凹脸蝠科有7种，分布于非洲和阿拉伯半岛，但在爪哇岛也发现了一种。它们无鼻叶，但鼻孔向上有一道深沟。沙漠长耳蝠体长约4英寸（约0.1米），灰色被毛，栖息于埃及和阿比西尼亚（今埃塞俄比亚）的沙漠地带，在早期基督教时代许多隐士的故乡——西拜德被人类发现，其学名和俗名均由此而来。

小蝙蝠的鼻孔位于鼻吻部末端，无叶状附器，广泛分布于全球温暖地带，大部分欧洲蝙蝠和所有英国蝙蝠都属于这一类，不过上面提到的两种除外。

长耳蝠在英国各地均有分布，也活跃于欧洲和亚洲大部分地区，包括尾部体长近4英寸（约0.1米）。其被毛很长，浓密柔滑，背部呈浅棕色，腹部为棕灰色。贝尔认为它们极易驯化。它们最喜欢的休息场所是小镇和村庄里的房顶和教堂的堡垒。在地面行走时，其前肢翘起，靠肌肉不断的抽搐将身体往前移动，先挪一边，再挪另一边。

欧洲宽耳蝠的耳部大小适中，其总长度不超过4英寸（约0.1米），其中尾部占了近一半。柔软的长毛为棕黑色。欧洲宽耳蝠分布于欧洲大陆的大部分地区及英格兰中部和南部各郡。当宠物饲养时，它们不仅会避开主人，还会减少与共享地盘的其他蝙蝠接触。

伏翼蝠在英国很常见，分布面广，甚至在喜马拉雅山脉也能看到它们的踪迹。它们全长不足3英寸（约0.08米），背部红棕色，腹部发黑。仲春时节至10月，日落之后常能见到这种蝙蝠像燕子一样掠过水面寻找昆虫，多次听说它们冲向渔人的帐篷，不幸被钩在帐篷上。它们的近亲——大棕蝠，体长4.5英寸（约0.11米），背部被毛浓密，呈栗棕色，腹部灰黄色，是唯一一种在东西半球均有分布的蝙蝠，它们在英国仅分布于东南各郡。

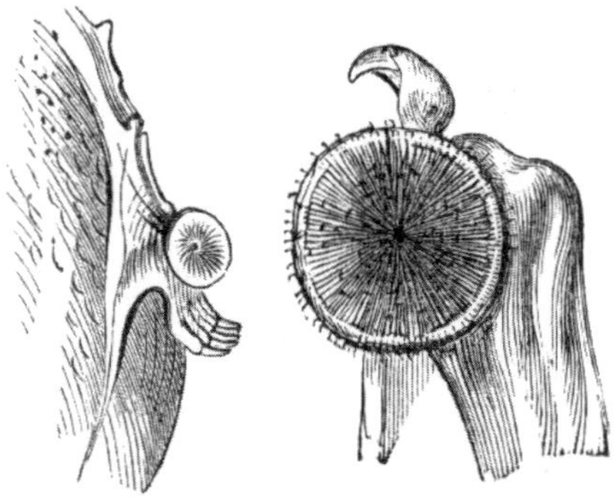

吸盘翼蝠足部和拇指上的吸盘（放大）

褐山蝠广泛分布于东半球，在英国的分布范围北至约克郡。其头身长3英寸（约0.08米），尾部约为头身长的一半，皮毛为棕红色。

管鼻果蝠下有七八个物种，常见于爪哇岛、日本、中国的西藏和喜马拉雅山脉。其鼻吻部鼻孔突出，呈管状，翅膀和尾膜覆毛。

彩蝠发现于亚洲的热带森林之中，体形较小，橙黑相间，色彩艳丽，这也许是它们的保护色，能与周围的环境融为一体，不易被敌人察觉。

分布于中南美洲的吸盘翼蝠，全身长近3英寸（约0.08米），背部毛色为肉桂棕色，腹部灰白，翅膀为暗黑色。这种动物的手和脚上长有吸盘，有些类似乌贼的触手，从而能够攀爬光滑竖直的表面，也能够在树枝上爬行时，顺便捕捉昆虫等食物。

鞘尾蝠科广布于世界热带和亚热带地区，上肢翼膜下端靠近肘部处有囊。它们会分泌一种具有强烈气味的红色物质。中南美洲有六种鞘尾蝠。

墓蝠属这一名字的由来，是因为已知的第一个物种是在埃及古墓中发现的。墓蝠有十多种，广泛分布于东半球。埃及墓蝠也是一种在古墓中出没的蝙蝠。其细长的尾巴露在尾膜外。由于后肢较长，翼膜无法包裹整个腿部，因此它们比其他蝙蝠行走更为自如。

犬吻蝠科的鼻吻部短粗，尾部短小。大鼻穹腭蝠分布于南美洲至牙买加一带，奥斯本（Osburn）先生说，它们挤满了他的屋顶，从屋檐下窜出去消失不见，不时地还会有好几只钻进窗户，在屋内巡查一番。冬眠时，雄性和雌性会分离开来，大部分蝙蝠均有这一习性。新西兰的短尾蝠和吸盘翼蝠一样，也拥有特殊的攀爬器官，似乎极适于爬行。拇指的爪子上有尖齿，巩固了攀附力。后肢下端和足底覆有一层柔软疏松的、褶皱状、有黏性的皮肤。

怪脸蝠的头部

矛吻蝠分布于美洲热带地区和西印度群岛，体长约5英寸（约0.13米），翼展近2英尺（约0.61米），皮毛均为棕色。华莱士认为这是一种吸血蝙蝠，许多学者也同意他的观点。然而，人们在许多矛吻蝠的胃里只检测到昆虫，并没有血液的痕迹。同科的怪脸蝠长相最为诡异，连哑剧中的魔鬼面具都自愧不如。有些品种的下颌有叶状附器。

美洲假吸血蝠在很长一段时间里以吸血著称，后来得到证实，它们其实以水果为食。

鼩形长舌蝠是南美洲较温暖地带的一种比较少见的蝙蝠，它们长有长舌，舌头上饰以浓密的毛发，可从口中伸出一定长度。人们一度以为它们是吸血蝠，长舌则用于加快吸血速度。它们一直被人类驯养，会用长舌舔舐水果柔软的果肉。

尖皮蝠亚科有矛形鼻叶，突出于马蹄形的鼻吻部，磨牙有尖角和锋利的边缘。在它们的食谱中，水果占据了全部或绝大部分比例。

吸血蝠

吸血蝠的牙齿和胃部均已习惯了血液这一主食——其他哺乳动物均不具备这一构造。吸血蝠长约 4 英寸（约 0.1 米），翼展约为体长的 4 倍。其皮毛呈棕色，但个体花纹差异较大。它们与另一种亲缘关系较近的蝙蝠都因吸血而闻名。马、牛和人类都是它们的受害者，其皮肤会被它们尖锐的牙齿刮开，露出小血管，血液汩汩流出，伤口难以愈合。

有些人常被这些蝙蝠造访，而另一些人却从未受到攻击。华莱士说有个印第安姑娘总是被咬，后因失血过多而危在旦夕，家人不得不将她送到远离这些嗜血动物的地方。

食虫目

它们在许多方面与蝙蝠有相似之处，但四肢更适于行走或挖掘，甚至游泳。四肢均为 5 指或趾，长有利爪；行走时，手掌和脚掌平贴于地面。一些动物的外表与啮齿动物相似，而且常被误以为是啮齿目，比如普通鼩鼱常被叫作“食虫鼠”，一些臭鼩也被称为“臭老鼠”。它们的牙齿也同样是三种——切牙、尖牙和磨牙，磨牙有尖角。它们的主要食物有昆虫及其幼虫，有些也捕食蠕虫、软体动物和贝类；还有些也会攻击蛙、蛇、鱼、小鸟甚至小型哺乳动物。除南美和澳大利亚外，全球温带和热带地区均有鼩鼱分布。

皮翼目动物的分类归属问题一直困扰着博物学者，它们曾一直属于类狐猴动物。鼯猴又名“飞狐猴”——这个名字就大错特错了：它们既不会飞，也不是狐猴。它们拥有一张滑翔膜，从腕部沿体侧延伸至脚踝，和蝙蝠一样，也有尾膜。然而，如果就像观察蝙蝠一样将鼯猴的身体和四肢与人类的进行对比，就会发现它们不可能真正地飞行。前肢挥动翼膜使它们只能从高处滑行，不可能从地面起飞。

鼯猴分布于马六甲、苏门答腊和婆罗洲，体长18到20英寸（约0.46至0.5米），据说主要以树叶为食，但也喜食昆虫，甚至常捕食小型鸟类。

鼯猴

树鼩目原产于东南亚和东部群岛，树栖生活，白天比较活跃，体形与松鼠极为相似，因此常被弄混。它们主要以水果和昆虫为食。缅甸树鼩体长约 14 英寸（约 0.36 米），尾巴和头身等长。毛色常为暗褐绿色。这种小动物不具危害性，旱季在树上生活，雨季则会躲进人类的屋舍中。

同科的还有笔尾树鼩，分布于婆罗洲和苏门答腊岛。背部毛色多为黑棕色，腹部多为黄色。它们的尾部最具特色，根部多毛，根部以上呈黑色，覆有鳞片，大约从距离顶端三分之一处开始，两侧长有箭羽状白毛。它们的习性与树鼩相似。

接下来是非洲的象鼩科。其吻部突出，形似象鼻，也因此得名。其后肢比前肢发达，采用跳跃的方式前进，与跳鼠有些相似，所以一些作家也称呼它们为“跳鼩”。普通象鼩分布于南非，体长约 8 英寸（约 0.2 米），其中尾长就有 3 英寸（约 0.08 米）。其毛色为棕褐色，四肢偏白。它们为昼行性动物，擅挖掘地洞，受到惊扰后便会躲入地洞之中。此外还有几个同属的物种。

猬科动物体形较小，身材矮胖，鼻吻部突出，尾巴极短。大部分猬科动物的背部毛发十分浓密，形成棘刺。我们第一次见到这种动物时，它们正表现出防御状态，蜷成球状，或者说这是种自保的方式，低等哺乳动物大多选用这一方式。

刺猬成年后体长约 10 英寸（约 0.26 米），背部棘刺为灰白色，饰以黑环，长约 1 英寸（2.54 厘米）。面部呈黑色，身体没有棘刺的部位，毛色为黄白色。除极北的地区外，整个欧洲到亚洲西南部均有分布。它们大都昼伏夜出，冬季休眠，但印度和非洲的品种不具备这一习性。它们的主要食物为昆虫和甲虫。有时人们会人工饲养刺猬，让它们捕捉家里的蟑螂（尽管蟑螂并不是甲虫）。在刺猬看来，蟑螂是如此的美味，一些刺猬竟然会因饮食过量而死。除蟑螂外，它们也不放过蚯蚓、蛞蝓和蜗牛，甚至青蛙、蟾蜍、蛇和老鼠。奇怪的是，刺猬并不惧怕毒蛇的尖牙，甚至还能一口咬碎斑蝥（西班牙苍蝇）的甲壳，饱餐一顿。但它们不喜欢蟾蜍皮肤上的分泌物，如果不小心咬了一口，就会在地上蹭嘴。由于喜捕食蛇类，园丁们视刺猬为朋友。

但它们同样也吃鸟蛋，甚至有时会攻击家禽。刺猬受到惊扰，就会蜷成球形，裹住头和腿，只露出长满棘刺的背部。朝头所藏的部位喷水，它们就会展开身子。据说狐狸和狗会把刺猬推进池塘或水沟，等待刺猬的只有两种命运——要么展开身体成为猛兽的食物，要么溺水而亡。刚出生的小刺猬眼盲无刺，但初具棘刺的雏形，会慢慢变得柔软而有弹性。猬形目动物有多个物种。

领大耳猬原产于印度，“它们有这样一种习性，被触碰时，会猛然用力弓背，可刺伤人类的手指或捕食者的嘴，同时还会发出几声嘶吼”。

刺毛鼩猬是一种与鼩鼱十分相似的刺猬，斯坦福·莱佛士（Stamford Raffles）爵士在苏门答腊岛发现了这一物种，“它们的身体，尤其是头部都要比普通刺猬更长，被毛具有弹性，尾部和头身等长”。其全身呈灰黑色，头身长约14英寸（约36厘米），尾长12英寸（约30厘米）。它们在夜间更为活跃，一般栖息在树木根部的地洞中。此外还有一个物种与它们的亲缘关系较近。

刺猬和幼崽

鼩鼱科是一个庞大的家族，体形似鼠，广泛分布于旧世界和北美洲。吻部长而尖，体形像鼠，尾部尖细，覆有浓密的毛发。许多物种都拥有臭腺，能分泌具有浓烈气味的液体。

普通鼩鼱长约2.75英寸（约7厘米），尾长大于1.5英寸（约3.81

厘米），捕食昆虫、蠕虫、小蜗牛和蛞蝓等，天敌为仓鸮和鼬鼠。据说猫会捕杀鼩鼱，但因它们长有臭腺，猫并不会吃掉它们。秋天时，乡村的马路或小径上常有大量死亡的鼩鼱，尸体没有明显的伤口——可能因饥饿而死。

小鼩鼱也是英国的本土物种，体形更小，尽管尾巴与身体的比例更大，腹部也更白。

英国鼩鼱

家鼩鼱遍布欧洲，总体长约 4 英寸（约 10 厘米），其中，尾长稍短于 1.5 英寸（约 3.81 厘米），被毛为鼠灰色，腹部渐变为烟灰色。它们的习性与普通鼩鼱相似，当然也流传着它们会伤害牛群的说法。插图上画了英国的三种鼩鼱，左边为普通鼩鼱，右边为水鼩鼱，最上面的小家伙就是小鼩鼱。

小臭鼩的背部毛发为灰红色，腹部为烟灰色，应该是现存最小的哺乳动物。从吻部到尾尖，其长度从 2.5 到 2.75 英寸不等（6.35 至 6.99 厘米），其中尾长约 1 英寸（2.54 厘米）。

臭鼩的皮毛为蓝灰色或黄褐色，头身长 6 至 7 英寸（约 15 至 18 厘米），尾长近 4 英寸（约 10 厘米），与英国的鼩鼱相比，体形算相当大了。它们能散发出浓烈的麝香味。

水鼩鼱体长 3 英寸（7.62 厘米）多，尾长超过 2 英寸（5.08 厘米）。

其背部毛色为黑色或接近黑色，腹部为白色，两种颜色泾渭分明，之间没有任何过渡。个体之间的花纹有较大区别。其尾巴下部有长毛穗，足和趾上长有鸡冠状刚毛，因此四肢和尾巴成为绝好的游泳器官。水鼩鼱会在池塘或溪流的堤坝上挖洞，它们的猎物有沼虾、昆虫、幼虫以及小鱼的鱼苗；人工饲养的水鼩鼱也会用捕鼠夹里的死老鼠喂食。它们在英国十分常见，在欧洲大陆至阿尔泰山也有分布。喜马拉雅水鼩体形更大，在日本也发现了几个品种。

蹼小麝鼩体长约8英寸(20.32厘米)，其中尾长占总长度的一半。足上有蹼和吸盘，能攀附在河床的石头上，据说以小鱼为食。

短尾鼩来自中国西藏，是一种穴居动物。和鼹鼠一样，它们的前掌比后掌更宽大、更强壮。它们体长约4英寸（10.16厘米），灰色被毛上镶嵌着棕绿色花纹。

比利牛斯鼬鼹

水鼹为水栖，体形像大鼠，但吻部很长，形成管状闭口；趾尖有蹼，尾巴两侧扁平，让它们更适应游泳。它们常出没于滞流水和流速缓慢的溪水边，在岸边的地底挖掘洞穴，这些洞穴仅用于休憩，大部分时间在水中活动。它们捕食蠕虫、田螺和昆虫的幼虫，但小型水生动物似乎不合它们的胃口。俄罗斯麝鼹原产于俄罗斯南部及亚洲西南部，体长约18英寸（45.72厘米），其中尾长略超过三分之一。其背部皮毛为棕红色，腹部为烟灰色，在特定光线下泛出银色光泽。比利牛斯鼬鼹的体形约为俄罗斯亲戚的三分之二，背部为栗棕色，腹部为银灰色，据说主要以鳟鱼为食。这两种水鼹均散发出浓烈的麝香味。

鼩鼹既像鼩鼱，又像鼹鼠。日本鼩鼹常见于日本东部和南部山区，北部较为罕见，体形似水鼩鼱，覆有柔顺光滑的棕色被毛。它们像鼹鼠一样喜欢挖洞，但不会向外抛土。亲缘关系很近的还有来自北美的北美鼩鼹。鼩鼹与其他物种不同，它们不会打洞。其被毛为石板色，体形像鼩鼱，骨骼结构像鼹鼠。

鼹鼠

鼹鼠有锁骨（c），肩部至肘部有上臂骨（b），上臂骨短而宽，力量很大；两腕内侧有一块结实的镰刀状骨突（f），增加了手部的宽度，更适于挖掘和打洞。

鼹鼠分布于不列颠群岛，爱尔兰除外，欧洲中南部至印度一带也有它们的踪影，长约 6 英寸（15.24 厘米），其中尾长 1 英寸（2.54 厘米）多。其体形较长，呈圆柱形，吻部尖而突出。由于前肢靠前，所以它们看起来没有脖子。其皮毛柔软而有光泽，毛色为黑色或黑棕色，在特定光线下泛起白色光泽。其手脚裸露无毛，为肉粉色，均为 5 指或趾，有爪，铁铲形的手掌向外翻起。

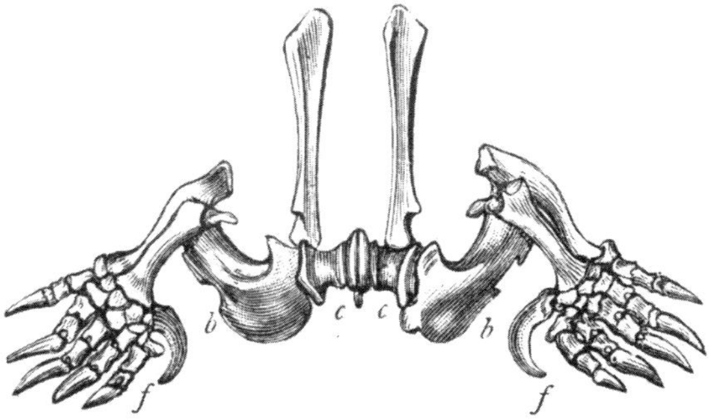

鼹鼠的前肢

下面的插图为鼹鼠的牙齿，臼齿尖利，能有力地切碎它们赖以生存的动物性食物。众所周知，这种动物喜欢挖掘地洞，在地底挖掘时会抛出土。鼹鼠的住所复杂而精美，极具创造力。鼹鼠的地下洞穴有中室，位于地底较浅的位置，从中室向四面八方延伸出若干通道。这些通道由纵横交错的小路相连。然而，奥尔斯顿（Alston）先生对这一主题进行了大量研究，认为任何环线系统都无法与四通八达的鼹鼠洞穴相媲美。鼹鼠非常贪吃，它们的食物有蠕虫、昆虫及幼虫、蜗牛和蛞蝓、蛙类甚至蛇。人工饲养的一只鼹鼠在24小时内吃了一条巨型蛇蜥、一只大蜗牛、两只蝶蛹和一条32英寸（81.28厘米）长的蛇。那条蛇被吃得只剩下了骨头和蛇皮。它们似乎是一种未雨绸缪的生物。农民们觉得鼹鼠会破坏牧场，然而，它们虽啃草食根，但也能消灭昆虫和昆虫幼体，或许能功过相抵。关于这一问题，弗兰克·巴克兰(Frank Buchland)咨询了汉普郡一家大型牛奶厂的雇员。他的答案引人深思："鼹鼠消灭了啃食牧草的蠕虫，作用不容小觑。鼹鼠所到之处，牧草都会长得非常茂盛。鼹鼠吃光了那片区域所有的幼虫和蠕虫后，就会马上离开，继续无私地奉献。鼹鼠去过的地方，都会长出牛最爱吃的牧草。"

地中海鼹生活在欧洲南部，与普通鼹鼠品种差别较小，但眼睛覆有一层薄膜，膜上开有一个微小的孔洞，只能微弱地感知光线，并没有清晰的视力。印度的一些物种与我们的普通鼹鼠极为相似，但洞口没有土堆。日本缺齿鼹的皮毛为黄褐色，吻部极突出。

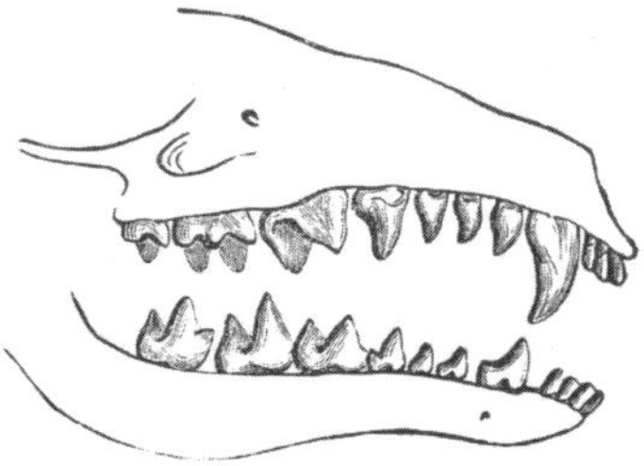

鼹鼠的牙齿

常见的鼹鼠洞简图

鼹鼠洞截面图

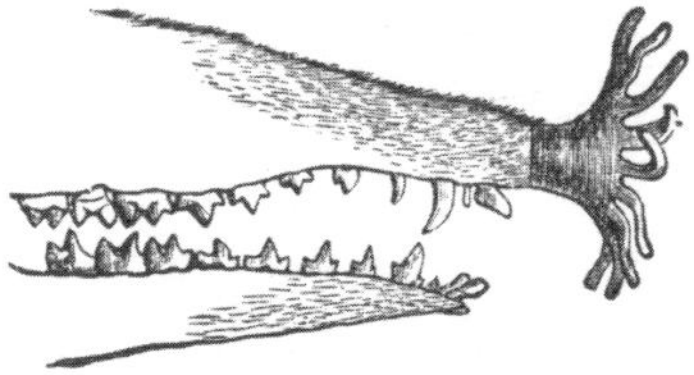

星鼻鼹的吻部

星鼻鼹活跃于美国和加拿大，体长约 8 英寸（20.32 厘米），其中尾部长 3 英寸（7.62 厘米）。皮毛为黑棕色，无毛的部位为肉粉色。鼻吻部长而突出，顶端有一穗肉质长触手环绕着鼻孔，这也是它们的触觉器官。它们通常在水边或沼泽地带挖掘地道。

北美的鼩鼹后足有蹼，看似水栖，但现已证明事实并非如此，它们的地洞极少出现在水边，而习性上与普通鼹鼠相似。另外两种北美鼩鼹的习性也与普通鼩鼹相似，但在亲属关系上与星鼻鼹更为接近，尽管吻部并没有肉质触手。

獭鼩是迪·谢吕（Du Chaillu）发现的物种，长约 2 英尺（60.96 厘米），尾巴占体长的一半。其背部皮毛为暗棕色，腹部为白色，背部被毛顶端泛紫色金属光泽。它们在溪流的岸边挖掘地洞，尽管趾尖无蹼，但也非常适于水栖生活，强健的尾巴构成有力的游泳器官，鼻孔瓣膜在水下可关闭。它们与水獭一样，主要捕食鱼类，会把猎物拖上岸再享用。水鼩鼱科还有马岛臭鼩，体形像老鼠，颅骨和牙齿与獭鼩相似。它们的习性鲜为人知。

海地沟齿鼩原产于法属圣多明戈；古巴沟齿鼩原产于古巴，体长约 1 英尺（30.48 厘米），其中尾长超过一半。二者主要区别在于皮毛的颜色和质感。它们的吻部呈象鼻状突出，尾巴长而裸露，足部更适于奔跑而非挖掘。它们均为夜行性动物，以昆虫为食，辅以鸟类和小型哺乳动物。海地沟齿鼩的背部呈棕色，头颈颜色较浅，后部和大腿颜色较深，腹部和足部为茶棕色，尾部为灰色，但尾尖呈白色。古巴沟齿鼩的头、颈、胸部为茶黄色，身体其余部分为灰棕色。

马岛猬科仅分布于马达加斯加岛。一些物种的背部毛中带刺。普通马岛猬为黄褐色，长约 15 英寸（38.1 厘米），其中头部占三分之一，无尾。它们以蠕虫为食，会像猪一样用鼻子拱土。它们是体形最大的食虫目动物，也算得上是最高产的哺乳动物，一次可分娩 20 只幼崽。纹猬的体形要小得多，身上有黑色和黄色花纹。

马达加斯加鼹猬和刺猬一样，背部有刺，尾短，但无法蜷成球状。棘刺为黑色，刺尖为白色或红色，因此看起来整体发黑。鼹猬属动物的毛色为棕灰色，体形像鼹鼠。它们在田地里挖掘洞穴，翻起粮食作物幼株的根，对稻谷造成破坏，它们的学名由此而来。

金毛猬属也喜欢挖掘地道，在非洲东部至南部均有分布。其前肢四指，后肢五趾；头部呈圆锥形，尾部退化，四肢短，眼睛覆有一层薄膜；和普通鼹鼠一样无外耳，被毛细长紧密。几乎所有金毛猬物种（七种或八种）的背部都会呈现出亮丽的金铜、绿色或紫色金属光泽。

马岛猥

金毛猬分布于开普殖民地（今南非开普敦）和卡弗拉里亚，棕色被毛具有金属光泽。其习性与英国的鼹鼠相似，当地农民认为它们挖掘地洞，对田地和花园造成了破坏，因而对其进行捕杀和控制。巨金鼹分布于莫桑比克和卡弗拉里亚。

第八章　肉食动物——猫科动物

大部分肉食动物体形较大，性情凶猛，常捕杀恒温动物，以鲜肉为食。它们拥有强壮的利爪和尖锐的牙齿，极适于抓捕和撕扯猎物。它们感觉灵敏，这是狩猎必不可少的条件，不过依然会栽在人类手里。其四肢至少 4 指或趾，犬齿高度发达，有些动物的臼齿适于撕咬肉类。肉食动物遍布世界各大洲，但澳大利亚是个例外，那里的野狗可能是后来由人类引入的。

猫亚科只有一属，约 50 种，大都是技术精湛的猛兽。它们不会像犬类一样追捕猎物，而是埋伏以待，忽然对猎物发起攻击，用利爪擒住即将到口的美味。它们的前肢各 5 趾，后肢则为 4 趾——大脚趾缺失；爪子可缩回，避免因行走而磨钝。

我们可通过观察家猫，来了解这些猫科动物的身体结构，不过动作要尽量轻柔一些。将猫放在膝盖上，左臂抱住它，右手便可自由探索。可触摸到它的脊柱以及与颅骨相连的部分，猫的四肢同样也与脊柱相连。然而，我们并没有发现有类似我们锁骨的结构，这是因为猫的锁骨非常小。我们发现，它的头部短而圆，而狗的头部较长，两者大不相同。胡须是精密的触觉器官，可探测障碍物，因此人们普遍认为，如果猫的头部能穿过这个物体，那么整个身体也能穿过，这种观点是有科学依据的。我们翻开猫的嘴唇，会看到小小的门牙或切牙（i），上颌切牙和尖牙之间的空隙正好能够容纳咬合时下颌的尖牙。上颌两边各 4 颗牙齿，第一颗和最后一颗极小；下颌两边各有 3 颗。长而尖锐的尖牙抓住老鼠或小鸟等猎物，然后用利爪将其撕碎，或用两边第二大的牙齿撕咬，因此这两颗牙齿也被称为裂肉齿（s）。裂肉齿相互交错，像剪刀锋利的刀刃。

用左手手指插入猫的臼齿后部，便能将猫的嘴拨开，清楚地看到舌头。可以看到，猫的舌头表面覆有刷子般的角状倒刺，就像小爪子一般向后弯曲。体形较大的猫科动物，舌头可将猎物的肉从骨头上刮下。在手心倒一点牛奶，让猫舔舔你的手掌，便能感受到它舌头的粗糙。

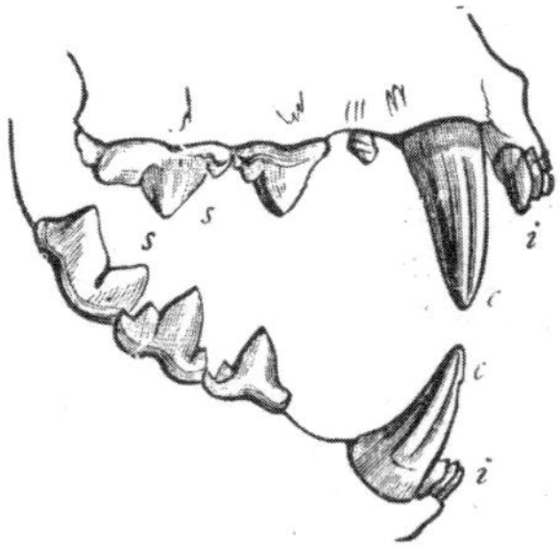

猫的牙齿

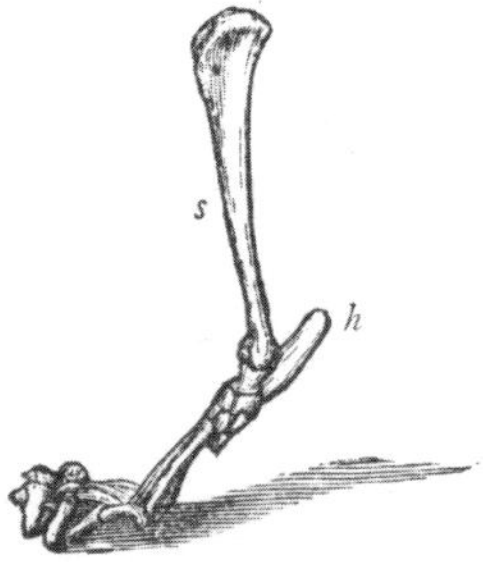

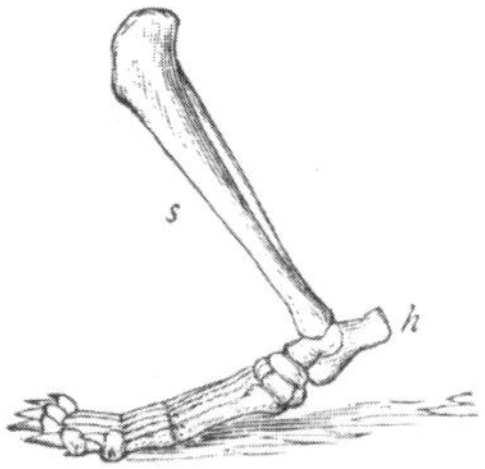

A. 趾行动物的足（狮子） B. 脚行动物的足（熊）
s. 胫骨；h.脚跟（跟骨）

猫眼具有典型的夜行性特征，虽无法在绝对黑暗的环境下看清物体，但瞳孔可扩张，捕捉最微弱的光线。眼球中有明亮的金黄色线束，称为照膜，它能够反射和强化光线。在强光环境下，瞳孔收缩成一条裂缝，我们自己的瞳孔也会如此。

接着观察猫的四肢。肩胛骨、臂骨和腿骨也很好辨认。肘部和膝盖位于靠近躯干的位置，我们一般所说的“猫脚”其实并不是我们的手掌或脚掌，而是相当于我们的手指和脚趾。

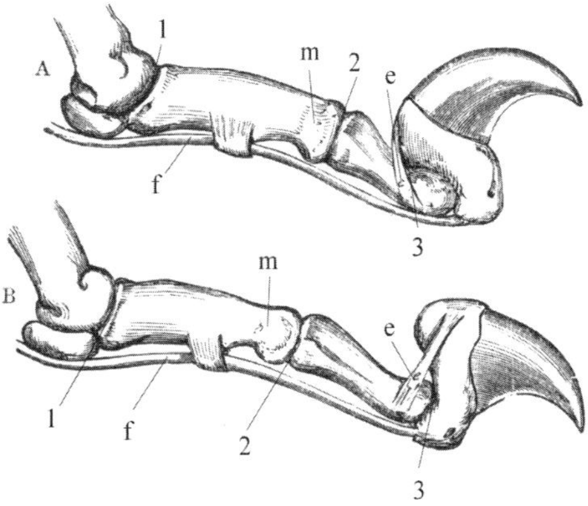

猫前爪的趾

A. 爪子缩回时；B.爪子伸出时

要仔细观察猫的“脚”，因为猫科动物的脚极具破坏力。每只前爪各有 7 片柔软的肉垫，每个指尖各一片，相当于我们手掌的部位有一片较大的肉垫，腕部外侧有一片小肉垫。后“脚”只有 5 片肉垫。由于没有大脚趾，所以脚趾上只需要 4 片小肉垫。此外，脚踝外侧没有肉垫。这些软垫可让它们悄无声息地接近猎物，也可以削减降落时的冲击力。正是有了这些肉垫，家猫才能毫发无伤地从高处跳下。

猫科动物有一个显著特点，即拥有能够自由缩回和伸出的爪子。轻轻捏住前爪拇指和食指之间的部位，让“手指”伸出和缩回，爪子也跟着伸出和缩回。可以看到猫爪从各趾最后一个关节的角质爪鞘中伸出。标记为 m 的骨骼相当于人类 4 块掌骨中的最后一块；1、2、3 表示指关节，最后一个关节有角质爪鞘，附于爪子的根部。当它们想要收回利爪时，肌腱（f）放松，韧带（e）因释放张力而收缩，从而拉动第三关节，带动爪子向后缩入第二关节的缝隙中。肌腱（f）的收缩则对韧带（e）产生完全相反的作用，让第一关节处于近乎竖直的位置，爪子向前伸出，出鞘待用。

家猫的毛色有黑色、白色、虎斑（即灰黑条纹）、玳瑁色（即浅黄褐色的被毛上有黑色斑点）、浅黄色和灰色。猫的种类繁多，有无尾的捕鼠能手马恩岛猫、常作为宠物的长毛的安哥拉猫和波斯猫，还有蓝灰色的沙特尔猫等。

大家都非常了解家猫的习性，此处无须赘述。哪里有文明的现代人，哪里就有家猫的踪迹，尽管猫从未像狗一样被完全驯化。野猫的习性与家猫不同，它们在英国极为罕见，只在苏格兰山区发现过它们的踪迹，爱尔兰的分布情况尚不清楚；欧洲中部也有发现。英国的猫可能是非洲北部埃及猫的后代，体形比欧洲野猫小，被毛为黄色，背部颜色较深，腹部渐变为白色。四肢隐约有一些花斑；无论体形大小，至少大多数野猫年幼时都有条状或斑点花纹，这似乎可以说明它们的祖先都是有斑纹的猫。

野猫比家猫体形更大，体格更健壮。家猫的尾部是向顶端逐渐变细的，但野猫的尾巴则粗细相同。其被毛呈黑色，点缀黑色斑纹，极像一只巨大而凶猛的斑猫。它们性情凶残，据说逼得紧了也会攻击人类，尖牙利爪会导致人类重伤。母猫在树洞或岩石的裂缝中筑巢，抚育幼崽——在猫科动物当中，它们可以算得上完美的母亲了。

家猫是猫科动物的典型代表，我们通过家猫了解了猫科动物的身体结构之后，便可继续认识大型的猫科动物。旧世界的大型猫科动物有狮、虎、金钱豹、雪豹、猎豹，还有体形稍小一些的虎猫和猞猁。新世界也有虎猫和猞猁的踪迹，除此之外，美洲只有两种大型猫科动物——美洲狮和美洲豹，还有一些小型品种。有的被毛为浅黄色，比如狮和美洲狮；有的长有斑纹，比如虎；有的布满斑点，比如金钱豹和美洲豹。据说许多物种都出现了黑色变种，尽管同一胎中可能混进几只黑色幼崽，但绝不存在独立的黑色野生物种。这种罕见的肤色，叫作“黑化病”，金钱豹和美洲豹常患此病，但即使患了黑化病，斑点处也比其他部位的颜色更深。

狮分布于非洲和亚洲西南部，由于文明的发展，两大洲的狮群活动范围不断缩减。古典时代（公元前 5—前 4 世纪中叶），狮群甚至蔓延到欧洲东南部。人们在英国山洞中发现了它们的骸骨，这表明在英国的土地上，曾经生活着与现存的狮子极为相似或完全相同的物种。

狮子与其他猫科动物的一个显著差异在于成年雄狮拥有长而浓密的鬃毛。成年的狮子从鼻端至尾尖长 8 英尺多（约 2.44 米），其中尾长约占一半，尾巴末端有一簇长毛，中心有角刺，但角刺的作用尚不清楚。雌狮的体形稍小，没有鬃毛，每胎产两到四只幼崽。当地猎人常偷出幼崽，卖给动物园的野兽经销商，因为几乎不可能捕捉到成年的狮子。雄狮和雌狮共同抚养幼崽，训练孩子们捕猎。幼狮常以杀戮为乐，而成年的狮子只会捕杀猎物，填饱肚子，以及为伴侣和幼崽提供食物，因此幼狮比成年的狮子更具破坏力。

狮子与长颈鹿

狮子常用伏击的方式狩猎，它们隐藏在猎物饮水处附近的芦苇荡里，忽然跳起，扑在猎物身上，用利爪制服这只可怜的盘中餐。它们强健的爪子猛地扭断猎物的脖子，将猎物尸体强行拖走，待闲暇时慢慢享用。它们也不会拒绝被猎人杀死的动物尸体。

狮子被称为“万兽之王”，许多人歌颂它们的勇气和慷慨。前者有些夸大其词，而后者更是子虚乌有。如果身陷重围，雄狮通常会殊死搏斗，而带着幼崽的雌狮，会让它的敌人的处境更加危险；一般而言，如果没被人类骚扰，这位“万兽之王”见到人类一定会选择逃之夭夭。

狮子有多个品种，体形大小不一，毛色差异较大——有的呈红栗色，有的则呈灰色，颜色泛白，人们甚至一度以为好望角曾出现了白狮这一物种。人们曾认为亚洲狮没有鬃毛，但 1854 年至 1857 年在伦敦摄政公园的动物园中生活的一只亚洲狮，和其他来自南非的狮子一样，都长着浓密的鬃毛。狮子的吼声极为洪亮惊人，有时还会听到一群狮子齐声吼叫，一只领头，其余的三四只齐声合唱，就像演唱一支轮唱歌曲。

幼狮极易驯化，非常依恋人类。大多数所谓的“驯狮人”在进行马戏表演时，都是用皮鞭来恐吓狮子，以维持自己的威望。

虎仅分布于亚洲，活动范围从里海沿岸延伸至库页岛，但婆罗洲和锡兰（今斯里兰卡）除外。虎的体形与狮子相似，魅力非凡。其皮毛为红褐色，身上有黑色条纹，四肢和尾巴也不例外。其腹部呈白色，脸和耳朵上有一些白毛。炎热的印度平原的虎，体形比北方的品种大，被毛更加柔顺。其未磨损的上颌犬齿略呈锯齿状，正如英国历史上曾出现过、如今已经灭绝的剑齿虎一样。这些锯齿状的牙齿咬合力惊人，因而异常危险，当地人甚至坚信老虎有毒。

虎的性情非常胆怯，不过一旦被激怒或受伤，则会变得极其凶猛：1893 年，马德拉斯（今金奈）的总司令弄伤了一只老虎，反被它咬死。它们喜欢出没于沼泽和河边的灌木丛，潜伏在丛林的芦苇荡中，条状花纹成了很好的掩护。它们主要捕食羚羊和家畜，通常用牙齿咬住猎物，用爪子按住它，用力把脖子扭断。和狮子一样，老虎也会吃掉人类或动物。

潜行的虎

印度的王公贵族和欧洲人特别喜欢捕虎这项活动。狩猎爱好者们常坐在象轿中——大象驮着一个类似马车车身的结构。助猎者在前面调动狩猎气氛，象群一线排开。但要从象背上射中老虎并非易事，一旦失手，老虎就可能冲入人类的阵营，袭击最近的大象。有的大象头部和身体受重伤，被这头猛兽蹂躏致死，要么人类只能一箭结束受伤大象的痛苦。历史上曾发生过发怒的老虎扑向大象，拖走人类的惨案。人们也会在树的平台上射杀老虎，他们事先在附近拴一头牛或羊，诱使老虎进入射程。当地人还会设陷阱诱捕，或者用毒肉灭虎。

金钱豹分布于非洲及亚洲更温暖的地区，体长约 6 英尺（约 1.83 米），其中尾长不足一半。其毛色为浅黄褐色，全身遍布颜色较暗的圆点，尾部有黑斑，腹部为白色。它们为树栖动物——在树上活动的时间比在地面上的长，这一点有别于极少爬树的狮子和老虎——有些作家甚至怀疑这些“大猫”是否真的会爬树。它们极具破坏力，绵羊、山羊、羚羊和牛犊都是它们的猎物。金钱豹绝对不会去招惹驴。援引一位作家近年来关于东赤道非洲的描写，“它们非常清楚，驴就像英国足球运动员，脚上功夫好得很，最好敬而远之”。它们莫名地喜爱狗肉，只要那只狗体形不太大，金钱豹随时都能吃下整整一只。普林（Pruen）博士在《阿拉伯与非洲》（*The Arab and the Africa*）中，讲述了一只金钱豹和两只英国獒的遭遇，故事扣人心弦，精彩绝伦。黄昏时，他的仆人把狗拴在露台，不一会儿就出现一只金钱豹，它一定是在楼下闻到了狗的气味，唰地冲出来跳到两只狗中间。显然，它没想到这两只狗体形如此硕大，也没料到接下来会发生什么。“一只狗咬住它的头，一只咬住尾巴，瞬间就将它制服了。金钱豹怔怔地躺在地上，对这突如其来的反转剧情惊诧不已，而两只狗对它的顺从与沉默感到困惑，只是狂吠着将它按在地上，不再有进一步的行动。附近的人们还没来得及拿出枪来，猎豹就在狗犹豫不决时，趁机扭身逃走，消失在黑夜之中。这两只狗毫发无损。”

林中的金钱豹

豹有时也会攻击老年女性和儿童，但极少攻击男性。不过，如果有人伤害它们，它们也会选择殊死搏斗，还有可能会杀死对方。

雪豹和金钱豹的关系，正如已经灭绝的猛犸象和现存的大象之间的关系——为了适应严寒，宽阔的脚掌向外伸出，大得似乎有些不成比例，却能自如地在柔软的冰雪上行走。它们生活在中亚的高原地带和喜马拉雅山脉，极少出现在雪线以下的区域。其身体呈黄灰色，布满不规则的黑色斑纹，尾巴的条纹并未构成环状。据说它们会捕食绵羊、山羊和狗，但从未听说曾攻击过人类。我们对雪豹在野生状态下的习性并不了解，只有两只雪豹被成功地带到英国。第一只雪豹曾于 1891 年在伦敦摄政公园的动物园展出，但一个月后就不幸死去。1894 年接收了第二只雪豹样本。它很小的时候，曾被泰亚克（Tyacke）夫人喂养了一小段时间，她用小勺喂它喝牛奶，还在《我的捕熊日志》（*How I Shot my Bears*）中写道："只有趴在我的膝盖上，或者被我抱着的时候，它才会开心；如果我把它独自留在房间，它便会凄厉地大叫。"但这只雪豹逐渐长成了另一副模样。3 个月后，泰亚克夫人去探望它，发现"这个小家伙真是美丽极了，它睡在夫人的床上，有了'莫提'（珍珠）这个名字。她到哪儿，它就跟着到哪儿，甚至在公路上追着跑了 15 英里（约 24 千米）。它已经表现出雪豹残暴奸诈的天性，正在学习如何更自如地用爪。除非它长途跋涉后疲惫得没有心思去搞恶作剧，否则我们都得离它远远的，因为它已经用极具破坏力的天然武器，在主人的手臂上留下了痕迹，就连女主人也惨遭它的毒手……它咬伤了一个小男孩，攻击过山羊，以至于几个月后，我们就觉得有必要一直把它关在铁笼中，或者把它卖给喜欢马戏的王公贵族"。它的主人将它卖给了伦敦动物学会。公平而论，与在印度时的态度相比，它对伦敦的饲养员似乎收敛了许多。

旧世界的最后一种大型猫科动物是云豹，分布于东南亚某些地区。它们美丽优雅，全身棕灰色，不规则地点缀着黑色斑点或条纹。其体长约 6 英尺（约 1.83 米），其中尾长近 30 英寸（约 0.76 米），树栖，捕食绵羊、山羊、狗和猪。

美洲狮的栖息地北至加拿大，南至麦哲伦海峡。其体形像小型母狮，腿短，颜色从红棕色到银灰色都有，有的甚至几乎为白色。幼崽有斑点，但约 1 岁时，斑点消失。美洲狮的食物有猴子、鹿、牛犊、猪和野马；它们大肆捕杀野马，美洲狮繁盛的地带，野马数量必定非常稀少。赫德森（Hudson）在《拉普拉塔的博物学者》（*Naturalist in La Plata*）中说，当地居民告诉他，当时正赶一群马穿过灌木丛，树丛中忽然跳出一头美洲狮，抓住了落单的那只。美洲狮径直落到马背上，一只前爪扼住马的胸口，另一只前爪抓住马头，用力一拧，就把马的脖子弄断了。马像中枪一般倒在地上。那位村民确信，马还没倒地，就已经死了。

这位作者认为，并没有确凿的证据表明美洲狮曾无缘无故对人类发起攻击。但他提到一个案例，美洲狮若遭到攻击，会奋起反抗，重伤入侵者，直到将敌人杀死。高乔人为它们起了个西班牙语名字，意思是“人类的朋友”。对土著印第安人而言，美洲狮是神兽。耶稣会传教士很轻易就能说服印第安人改变信仰，但当他们想要杀死捕食家牛的美洲狮时，却遭到教徒的强烈反对。他们坚信，谁敢干预神兽的生死，必将死于非命。但 18 世纪早期，有些人再也无法忍受美洲狮的肆虐，布道团的农业资产遭到大肆破坏，一位刚从西班牙来到美洲的耶稣会教士，决定采取强硬措施，弥补当前的损失。他劝印第安人捕杀美洲狮，却毫无效果。后来，他遇到一只美洲狮，便杀了它，放到骡子上带回了基地。印第安人期待着他的死期，但他一直安然无恙。原本坚信杀死美洲狮可能带来厄运的印第安人动摇了，最终同意去捕杀残害布道基地家禽、家畜的那些野兽。

美洲狮和美洲豹之间似乎有很深的仇怨，二者相遇，必将引发一场激战。尽管美洲豹体形更大，却常常战败。之前提到的那位赫德森说，美洲狮对美洲豹采取的策略，就像霸鹟对鹰一样。前者行动敏捷，常能迷惑敌人，等到机会来临，便扑到对手背上，用尖牙利爪重创对手。

美洲豹比金钱豹体形更大，和金钱豹一样，全身长满斑点，但美洲豹的斑点外还有一圈黑环。从得克萨斯州和路易斯安那州到巴塔哥尼亚州，均有美洲豹分布，它们主要徘徊于河边的树林之中，以最大的啮齿动物——水豚为食，但也绝不仅限于此。

美洲豹

“一位葡萄牙青年告诉我，他见到（人们也常目睹）美洲豹吃活的成年短吻鳄，撕咬着它的尾巴。美洲豹停下来，刚后退一两码（一两米）的距离，鳄鱼就会往水里爬。这时，美洲豹再次扑上来，继续啃咬鳄鱼的尾巴，不一会儿鳄鱼就不动弹了。我们都见过猫捉蜥蜴的场景，美洲豹捕食鳄鱼也是一样。只要猫一休息，蜥蜴就想逃跑，这时猫便会再扑上来。我的受访者信誓旦旦地表示，他见过美洲豹也用这种方式捕食鳄鱼。”

贝茨和同伴曾遇到一只在池塘边喝水的美洲豹，继续向前走，就发现了鳄鱼残缺不全的尸体。“这条鳄鱼只剩下头、前半段身体和鳞片。肉还非常新鲜，尸体周围有许多美洲豹的脚印。毋庸置疑，这条鳄鱼一定就是它们的早餐了。”

虎猫

印第安人相信，虎猫有致幻的能力。有人告诉华莱士，他亲眼见到一只虎猫站在树下抬头看，树上一只猴大声哀鸣，凝望着树下的“大猫”。猴子慢慢往下爬，一根树枝一根树枝地挪动，仍发出凄厉的叫声，最终跌在虎猫脚下，被它吃掉了。

东西半球都有一种猫科动物分布，有的为条状花纹，有的布满斑点，有的全身只有一种颜色，虽然它们有各自的学名，但通称为“虎猫”。其中最重要的几个物种包括真虎猫（一种凶残的树栖动物，美洲各地均有分布）、中美洲的长尾虎猫和分布于亚洲东部和南部的渔猫。虎猫们性情凶残，常听说有孩童被它们拖走。它们用敏捷的利爪在水中捕食鱼类。薮猫主要分布于非洲，四肢修长，黄褐色的皮毛上点缀着黑色的斑点。分布于新世界的细腰猫（体形像鼬，尾极长），以及来自旧世界的扁头豹猫（身材修长、腿和尾较短）、婆罗洲金猫和埃及猫，全身只有一种毛色。此外，东西半球均有一些野猫物种存在。

猞猁尾短腿长（尤其是后腿），耳尖有一簇长毛，五大洲均有分布。欧亚猞猁头身长约 40 英寸（约 1 米），红灰色，或多或少有一些斑纹，脸颊边缘有长毛。它们主要分布于斯堪的纳维亚半岛、俄罗斯和北亚地区，有的徘徊于北欧山地。在冬季它们褪去鲜艳的外衣，皮毛更厚更长，用以抵御严寒。美洲发现了两三种猞猁。伊比利亚猞猁分布于欧洲南部的西班牙至土耳其一带。猞猁也应属于大型野猫，主要捕食小型哺乳动物和鸟类，常大肆破坏家禽养殖地。亚洲和非洲的狞猫在体形上更接近驯化的家猫。尾长至足跟，被毛为红色或棕黄色，背部和体侧颜色单一，有的点缀着深色斑点。其腹部毛色浅，有的甚至为白色。阿拉伯人和波斯人常利用这种动物捕捉小羚羊。

最后，猎豹也属于猫科动物。猎豹与前面所介绍的猫科动物有较大差异，因此有些权威人士将它们独立成属——猎豹属，主要分布于非洲和亚洲。在亚洲，猎豹被半家养，用以捕捉羚羊和鹿。其四肢很长，除头部外，体形像狗，爪子无法完全缩回；头身长约 4.5 英尺（约 1.37 米），尾长 2.5 到 2.75 英尺（约 0.76 至 0.84 米）；红褐色被毛上饰有黑色斑纹。

猎豹

第九章　灵猫、鬣狗和犬科动物

灵猫科既有猫的特征，又与鬣狗具有相似之处。它们体形纤长，四肢较短，尾巴长，吻部尖而突出，被毛坚硬粗糙。四肢均为5指(趾)，但拇指和大脚趾退化，行走时，腕部和踝部比猫的更贴近地面。大部分灵猫的爪子无法完全缩回。颅骨比猫的长，牙齿数量更多；犬齿较小，臼齿的锯齿状不明显。尤其是椰子猫，臼齿几乎无突起，只能碾碎和研磨食物。尾部有腺囊，分泌芳香物质。它们仅分布于亚洲和非洲地区，但欧洲也有一种。

马达加斯加岛的马岛獴体长约5英尺(约1.52米)，皮毛柔软浓密，呈红棕色。它们臭名昭著，受害者不计其数。它们是夜行性动物，如果受到攻击或骚扰，便会展现出凶残的一面，这样的例子数不胜数。它们以鲜肉为食，据说还会攻击孩童，捕食山羊和绵羊。

马岛獴

接下来介绍的是麝猫，其因散发麝香味而得名。其毛质粗糙，呈黄灰色，隐约有黑色斑点或条纹，背部有可直立的鬣毛。它们主要以肉类为食，但也吃水果和植物根部。

非洲灵猫分布于赤道附近的非洲大陆，体形比狐狸稍大。和其他灵猫一样，它们被人类圈养，以获取浓烈的芳香分泌物，制作香水。这种气味浓烈刺鼻，只能用油或酒稀释后使用。大灵猫与非洲灵猫体形相当，广泛分布于东方。当地人把它们饲养在狭窄的笼子里，使它们几乎无法转身，这样人类便能轻松提取它们芳香腺中的分泌物。马来灵猫分布于爪哇岛、苏门答腊岛、婆罗洲和菲律宾；大斑灵猫体形稍小，但习性相似，斑点更大、更清晰。

非洲灵猫

小灵猫在印度分布较广，马来半岛和中国也有分布，体长约 40 英寸（约 1 米），其中尾长占 16 ～ 17 英寸（约 40 ～ 43 厘米）。它们大都独居，极少见到雌雄一起活动，以小型哺乳动物、鸟蛋、蛇、蛙、昆虫、水果和植物根部为食。

獛属动物比灵猫体形小，身体更修长，四肢较短。它们也有麝香味，但不具备用于储存香味腺分泌物的囊。柔软的灰色体毛点缀着棕色或黑色斑点。除小斑獛外，所有品种均分布于非洲，法国南部、西班牙和亚洲西南部也发现了小斑獛的踪迹。它们常被人类驯养，用于捕捉老鼠。

林狸属动物美丽优雅，亚洲有三种，非洲有一种。它们身材修长，四肢短，尾长而圆，有黑色环状花纹。亚洲林狸体毛底色为浅黄色或灰白色，饰有椭圆形黑色斑纹。非洲林狸是已知体形最大的林狸，身体长满大小不一的斑纹。它们在树上和在地面活动时都非常自如，以小型哺乳动物和鸟类为食，圈养时性情温顺，容易驯化。

椰子猫属共有 9 ～ 10 个物种，仅分布于南亚和马来群岛。它们和家猫体形相似，能够将爪子完全缩回，夜行性，树栖，擅爬树。与灵猫相比，它们更爱吃蔬果。其尾长，印度品种有环状花纹，人们曾认为它们的尾巴虽无缠绕性，但能适当卷曲，从圈养的一些样本来看，它们可能一直维持这种卷曲的形状。香味腺囊处的皮肤有褶皱，分泌物无麝香味。常见的种类体毛颜色较暗。

熊狸的外形与浣熊有些相似，但和浣熊的关系很疏远。其长约 5 英尺（约 1.52 米），其中尾长约占一半，具有缠绕性；黑色或黑灰色被毛，质地坚硬粗糙，耳朵边缘有白色花纹；夜行性，树栖，对食物来者不拒。

獭狸猫栖息于婆罗洲和马来半岛，“形似水獭，吻部宽阔，全身长满长刚毛”。它们在水中行动自如，以鱼类和甲壳动物为食；上树后以鸟类和水果为食。其体长约 30 英寸（76.2 厘米），其中尾长 6 英寸（15.24 厘米），被毛为棕黄色。

獴主要分布于非洲，只有獴属动物的活动范围延伸至亚洲和欧洲。它们的体形大小各异，有的像大猫，有的像鼬，但在构造上，大都与鼬相似。它们主要在地面上活动，捕食小型哺乳动物、鸟类、爬行动物和它们的蛋，还有昆虫。有人饲养它们，用以捕捉老鼠和蛇。北非的埃及獴在西班牙也有分布，被古埃及人视为神兽，现常被人类饲养。它们是黏人的宠物，也被用于消灭老鼠、毒蛇和蜥蜴。灰獴体形较小，被毛为浅灰色，是出了名的捕蛇高手。

许多人坚信，它们不会受蛇毒的影响，但也有些人说，灰獴被毒蛇咬伤后会匆忙离开，去吃一种草药充当解毒剂。事实已证明，一旦蛇毒注入灰獴的血管，灰獴就必死无疑。

灰獴

食蟹獴的栖息地从喜马拉雅东南麓延伸至印度的阿萨姆邦和缅甸的若开邦，毛色铁灰，体长约 18 英寸（45.72 厘米），其中尾长近三分之一，半水栖，以蟹类和蛙类为食。尾下的腺体分泌一种恶臭的体液，可喷射一段距离。同科的物种中，最常见的有西非的长毛獴（它们体形小，擅挖掘，毛色暗棕）和南非的狐獴。我们对它们在野生状态下的习性不太了解，但圈养后它们很快变得驯服了。狐獴和食蟹獴体长相当，但狐獴的身材更浑圆，后腿站立时也更高。其皮毛为灰棕色，背部有暗色条纹，在好望角一带人们常将它们养作宠物，而马来人则用它们制作催情药，就像懒猴在锡兰（今斯里兰卡）人手中的遭遇一样。

土狼的体形和毛色像小型条纹鬣狗，吻部尖而长，耳朵大。背部中线的体毛坚硬，发怒时可像鬣毛一样竖起。它们分布于南非，在地洞中生活，夜间比白天更活跃，以腐肉、昆虫的幼虫和白蚁为食。

鬣狗的牙齿大而坚固，爪部肌肉发达，能把马或羚羊的大腿挠得面目全非。其后肢比前肢短，四（指）趾，爪子结实，不可缩回；尾短，臭腺囊储存着一种难闻的分泌物。

条纹鬣狗体形似狗，覆有肮脏的灰色被毛，身体有条状花纹，四肢也有黑色调的横条纹，背部和肩部有坚硬的鬣毛。它们分布于非洲北部和亚洲南部，动物爱好者斯滕代尔先生如此描写道："这种令人厌恶的、怯懦的生物却以它们的方式做着善事。它们几乎只以腐肉为食，是大自然完美的清洁工。大多数野生动物对它们避之不及，但它们以大型猫科动物留下的腐肉或病死的大型猫科动物为食。在食物匮乏之时，它们也能忍受长时间的饥饿。褐鬣狗大肆破坏羊圈；条纹鬣狗疯狂攻击犬类，不断地从郊区的村庄拖走流浪狗。当地村民说，鬣狗用神秘的叫声吸引狗靠近，然后忽然扑倒它们。"

墓地里的鬣狗

斑鬣狗与条纹鬣狗的亲缘关系很近，活跃于非洲撒哈拉沙漠以南。其体毛为黄色，布满暗棕色斑点；尾部的毛发没有条纹鬣狗浓密，背部无鬣毛；习性与亚洲和非洲北部的鬣狗相似，不过，鬣狗虽独居，几乎不会吠叫，但斑鬣狗捕猎时会集体行动，叫声神秘诡异，已故的基钦·帕克（Kitchen Parker）教授说这种叫声"足以让逝者惊醒，让生者疯狂"。

棕鬣狗也来自非洲南部，但不如斑鬣狗多见，体形较小。其毛色为红灰色，饰有黑色条纹和斑点。

犬科动物除我们常见的狗以外，还包括狼、野犬、胡狼和狐狸。除一些岛屿外，有的物种在世界范围内均有分布。人生活的地方，一定有家犬的存在。犬科动物介于猫科和熊科之间，颅骨长，吻部尖，四肢很长，和猫一样用手指和脚趾的尖端行走。犬科动物前腿五指，后腿四趾，覆有弯曲的钝甲，不可缩回。除一些家犬外，其他犬科动物大脚趾退化，骨骼和爪只是松松地挂在皮肤上，与脚部的骨骼并不相连，有人称之为“悬爪”。其尾巴很长，多覆有浓密的体毛。与猫科动物相比，犬科动物的肉食性较弱，牙齿并不能完全适应切断和撕咬生肉。大型犬科动物会选择性地猎捕动物为食。捕猎时，它们常集体行动，大多数为群居。体形小一些的品种以腐肉、昆虫、水果和蔬菜为食。

小路上的狼

狼为最大型的野生犬科动物，不过有些家犬的体形比它们更大。它们分布于欧洲、亚洲和美洲，从极北之地往南至墨西哥都是它们的活动范围，但在南美洲和非洲取而代之的是胡狼和狐狸。由于分布面广，气候各异，各物种的体形、毛色和皮毛特点皆不相同，许多品种则不具备这种特点。在欧洲仍能发现灰狼的踪迹，以北部和东部数量最多。它们在亚洲也有广泛分布，有多个亚种。北美灰狼与灰狼或许没有任何差别，但有些博物学者单独给它们起了一个名字。它们的体毛为黄灰色，但也有几乎纯白和纯黑的个体。北方狼的皮毛比南方狼的更长、更密。

狼曾经在不列颠群岛非常罕见，当然，苏格兰和爱尔兰的狼比英格兰的灭绝得晚一些。众所周知，英格兰国王埃德加每年用金钱向威尔士交换 300 条狼皮或狼头。爱德华二世时期还有大批狼出没于德比郡山顶的皇家森林，在亨利七世时期（1485—1509）就已经彻底灭绝了。狼在苏格兰北方或许生活至 18 世纪中期，爱尔兰的要稍晚一些，传说约 1766 年灭绝。

灰狼体长约 5 英尺（约 1.52 米），其中尾长约占三分之一，站立时肩高 30 ～ 32 英寸（76.2 ～ 81.28 厘米），习性与其他亚种相同。与猫科动物不同的是，狼常集体捕猎，在空旷地带追逐猎物，而猫科动物则是埋伏以待或匍匐前进，再忽然跳起。鹿、羚羊和牛群因狼群的猎捕而逐渐减少；曾经常有落单的、强壮的野牛，被狼群追得筋疲力尽，最终被撕成碎片。由于人类的捕杀，狼群数量减少，如今只能单独捕猎或少数合作。猎物的体形也越来越小，难以满足它们的胃口，最后只能闯入羊圈，大开杀戒，并不仅仅为了填饱肚子——这个坏习惯也将狼与同样爱吃羊肉的大型家犬区分开来。除非被人类惊扰，或饥饿难耐，狼极少攻击人类。

郊狼的栖息地从约北纬 55° 向南延至墨西哥，体形比灰狼小，头身长约 3 英尺（91.44 厘米），尾长约 1 英尺（30.49 厘米）。其被毛为灰色调，沿脊柱颜色较深；尾部多毛；耳朵短而直立，前侧为白色，后侧为棕色。

狼的部分告一段落，现在我们介绍胡狼。它们头身长约 30 英寸（76.2 厘米），尾部不足 1 英尺（30.49 厘米），肩高 16 ～ 18 英寸（40.64 ～ 45.72 厘米），体毛为暗黄色或红灰色，腹部颜色较浅；尾部多毛，为红棕色，顶端有暗色簇毛。

和狼一样，胡狼也集体捕猎。斯滕代尔说，“胡狼神出鬼没，以腐肉为食。从食腐这一点来看，它们是大自然的清道夫。但叫声骇人，扰人清梦，因此它们又是个不折不扣的祸害。它们偶尔也会非常淘气，伤害家禽和幼崽甚至羊羔。但从整体而言，它们性情羞怯，并非大凶大恶之徒。在缺乏动物性食物的情况下，胡狼也不拒绝植物性食物”。胡狼有时会挖掘当地人的坟墓，吃浅埋在地里的尸体。斯滕代尔说：“我曾在丛林的村庄附近见过一个小孩的尸体，是被胡狼挖出来的。”印度的几个亚种也出没于小亚细亚（今安纳托利亚半岛）和非洲北部，而出现在撒哈拉沙漠南部的则为体形大一些的黑背胡狼。金背胡狼的被毛呈鲜艳的浅黄褐色，背部、两侧和胸部有较暗的带状花纹。

亚洲野犬与胡狼联系紧密。其中，豺分布于缅甸至马来群岛一带，体形比印度金豺更大，外观也更像犬类，表情凶悍，据说无法驯化。这些野犬采用小规模集体狩猎的形式，试着从两侧抓住猎物，将其拉倒。常见到它们追逐鹿和羚羊，当地人称，一群豺能杀死一只老虎。

澳洲野犬被人类半驯化，与殖民者饲养的狗自由繁殖。其毛色黄棕，泛有红色或近似黑色的深色调。它们常小范围集体狩猎，大肆破坏羊圈和家禽养殖场，因此农民们总是想方设法地除掉它们。

爱斯基摩犬外表像狼，不会吠叫。它们被人类半驯化，常用于拉雪橇和背负重物，能出色地完成工作，常流露出野性，因此主人无法饲养比它们小的动物，担心遭到它们的猎捕。

赫尔印第安犬以驯化它们的美洲印第安部落而名，分布于大熊湖附近，可能有郊狼的血统。

东方流浪犬是离家出走的家犬，在野外生活，因此重新拾回了一些凶残的野性。然而在某种程度上，它们食腐肉，能清理城市里残留的内脏垃圾，应予以保护。

家犬的品种数不胜数。最近有位作家估计，世界上一共有近两百种家犬。哈廷（Harting）先生将它们分为以下 6 个类型：

狼形犬	西班牙猎犬	獒犬
灵缇犬	猎犬	梗类犬

混血品种并不属于以上任何类别。

他将半驯化的爱斯基摩犬和赫尔印第安犬、流浪犬、牧羊犬、畜牧犬、柯利犬和狐狸犬归为狼形犬。

灵缇犬包括我们常见的狩猎犬、意大利灵缇、萨路基猎犬、苏格兰猎鹿犬、爱尔兰猎狼犬和勒车犬。

西班牙猎犬数量庞大，有许多运动犬，常用于运动竞技或水中取物。此外，这一类别还包括寻回犬、纽芬兰犬和圣伯纳犬——纽芬兰犬和圣伯纳犬常用于水上救生，此外还有查理士王小猎犬和布伦海姆宠物犬。

猎犬中最著名的是血缇，它们的嗅觉异常灵敏。在埃克斯穆尔猎捕欧洲马鹿的猎鹿犬也属于这一类，此外还包括猎狐犬、猎兔犬、比格猎犬、猎水獭犬、腊肠犬及其近亲转叉犬。它们根据食物的气味狩猎，也可指示猎犬根据体味寻源，而大麦町犬是纯观赏犬。

除英国獒外，藏獒也属于獒犬，此外还包括德国猎犬、大丹犬、斗牛犬和巴哥犬。

最后一类是梗类犬，也是数量最为庞大的一类。我们在这里只简单列举几种，比如完美的陪伴犬——狐梗、毛质粗糙的爱尔兰梗、长毛的斯凯梗及其亚种、短毛的英国梗和贵宾犬。

狗的品种繁多，无须赘述。狗在史前或许就已被人类驯服，这是人类的一项最伟大的胜利。渔猎时期，狗帮助人类追踪和捕捉猎物；畜牧阶段，狗守卫着人类的家禽家畜；进入文明阶段后，狗成为了人类的伴侣和朋友。欧洲一些地区目前仍延续着英格兰的传统，让狗承担拉车的工作，它们似乎也完成得非常出色。大陆军训练狗传递信息、站岗放哨。1893 年的德国陆军演习中，两只苏格兰牧羊犬和三只德国牧羊犬训练有素，从前哨将信息传递到总部，又坚定地迅速返回前哨，夜间的表现尤为出色。对拯救伤员的搜救犬而言，敏锐的嗅觉和本能极为重要。苏格兰牧羊犬表现得更加忠心，而德国牧羊犬则胜在速度，其中一只在 7 分钟内跑了近 2 英里（约 3.22 千米）。

如果不严厉控制猎狐的行为，赤狐可能很快就会在英国灭绝。赤狐是典型的狐狸，体形较小，尖耳朵直立向上，尾巴像毛笔的笔刷。其体长约 3 英尺（91.44 厘米），其中头身长 2 英尺（60.96 厘米）；

背部被毛为红色，腹部及尾尖为白色，耳朵背面和四肢前端为黑色；吻部长而尖，面相敏捷机警。狐狸以狡猾而闻名，它们的性格印证了“相由心生”这一说法。它们所有的机敏和技能都是有用的，因为它们以劫掠禁猎区、家禽养殖场和养兔场为生，不过它们也会成为猎犬的猎物。猎狐是一项全国性的狩猎活动，也被英国人传播到世界各地。美洲人多是开枪射狐。狐狸为夜行性动物，白天在地洞中度过，狐狸的洞穴被称为“狐穴”。同源物种遍布世界各地。

耳郭狐

北极狐拥有一条毛茸茸的长尾巴，手掌和脚掌覆有皮毛。其毛发夏季为蓝灰色，冬季变成白色。伦敦摄政公园的动物园里有几只北极狐，换上斑驳的暗色夏装后，看起来非常古怪。那时，每只北极狐的毛色各不相同。

耳郭狐是一种小型非洲狐狸，耳朵非常大。其毛色和沙漠里的大部分动物一样，为浅黄褐色或沙色，食物以植物为主，也非常喜欢水果。1894 年，几只耳郭狐被送往伦敦摄政公园的动物园，起初它们非常羞怯，但后来渐渐调皮起来，爬下笼子，透过铁网去拿水果。

非洲野犬分布于非洲东部和南部，体形似獒犬，和斑鬣狗一样，全身布满白色、黄色和黑色斑点。非洲野犬以一大群团队合作的方式集体狩猎。

薮犬栖于巴西和圭亚那地区，体形似狐；大耳狐分布于非洲南部，体形更小，毛茸茸的尾巴极短。

第十章　熊和类熊肉食动物

熊极为常见。它们的体形比猫科和犬科动物更粗壮，四肢短，均为5指（趾），利爪坚硬弯曲，无法缩回，擅挖掘。熊的手掌和脚掌无毛，行走时平贴地面。尾短。幼熊刚出生时眼盲无毛，但熊妈妈舔舐小熊，使之成型的说法是毫无根据的。体形较大的熊科动物主要以鲜肉为食，但也有许多是素食主义者，牙齿也因此更适应植物性食物。

北极熊生活于欧洲和美洲的极地，是体形最大的熊科动物之一，体长近9英尺（约2.74米）。与北极狐不同，北极熊的皮毛一年四季均为白色。头部小且长，手掌与脚掌覆有厚毛，使之能够在冰面上行走自如。这种熊会冬眠，在冰雪覆盖下的洞穴或地洞中分娩幼崽。它们生性凶猛，但极少主动攻击。

它们捕食海豹、海象和鱼类，进入夏季后，食谱则大部分由海藻、青草和青苔构成。和大部分野生动物一样，由于人类的进化和发展，北极熊数量骤减。人们猎捕它们，以获取皮毛制成美丽的地毯，食用熊肉，提取脂肪。

棕熊分布于欧洲中部和北部，在喜马拉雅山脉以北的亚洲地区数量更为庞大。英国曾经也有棕熊分布，可在罗马征服时期灭绝，这一说法还有待考证。

体形较大的棕熊体长达到7英尺（约2.13米），肩高3英尺（约0.91米），而普通欧洲熊体长仅为5英尺（约1.52米）。欧洲棕熊比亚洲棕熊更喜肉食类。喜马拉雅山的棕熊主要以昆虫和植物为食，有时造访当地的花园和果园，而亚洲北部的棕熊在多数时间都会捕食鱼类。叙利亚棕熊和喜马拉雅棕熊为当地的棕熊亚种。

人们一直以为，棕熊发起攻击时会“抱住”对方。布兰福德先生在作品《印度的哺乳动物》中说，“这也许是因为熊用爪子不断出击，就好像抓住了对方。它们手臂的力量巨大，因此爪子会嵌进受害者的身体里，使对方重伤。不过并没有目击者见到它‘抱住’猎物。”然而，几年前在伦敦摄政公园的动物园里，两只棕熊大战，从致命伤的检测结果来看，一只棕熊就是毫不犹豫地用“拥抱”将对手杀死的。

挪威的捕熊活动

灰熊分布于阿拉斯加至墨西哥一带。根据希尔兹（Shields）先生的说法，灰熊从鼻尖至尾尖全长约 7 英尺（约 2.13 米）。其毛色棕黄，背部和体侧各有一道暗色条纹。吻部颜色较浅，四肢几乎为黑色。它们主要捕食驼鹿，常抢劫农夫的畜牧场，但也吃家禽、鱼、草根、草、蔬菜、水果、蜂蜜和昆虫。积雪越来越深时，棕熊便躲进冬季的住所开始漫长的冬眠，夏季囤积的脂肪提供充足的热量和营养，用以维持生命。

辛纳蒙黑熊和美洲棕熊其实是两种灰熊。

美洲黑熊目前仅分布于圣劳伦斯山以南的山脉、五大湖区以及密西西比河东岸未开垦的乡村地带，体长极少超过 5 英尺（约 1.52 米），被毛光滑，乌黑发亮。

黑熊喜马拉雅亚种平均体长约 5 英尺（约 1.52 米），胸前有一道半月形白色花纹，常出没于森林和树木茂盛的地区，尽管主要以蔬菜为食，但有时也会攻击绵羊、牛群和矮马。斯滕代尔说，如果陷入绝境，这一亚种和所有熊科动物一样，会进行殊死搏斗，脸部是它们主要的攻击区域。

野生状态下的眼镜熊，习性鲜为人知。它们是一种小黑熊，眼部有一圈黄毛，喉部和胸部有白色花纹，主要生活在秘鲁安第斯山脉。

马来熊体形也比较小，毛色为棕黑色，胸部有黄色花纹，舌头长，可伸出盗取野蜂窝中的蜂蜜。

懒熊遍布印度各地，体形较大的体长能达到 5 ～ 6 英尺（约 1.52 ～ 1.82 米），覆有长而蓬松的黑毛，胸部有白色 U 形花纹。懒熊会将幼崽背在背上。桑德森（Sanderson）先生曾见过一只懒熊，背上驮着一只牧羊犬大小的幼熊。水果、昆虫和蜂蜜是它们的主要食物，尤其喜食白蚁。

大熊猫栖于中国西藏东部，体长不足 5 英尺（约 1.52 米），肩高 2 英尺（约 0.61 米）有余。体毛底色为白色，眼睛周围有黑环，四肢为黑色，一条黑带从前肢延伸至背部环绕。据说它们只吃植物性食物，但人类目前并不了解它们的习性。

浣熊

第十章　熊和类熊肉食动物

小熊猫是介于浣熊科和熊科动物之间的物种，是目前在旧世界发现的唯一的小熊猫科动物。它们生活在喜马拉雅山东南部，体形像大猫，皮毛为红锈色，脸上有白色花纹，尾部为亮红色，有黑色环状花纹。爪子像猫一样可缩回，但只用于攀爬，不用于捕猎或防卫。它们的食物主要为植物，听说会从村民处偷取牛奶和黄油。

浣熊分布于北美洲，常出没于水边的树林中。它们吃鲜肉，但也不拒绝鸟蛋、甲壳动物、水果和粮食。浣熊体长从 30 英寸～3 英尺（76.2～91.44 厘米），其中尾长近 1 英尺（30.48 厘米）。其皮毛为灰棕色，尾部饰有黑环，手掌和脚掌无毛。尽管双手无法抓握，但它们会用两只手掌紧紧地压住食物。它们是爬树的能手，伦敦摄政公园动物园的浣熊常爬到笼子的铁网上讨要饼干，不过水果更容易吸引它们。

食蟹浣熊原产于南美洲，体形较大，体毛较短。

长鼻浣熊分布于中南美洲，以长而尖的尾巴和朝天鼻而闻名。白鼻浣熊分布于墨西哥和中美洲，拥有棕红色长毛。全身长近 3 英尺（91.44 厘米），有的尾部有花纹，长约半英尺（15.24 厘米）。红长鼻浣熊分布于南美洲，皮毛颜色较深，尾部有明显的黑色花纹。两种长鼻浣熊的个体毛色差异均比较大。人类常人工饲养这种浣熊，它们也非常享受被人类饲养的状态。

蜜熊分布于中南美洲，外形似狐猴，但四肢较短，身着柔软的棕黄色皮毛，树栖，尾具有缠绕性。贝茨饲养过一只蜜熊几周，把它当作宠物。它在极短的时间内就被他驯服，允许陌生人抚摸它，不过自然对主人比对其他人更友好。

中美蓬尾浣熊分布于墨西哥和美国，和猫一般大小。背部体毛为灰色，腹部为白色，尾巴有黑环。它们生活在丛林和岩石之中，据说它们常破坏家禽养殖场，驯化后常用于捕鼠。

貂熊是一种小型类熊动物，覆有棕黑色长毛，尾部体毛浓密蓬松，吻部像狗，生活在欧洲、亚洲和美洲北部的森林中，猎捕鸟类和小型哺乳动物为食，据说也会攻击驯鹿、牛和马。它们擅攀爬，但不会像传说的那样埋伏在树枝上，扑向经过的大型动物。它们似乎和喜鹊一样，喜欢偷一些根本用不着的物品。

貂熊

貂生活在树林和岩石之间，捕食松鼠、兔子、老鼠、蛇、蜥蜴和蛙类，有时也会吃浆果。它们生性残忍，但比不过真正的鼬。它们的体形和毛色像鼬，平均体长约 30 英寸（76.2 厘米），其中尾长近三分之一，体毛一般为棕色，色调浅的有橙色，深的几乎为黑色，头部有一些白毛。松貂在北欧和亚洲的林间漫步，苏格兰北部可能也有一些，就算松貂并未在苏格兰灭绝，那也是极为罕见的。松貂有多个近源物种。紫貂来自东西伯利亚，它们的皮毛非常珍贵；美洲貂的毛皮，英国每年进口 10 万多条。松貂可能只有紫貂和美洲貂这两个亚种。

石貂广泛分布于欧洲，在希腊充当猫的角色。同属的其他物种也被人类饲养，用于捕鼠。渔貂是体形最大的貂属动物，外形似狐狸，原产于北美，但密西西比河以东的数量逐渐变得稀少。皮毛为黑色，因此有的猎人也称之黑狐。据说渔貂会设陷阱偷鱼，它们的名字也由此而来。

英国有几种鼬类，体形比貂小，肢短体长。林鼬在欧洲极为多见，但在英国数量稀少，其总体长约 2 英尺（60.96 厘米），其中尾长约占四分之一，皮毛长而粗糙，棕黑色，冬季较少换毛。林鼬有臭腺，能分泌最刺鼻的气味。白天它们躲在洞里和藏身处睡觉，夜里出来活动，捕食小兔子、老鼠、鸟类、蛇、蜥蜴等。它们总是大开杀戒，但又吃不下那么多，因此农民和猎场看守人绝不会放过它们。它们会将猎物拖到安全的地方再享用，但听说就为了满足嗜杀的乐趣，它们竟会杀光一个鸟笼中所有的鸟。

雪貂

雪貂是由林鼬的白化种纯种繁育而来，驯化后主要用于捕兔，也可用于捕鼠。雪貂将长吻伸进兔洞中，驱赶兔子跳进洞口的网中。同属的还有另外 4 个物种，习性与普通林鼬相似。

伶鼬体长约 10 英寸（25.4 厘米），其中尾长 2 英寸（5.08 厘米）。背部毛色为红棕色，冬季颜色变浅，腹部为白色。它们和林鼬一样，非常嗜杀，不过它们体形较小，破坏程度有限。从某些方面而言，它们是“农夫的朋友”，常出没于堆料场，捕杀大量老鼠。雌性体形比雄性小，常被误认为其他物种。

水貂

欧洲的白鼬比伶鼬数量少，与伶鼬不同的是，白鼬的体形较大，尾尖为黑色。在北半球的冬天，除黑色尾尖外，全身其他部位的被毛变成白色，也就是我们熟知的白貂皮。它们的性情极为活泼，有时全家六七只集体出动捕猎。

水貂为水栖的鼬类。目前在东欧仅发现一种，而美洲水鼬则大量繁殖。它们擅捕鼠，死后皮毛可出售，为主人留下一笔宝贵的财富。巢鼬和狐鼬均来自南美，体形似鼬。

獾

接下来要介绍的是獾属，它们大部分时间生活在平地和地洞中。英国各地和欧亚大陆随处可见獾的踪影。其身材矮胖，四肢短而健壮，长有大爪，体长从 30 英寸（76.2 厘米）至 3 英尺（91.44 厘米）不等，肩高近 12 英寸（30.48 厘米）。毛色大体为灰色，头部为白色，两边各有一条黑色带状花纹。这种动物以老鼠、蛇、蛙类、昆虫、水果、橡子和植物根部为食，尤其喜欢掏马蜂窝。

蜜獾背部为灰色，腹部为黑色。印度和非洲各有一亚种，非洲蜜獾的灰黑两种颜色之间，有 条白线作为明显区分。这种动物常成对出没，吃老鼠、鸟、蛙、白蚁和其他昆虫。圈养时它们非常安静，有规律地绕着笼子奔跑和翻跟斗是它们的娱乐活动。

马来獾来自爪哇和苏门答腊，和南非的非洲艾虎一样，拥有能发出刺鼻臭味的臭腺。马来獾和非洲艾虎既拥有獾的特征，也拥有臭鼬的特征。

臭鼬为小型夜行性穴居动物，仅分布于美洲，食物和獾的相似。

毛色常为黑色，有白色斑点或条纹，尾长而呈羽毛状。它们有一个不太讨喜的技能，能够释放臭腺中的分泌物，并传播相当长一段距离，气味非常难闻，让许多人感到恶心，衣服上也会被沾染，臭味长时间无法消散。普通臭鼬体形和小猫一般大，从哈得孙湾至危地马拉一带都有分布。

水獭

水獭是一种水栖动物，种类并不多。四肢均有5指（趾），指（趾）间有蹼。水獭在各大洲均有分布，常栖息于水边，主要以鱼类为食。欧亚水獭分布于欧洲和亚洲，在英国数量庞大。其全身长超过3英尺（91.44厘米），其中尾长近一半，皮毛柔软，呈棕色。它们主要捕捉鱼类带回岸上享用。除非因饥饿所迫，否则它们只会吃掉鱼身上最鲜美的那一块。水獭极易驯化，能成为贴心调皮的宠物。印度人训练它们赶鱼，中国人则训练它们为主人捕鱼。

同属的还有其他几个物种，体形最大的是北美水獭，人们为获取它们的毛皮而进行大肆猎捕。它们非常喜欢玩一种滑行的游戏。英国水獭也喜欢玩耍，被誉为“最开心、最愉悦、最优雅的生物”。海獭比英国的几种水獭体形更大、更健壮，分布于北太平洋岸边，主要以甲壳动物和海胆为食。其皮毛极具价值，因此遭到人类的大肆猎杀，极有可能在不久的将来灭绝。

第十一章　海洋肉食动物

鳍足肉食动物主要生活在海里或海岸边，有些洄游至大江大河，有些则生活在内海，但它们都在岸上产仔。其各肢均为5指（趾），指（趾）间有蹼。

海狮的外耳很小，上岸后后肢向前弯曲，便于行走。海狮也被称为“海熊”，或者根据皮毛能否制成皮衣而称为“毛皮海狮”或“粗毛海狮”等。从它们的皮肤内侧刮掉长毛后，还剩下一层紧实的下层绒毛。长毛生长的位置更深，因此刮毛的步骤只是刮掉了毛的根部，而并不伤及皮毛。

体形最大的海狮是北海狮，分布于北太平洋，体长约为10英尺（约3.05米）。最著名的是南海狮，它们也是第一个被送往英国的品种。1862年，法国水手勒孔特（Lecomte）在合恩角附近捕获了一只南海狮，驯化后带到英格兰，贩卖给伦敦摄政公园动物园。这只海狮学会了表演各种杂技，它死后，摄政公园动物园再次派出勒孔特捕捉南海狮。它们有明显的鬣毛，但身体湿润时并不明显，所以有人否认鬣毛的存在。

海狮

大部分海狮皮其实是从北太平洋的海狮身上获取的。为得到皮毛，人们大肆屠杀海狮。尽管有禁猎期，而且允许猎杀的数量有限制，但造访普里比洛夫群岛的海狮数量仍逐年递减。

海象

普里比洛夫群岛是它们的繁殖场所，海狮夏季会在岛上繁殖，冬季则跟随鱼群向南迁徙。

海象仅生活在北极地区，无外耳，后肢向前弯曲，但弯曲程度不如海狮，它们的后肢不适于在陆地行走。其粗短的吻部两侧有长而坚硬的胡须，上犬齿进化为大的獠牙，主要用于挖掘海底的软体动物，那是它们的主要食物。同时，獠牙也可作为可怕的防御武器，给敌人以致命一击。也有人认为海象用獠牙攀爬岩石和冰川，但这种想法并不成立。海象体形庞大，尤其是上半身。总体长 10 英尺（约 3.05 米）至 11 英尺（约 3.35 米），背部皮毛为棕黄色，腹部颜色较深。

海象不会主动冒犯“他人”，但受到攻击时，一群海象都会参与到斗争中来。母海象深爱自己的幼崽，甚至会不惜一切代价，勇猛搏斗。

海豹无外耳，后肢向后伸展，在地面行走时，后肢无法发力，而是用前肢摇晃着向前挪动。其手掌和脚掌多毛。

港海豹分布非常广泛。它们体长 4～5 英尺（约 1.22～1.52 米），背部呈黄灰色，有暗色斑点，腹部为白色。灰海豹体形较大，仅分布于北大西洋。

格陵兰海豹和其他几种海豹一样，因兽皮和油脂珍贵，常遭到捕杀。它们大量出现在北方的冰原上，扬马延岛周围的年捕获量估计不少于25万头。其身体颜色不一，雄性和雌性皮毛颜色差异较大，小海豹在成长的过程中也会变换多种颜色。捕鲸人能认出这种海豹处于哪种成长阶段，每种阶段都有特殊的名称。老年雄性的底色为茶灰色，头部颜色较深，背部有两条深色条纹，因此也被称为“竖琴海豹”或“马鞍海豹”。

海豹

同属的还有北大西洋的髯海豹、北大西洋和北太平洋均有分布的环斑海豹、里海和咸海的里海海豹，以及贝加尔湖的西伯利亚海豹。

僧海豹有两种：一种来自地中海，是马戏团中的“会说话的鱼”；另一种来自西印度群岛。豹海豹来自南方海域，长约12英尺(3.66米)，因长满斑点而得名。冠海豹分布于北冰洋和北大西洋，南至旧世界的挪威和新世界的纽芬兰。它们是最大胆、最凶残的海豹，常攻击当地猎人。成年雄性的头部有可膨胀的囊，形成冠状结构。

象海豹分布于南大洋和加利福尼亚州沿岸，是体形最大的海洋肉食动物——成年雄性体长约15英尺（约4.57米）至16英尺（约4.88米）。皮毛大体为灰色，背部有深色花纹。雄性吻部呈象鼻状，可自由伸缩。

第十二章　有蹄类哺乳动物

有蹄目动物数量庞大，品种繁多，共同特征是脚趾包裹在蹄中。大多数有蹄类动物在地面上生活，不穴居，但河马为水栖，有些兔子在树上行动非常自如。几乎所有有蹄类动物均为草食动物，但有些动物（比如猪）对任何食物都来者不拒。有蹄目分为四类：象、蹄兔、奇蹄类哺乳动物和偶蹄类哺乳动物（以后肢脚趾数量区分）。

象

象是现存最大的四足动物——体格庞大、用指（趾）尖行走，动作轻柔安静，各肢均为5指（趾），由气垫相连，脚掌扁平。其头大颈短，颅骨内有空洞，由薄壁隔开，保证了头部重量适当。脑相对较小，鼻子长而柔软，中间隔开，形成两根管道，管道的末端为鼻孔。象无犬齿，下颌无门牙，上颌门牙极长，也就是大家熟知的“象牙”，象牙和老鼠或兔子的门牙一样，前端不断磨损，后端不断生长。上下颌两侧各只有一颗臼齿。

象的皮肤厚实，上面稀疏地覆盖着一层粗糙坚硬的体毛。眼小，但其他感觉非常灵敏，尤其是听觉和嗅觉。四肢粗壮，几乎与身体垂直。大腿部位很长，膝盖几乎和马肘处于同一位置。这样的四肢构造让大象根本无法跳过障碍物。一条7英尺（约2.13米）宽的沟壑，大象就几乎无法通行，体形较大的象，步幅也只有约6.5英尺（约1.98米）。

象的鼻子能充当手的用途，其尖端可充当嘴唇的角色。象用鼻子抓取食物，送至口中；象鼻吸水后可喷向嘴里，或洒向身体，洗个淋浴。通过同样的方式可将泥沙和尘土撒满身体；强制让空气通过象鼻，可发出喇叭声。

印度象分布于锡兰（大部分雄性无獠牙）、缅甸、暹罗及苏门答腊和婆罗洲。体形较大的雄性肩高约 10 英尺（约 3.05 米），雌性矮 1 英尺（约 0.3 米）左右，獠牙较短。头部为椭圆形，前额有凹槽，耳小，象鼻末端上表面有手指形裂片，后足有四片指甲。臼齿釉质构成平行褶皱（如图 A）。

这种象在东方为被人类半驯养，主要是人类设圈套捕捉的野生大象，这种捕象方式称为“开达系统”。人们多是驯服从野外捕捉的大象，而非让驯化的大象进行繁殖，获得下一代。大象常用于拉车和载物，王公贵族饲养的大象主要用于表演。捕虎活动也离不开大象，人们将猎手送到大象背上的小车里，有时大象也会参与捕虎过程，它们采用踩踏、来回踢打、将虎抛向远处的方式捕虎，或用象鼻将老虎按在地上。

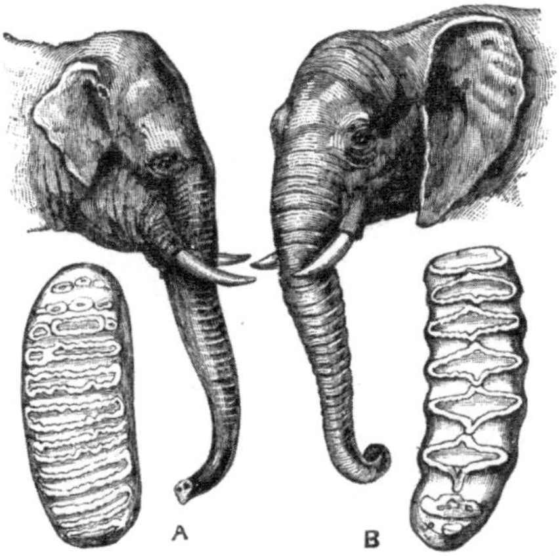

象的耳、鼻、牙

A. 印度象；B. 非洲象

新捕获的大象首先被牵至两棵树中间，一群人用长竹竿大力摩擦大象。大象起初会愤怒地回击，但过不了几天就不再反抗，正如当地人所说，“它为自己感到羞愧”。人们在它的全身缠满绳子，之后几天，绳子不断增多，继续维持被俘虏的状态。随后，让这头大象和两头驯服的大象一起训练，一人执长矛站在大象面前，教它执行“停止”的命令。驯服的大象向左或向右拐时，骑象人用膝盖扼住它的脖子，用棍子敲打头部，训练转弯。下跪的训练在烈日下进行，将它赶进 5 英尺（约 1.52 米）深的水中，狠狠地刺它的背部。一方面是避免疼痛，另一方面是出于对洗澡的热爱，它跪了下去。训练不断重复，水一天天变浅，直到大象学会在平地下跪。训练从地面捡起物体时，用绳子在象的前额系一块木头，木块不断击打象鼻和前肢，为避免碰撞，大象只能用鼻子将木头卷起来。

猎捕野生大象

所谓的白象是暹罗（今泰国）的神兽，只不过是普通大象的白化种。

非洲象站立时肩部比印度象略高。其前额拱起；鼻子尖端上表面有裂片，能像手指一样合起；耳朵极大；后足只有 3 片趾甲，臼齿釉质为菱形（如图 B）。印度象鼻只用作防御武器，而非洲象用它翻起地里的植物根部和鳞茎。

当然，欧洲和本地猎人都用猎枪捕杀大象，但陷阱的方式仍比较普遍，不幸跌入圈套的大象很快被长矛夺去生命。帕克•吉尔摩(Parker Gillmore）说，一旦大象从陷阱逃出，就永远不会忘记这次遭遇，会时刻注意是否有类似的危险。他相信这些动物拥有神奇的记忆力，多年之后依然能一眼认出谁曾对自己残忍或不友好。吉尔摩先生的小象曾被一名卡菲尔铁匠烧伤了鼻子。几个月后，吉尔摩先生再次前往铁匠店，想要修补马车。小象跟着他来到铁厂，发现负责接待他的还是同一个人。主人说明自己的需求时，小象就用鼻子给了铁匠重重一击，铁匠被抛到了几码远的地方。

蹄兔

它们是《圣经》中的“下等臣民”，“在岩石间筑巢”，外形似兔，但体形更大、更健壮。臼齿的形态与犀牛相似，趾覆有短而宽阔的指甲。蹄兔有几种，主要分布于非洲，但最著名的一种蹄兔分布于叙利亚。它们有的在多岩石的地面上生活，有的树栖。它们的足底有吸盘，可黏附在垂直的表面。南非人将蹄兔养作宠物，但由于其活跃地带地形极为崎岖，较难捕获。

奇蹄目哺乳动物

这一类的主要特征正如名字所示，各肢的第三指（趾）是身体的主要支撑。第二和第四指（趾）可进行辅助，比如貘和犀牛；或者各肢只剩下一只有用的指（趾），比如马、驴和斑马。

马科所有物种都分布于旧世界。野马或离家出走的家马群居，主要以草类为食，各肢只有一指（趾），包裹在坚硬宽阔的蹄中。

马的鬃毛和尾巴非常柔顺，尾根多毛，四肢内侧有附蝉（角质胼胝）。人类从远古时期就认识了马。新石器时代，欧洲人就用马狩猎。史前人类就已经将马驯服。在最早的文献中，马用于运重物、拉战车和驮士兵。

普氏野马

尽管俄罗斯旅行家普热瓦利斯基（Prejevalsky）在翟山附近的中亚戈壁沙漠中发现了一种野马，但是否真的有野马存在，仍值得怀疑。那种野马既像马，又像驴，拥有二者的一些特征，可能是杂交品种。另外两位俄罗斯旅行家也在准噶尔的沙漠中见到一种野马，并带回了四张马皮和一副骨架。其他所谓的野马都是离家出走的家马的后代。鞑靼（欧亚草原）生活着一大群欧洲野马；美洲有美洲野马；澳大利亚也有相应的澳洲野马。

马由欧洲引入东方，十字军东征时引入的阿拉伯马改良了欧洲本地马的血统。17 世纪引入的阿拉伯雄马繁殖出了后来的比赛用马、狩猎用马和障碍赛用马。拉车用马原为荷兰血统，“矮马”是指肩高少于 13 掌（4 英尺 4 英寸，约 1.32 米）的马。昔德兰矮种马大都低于这一标准。

驴比马体形小，尾部只有一半覆有长毛，后腿无附蝉。听说家驴最初在埃及驯化，并早在埃塞尔雷德在位时期就被引入英国，不过伊丽莎白时期才开始盛行起来。马和驴杂交的后代叫作骡，它们拥有马和驴的特点，能更好地为人类服务。蒙古野驴、西藏野驴、亚洲野驴和叙利亚野驴尽管体形和颜色各异，但习性极为相似，可能属于同一物种。一般认为非洲野驴是家驴的祖先。

斑驴均来自非洲。由于兽皮珍贵，这一物种已经濒临灭绝。它们的身体为棕红色，头部和颈部有暗色花纹，颜色逐渐变浅，在腹部消失，四肢和下腹部为白色。

斑驴

斑马为白底黑色条纹，站立时肩高 4 英尺（约 1.22 米）。它们是开普殖民地（好望角旧称）特有的物种，由于文明的发展而不断变得稀少。伦敦摄政公园动物园的斑马畜栏上挂着显眼的警告标志——“斑马伤人”。不过它们似乎和参观者相处得十分融洽，还会尝一尝畜栏周围的观众给它们的小饼干。在开普殖民地，人们驯服斑马，装上马具，供女士乘骑；也有人用斑马拉车。布氏斑马体形更大，体格更健壮，底色为黄色，四肢和尾部无条纹，但个体差异非常大。

貘是大型动物，体形像猪，吻部突出似短象鼻，主要用于扯断树的嫩枝，以及收集地上的根和植物。前肢 4 指，后肢 3 趾。貘为独居、夜行性动物，喜欢洗澡，所以常在水边出没。低地貘分布于巴西、巴拉圭和阿根廷北部。其体形和小驴差不多，成年后为深棕色，幼年时与其他品种幼年时一样，拥有黄色条纹和斑点。它们有一小条僵硬的鬃毛。有的低地貘可驯化，驯化后变得温顺亲近。其肉可食用，皮可制成精美的皮革。山貘常出没于科迪勒拉山系海拔较高的地段，此外，美洲还有另外两种山貘。马来貘分布于苏门答腊岛、婆罗洲和马六甲，比低地貘体形大得多，无鬃毛。和新世界的貘一样，很多马来貘被人类驯化。它们的头、颈和四肢为亮黑色，背部、臀部和两侧为白色，两种颜色之间界线分明。

犀牛虽比象小，但重量相当，四肢均为 3 指（趾），生性胆小，但若被激怒或遭到攻击，也会激烈反抗，鼻子上的犀牛角就是它们的强大武器。犀牛食物全部为植物性，它们倾向于在黄昏和夜间活动，喜欢洗澡，喜欢在泥地里打滚。犀牛目前仅分布于亚洲和非洲，马戏团和动物园的犀牛主要为亚洲种。亚洲犀牛与非洲犀牛的不同之处在于，亚洲犀牛的皮肤有褶皱，像穿着一件盔甲。犀牛角由纤维组成，质地紧密坚硬。

印度犀牛只有一根犀牛角，在动物园里常能见到它们的身影。“老吉姆”于 1864 年来到伦敦摄政公园动物园，此后就一直生活在那儿。它体长 12 英尺（约 3.66 米），体态浑圆，肩高约 5 英尺（约 1.52 米）。爪哇犀牛分布于加尔各答至马来半岛一带，爪哇、苏门答腊岛和婆罗洲也有分布，皮肤褶皱并不是特别明显。苏门答腊犀牛有两只角，是犀牛科体形最小的一种。吉大港有一亚种，名为毛耳犀牛。

非洲犀牛

非洲犀牛有两种，均有两只犀牛角，分别叫黑犀和白犀，但所谓的“白犀”其实颜色反而较深，叫“宽吻犀”更为贴切。非洲猎人尼科尔森（Nicholson）先生解释说，之所以叫“白犀”，是因为它们的白化变种很常见，他就曾亲眼见过三头浅黄或乳白色的白犀。一头黑犀在伦敦摄政公园生活了 23 年。这种动物濒临灭绝，在英国极有可能再也见不到活的黑犀样本了。

R.T. 科林敦（R.T. Coryndon）先生于 1893 年捕获了两头白犀，并带回了它们的皮和骨架。他说黑犀的上嘴唇可卷曲，头部较小，主要以树叶和枝丫为食。母犀牛走到哪儿，小犀牛也会跟到哪儿。白犀的头部大得不成比例，颌骨看起来像被削成了方形。草类是它们唯一的食物来源。小犀牛总跑在母犀牛前面，母犀牛用角推一推幼崽的体侧，为它们指示前进的方向。

还有几种犀牛一直归为独立物种，其实只是非洲犀牛的亚种，或只是长有独特犀牛角的个体。约翰·威洛比（John Willoughby）爵士捕杀了一头长了三只角的黑犀，犀牛角被带到英国，在动物学会的会议上进行了展示。

偶蹄目哺乳动物

偶蹄目动物的手指或脚趾都是偶数，大多数是 4 趾，其中的两趾（第二和第五趾）并不用于行走，比如牛和猪。如果在腿上画一条中线，这条线将穿过第三和第四趾中间；如果在奇蹄目哺乳动物的同等位置画线，这条线将正好落在第三趾上。大部分偶蹄目哺乳动物的“蹄分开，会反刍”，它们的胃部结构都很复杂。这类动物包括猪、河马、牛、绵羊、山羊、羚羊、鹿、长颈鹿和骆驼，以及它们在新世界的近亲。

猪的吻部较短，呈圆柱形，鼻孔位于吻部末端，用于在寻找食物时翻起地面。四肢各有 4 指（趾），行走时只有两指（趾）触地。牙齿有三类，雄性野猪的切牙发达，长成可怕的獠牙。家猪有许多品种，我们非常熟悉，这里无须赘述。家猪的祖先是野猪，欧洲、非洲北部和小亚细亚（今安纳托利亚）许多地区现在依然能见到它们的踪影，但在英国，两百多年前就已经灭绝。野猪遭到欧洲冒险家的驱赶和猎杀。印度野猪体形更大，性情更凶残，因而人们骑马配长矛进行猎捕，这项活动称为“刺猪”。同属的还有其他几个物种，它们幼年时均为深棕色，全身饰以灰白条纹，例如姬猪和河猪。

姬猪来自印度锡金邦和尼泊尔，体形似野兔，据说喜群居，只要受到惊扰，无论对方体形如何，姬猪都会残酷回击。

河猪和疣猪均为非洲物种。疣猪因面部有一对肉质大肿块而得名。其吻部宽阔平坦，无论雄性还是雌性，它们的上犬齿都向上弯曲。这些獠牙用于挖掘植物和植物的根部食用。非洲疣猪分布于非洲北部，皮毛为棕灰色；荒漠疣猪来自非洲南部，皮毛为深灰色。

鹿豚分布于西里伯斯岛（今印尼苏拉威西岛）和布鲁岛，几乎无毛。雄性上切牙从脸部穿出，像牛角一样向上向后弯曲。曾有学者认为这些獠牙可像钩子一样将头挂在树枝上，采取这种姿势休息。也有人认为它们在多刺的灌木丛中寻找食物时，这种结构可避免眼睛受伤。但这种解释并不合理，因为雌性鹿豚也需要在同样的环境下寻找食物，但却不具备这种獠牙。

西猯科动物仅分布于新世界，是一种猪型小动物，后肢只有 3 趾，第 5 趾缺失，胃部能反刍。背部中间有臭腺，可分泌一种麝香味的油脂状物质。捕杀西猯后若不立即去除臭腺，肉将无法再食用。白唇西猯常以大群为单位，在英属洪都拉斯（今伯利兹）和巴拉圭之间出没，性情凶猛好斗。猎人们常遇到白唇西猯群，这时不得不爬到树上，只有这样才能保证安全。西猯对耕地造成了极大的破坏。

河马仅分布于非洲，四肢均长有 4 指（趾），行走时 4 指（趾）都会着地。头部很长，吻部宽阔圆润，身材庞大无毛，四肢和尾巴短。普通河马广泛分布于非洲的河流和湖泊中，在岸上少数群居，白天待在水中，夜间上岸觅食，被践踏破坏的粮食，远比它们吃掉的多。这可不是个小数目，因为它们的胃能装下五六蒲式耳（约 182 ～ 218 升）的粮食。身体为红棕色，体形较大的体长为 14 英尺（约 4.27 米），肩高 5 英尺（约 1.52 米）。

近卫掷弹兵休·雷纳（Hugh Rayner）博士在《田野》（1893 年 8 月 5 日）中写道：“河马白天在水中生活，日落后上岸，上岸后只有一个任务——吃草。第二天清晨太阳升起前，它再次回到水中，直到下次用餐时刻的来临。正因如此，河马下水后，猎人的机会就到了。河马忽然把头伸出水面呼吸，又忽然消失。由于害怕人类的出现，河马的头只会伸出水面几秒钟的时间，而就在这短短的时间内，猎人必须开枪。除非击中它的头部，让子弹穿过大脑，否则几乎无法伤害到它。通常子弹只是掠过头皮，嗖地消失在了空气中。……有一次我觉得它就要冲出水面找我算账了，不过它伤得太重或者因为别的什么原因，最终改变了主意。”河马能在水下待一段时间。雷纳博士曾为一头河马计时，它“在水下待了 14 分钟”。

河马

河马被激怒后能一口把人咬成两半。已故的塞缪尔·贝克写到一头河马攻击汽船，牙齿刺穿了两块钢板，就像是用尖利的镐造成的一样。

倭河马分布于非洲西海岸，体形比普通河马小得多。

反刍动物分为真反刍动物（绵羊、山羊、牛、羚羊、鹿和长颈鹿）、骆驼和鼷鹿。除骆驼外，其他反刍动物的上颌无门牙，门牙的位置为角质垫片，与下门牙共同完成咀嚼。下犬齿形似门牙，上犬齿常缺失，但麝等其他动物的上犬齿发达，形似獠牙。洞角反刍动物（绵羊、山羊、牛和羚羊）的犄角不脱落，中空，从颅骨上的骨质突起（骨心）上长出。雄性和雌性一般都有角，但有些物种的雌性无角。

真反刍动物的胃有四个室。进食时，先将半咀嚼的食物装进第一个胃，小憩反刍时，第一个胃里的部分食物进入第二个胃变成固体，再返回口中进行细致彻底的咀嚼。此时，食物经过第二个和第三个胃，最终进入第四个胃进行消化。骆驼和鼷鹿没有第三个胃。

绵羊对人类极为重要：羊肉能做成美味佳肴，羊毛能织成衣物。绵羊一定是在史前时期就被人类驯化，因为最古老的文献中都有它们的记载。自西班牙征服开始，人们将绵羊引入了新大陆。

亚洲是野生绵羊的故乡，也可能是我们目前绵羊品种的祖先。许多野生绵羊的体形都比较庞大。盘羊马可波罗亚种分布于天山山脉，据说肩高近 4 英尺（约 1.22 米），重约 600 磅（约 272.16 千克）。盘羊来自中国西藏，体形与马可波罗亚种相当，羊角直径近 2 英尺（约 0.61 米）。蛮羊颈部位置较低，膝盖处有长毛。欧洲有一种野绵羊，即生活在撒丁岛和科西嘉岛的摩弗伦羊；美洲也有一种，即大角羊，它们是盘羊的近亲，因此有时也会被称为“盘羊”。

山羊与绵羊的不同之处在于，山羊的角比较扁平，向后弯曲或螺旋形扭转。欧洲有几种野山羊，其中最著名的是羱羊，它们生活在雪线附近，夜间下山吃草。希腊野山羊的栖息地东至波斯，可能是家山羊的祖先。西奈野山羊的大羊角上有球形瘤状突起，是十分威猛的自卫武器。

亚洲也有几种野山羊，其中捻角山羊的角呈螺旋状；塔尔羊的犄角粗短，前端呈脊状。这两种羊最为典型。家山羊是人类不可或缺的家畜。羊奶是珍贵的资源，常被制成奶酪。在亚洲，山羊肉可食用，安哥拉山羊和开司米山羊的毛质量上乘，可制成服装和披巾。

麝牛介于绵羊和牛之间，生活在美洲北极圈一带。它们和体形较小的威尔士牛体形相当，身材粗壮，腿短，覆有棕色长毛，几乎拖到地上。长毛下是一层浓密的下层绒毛，夏季脱落。它们散发出浓烈的麝香味，但人们并不清楚气味的来源。

麝牛

羚羊主要分布于非洲，数量正不断减少。亚洲有许多种羚羊，欧洲有两种，而美洲只有一种羚羊以及一种具有鹿的许多特征的叉角羚。

马鹿形羚羊体形硕大，一般全身的被毛只有一种颜色，分布于非洲和叙利亚。头部狭长，顶端变宽。雄性和雌性均有犄角。

斑纹角马和白尾角马长相怪异，休息时姿态笨拙，但奔跑时的姿势十分俊美，硕大的头部和鬃毛使颈部拱起，尾部随风扬起，就像一匹良种骏马。它们以性情凶残而闻名，但伦敦摄政公园动物园中的角马能对人们的召唤做出回应，跟着人类在围场绕圈，索要饼干或苹果。1894 年，该动物园诞生了一匹白尾角马。

麂羚是非洲的一种小羚羊，有的体形不过兔子大小。印度的四角羚也是一种小羚羊，有四只角，长在前面的两只角比较小。

下面这类羚羊均来自非洲，只有雄性有角。其中，几内亚的倭新小羚是已知最小的反刍动物；阿比西尼亚（今埃塞俄比亚）的林犬羚体形稍大一些；短角羚来自南非的岩石山地。水羚体形较大，拥有粗而长的犄角和深色长毛。动物园有水羚产下幼崽。

接下来这一类是生活在荒漠和草原的羚羊。高鼻羚羊体形像绵羊，头部肿胀隆起，它们生活在欧洲东部和亚洲西部。瞪羚体形较小，一般为浅黄褐色或沙土色，脸部有一些白色花纹，臀部有一块白色印记，和兔子尾巴朝上是出于同一目的。南非的跳羚是比较典型的瞪羚。

南非剑羚与金钱豹

马羚分布于欧洲，体形较大，犄角长而直，或向后弯曲。南非剑羚、东非直角长角羚和剑羚的毛色均为锈灰色，饰以黑色花纹，犄角长而直。这三种羚羊都常被称为剑羚。阿拉伯大羚羊身上无花纹，弯角。这些直角和弯角都是有力的武器。进攻时，羚羊低下头，瞄准敌人的侧面和正面，猛力进攻。

除印度的蓝牛羚外，其他牛形羚羊均分布于非洲。捻角羚为浅枣红色，有白色条纹；旋角羚为石板灰色，也长有白色条纹；林羚为灰褐色，爱在沼泽附近出没，蹄较长，向外张开；大羚羊性情温顺，皮毛为浅黄褐色，是现存最大的羚羊。以上这些都属于牛形羚羊。利氏大羚羊是大羚羊的一个亚种，长有白色条纹。1894 年，一只利氏大羚羊被首次送往英国。

最后我们要介绍的是山羊形羚羊，它们的雄性和雌性都有犄角。鬣羚和羚牛都是亚洲的物种。臆羚分布于欧洲比利牛斯山至高加索山一带的山地，肩高约 2 英尺（约 0.61 米），覆有栗棕色长毛，犄角顶端向后弯曲。臆羚一般为一小群集体行动，会有几只专门站岗放哨，在危险靠近时发出警报。猎捕臆羚是一项非常危险的活动，因为遭到追捕时，臆羚会往高处跑，而人类是难以企及的。落基山雪羊拥有白色长毛，与臆羚是近亲。叉角羚生活在北美草原，犄角只有一个分叉，每年都会脱落，体形似黇鹿。

水牛来自旧世界。西里伯斯岛水牛体形小，全身黑毛，角短，形似年幼的非洲水牛。

印度水牛体形较大，皮肤漆黑，几乎无毛，犄角向上向后生长。驯养的印度水牛被引入欧洲南部，负责拉拽工作。野水牛比家水牛体形大，站立时肩高 6 英尺（约 1.83 米），鼻子至尾尖长度超过 10 英尺（约 3.05 米）。大英博物馆收藏了一对野水牛角，每根长 6 英尺 6 英寸（约 1.98 米），这对牛角的主人体长可能近 14 英尺（约 4.26 米）。杰登说，一头受伤的野水牛也能与大象抗衡。根据许多猎人的说法，牛象大战的胜利往往是属于野水牛的。

非洲水牛比印度家水牛体形大，且性情更为凶猛。牛角根部宽阔，两只角的根部几乎相连，上部向后向下弯曲。非洲北部地区分布的是非洲水牛的变种。

美洲野牛属有两个种，分别为美洲野牛和欧洲野牛，现存数量稀少，人类正进行大力保护，但仍无济于事，这两种野牛都可能在未来几年内灭绝。它们头部位置低，有隆起，犄角短，呈圆形。前躯有浓密蓬松的鬣毛、长胡须和一穗长毛。肩高约5英尺8英寸（约1.72米），全身呈棕色。在人类的印象中，美洲野牛数不胜数。1872年至1874年间，南部美洲野牛被人类猎杀的数量估计有上百万头。

美洲野牛（1870年）

欧洲野牛的体形虽比美洲野牛大，但鬣毛并不浓密。它们分布于立陶宛、摩尔达维亚、瓦拉吉亚和高加索地区的森林中。

牦牛分布于中国西藏高海拔地区，是美洲野牛的近亲。尽管它们的肩部隆起较高，但未形成驼峰，其体形比公牛稍小，身体覆有长毛。巴特利特先生认为，这种长毛像垫子一样，可让牦牛毫无顾忌地卧倒在雪地里。牦牛有一个驯化品种，用于驮货。

亚洲野牛有三种，肩部均有较高隆起，背部呈脊状。印度野牛体形最大，站立时马肩隆高 6 英尺（约 1.83 米）。与大额牛一样，皮毛颜色较暗，都有白色“袜子”，但二者犄角形状不同。爪哇野牛体形较小，分布于爪哇，母牛和小牛为明亮的栗色，公牛随年龄的增长，皮毛逐渐变黑。

家牛品种繁多，对人类意义非凡。人人都喝过牛奶，吃过黄油、奶酪和牛肉，见过牛耕地拉车。它们的毛皮、犄角、骨骼和血液都具有商业价值。一些家牛为野牛的后代，可在英国的各大动物园一睹它们的风采。

印度瘤牛是家牛的近亲，有的体形比任何英国牛都要大得多，有的却比驴还小。它们被用于耕地、拉车和乘骑。白瘤牛是湿婆神的圣物，印度教徒认为不应杀害任何品种的白瘤牛。

欧洲、亚洲和美洲的鹿数量都非常庞大。非洲只有一种，生活在地中海沿岸。几乎所有雄鹿都长有犄角，鹿角与牛角不同，鹿角无角鞘，直接从颅骨上长出骨质分叉，每年都会更换。雌性鹿科动物中，只有驯鹿有角，但比雄性驯鹿的角小和轻。大部分幼鹿都有斑点。

欧洲马鹿广泛分布于欧洲地区，在埃克斯穆尔高地、爱尔兰以西甚至非洲北部地区，仍存在着大量欧洲马鹿，非洲北部的欧洲马鹿也被称为“巴巴里马鹿”。成年雄鹿站立时马肩隆高 4 英尺（约 1.22 米），身体呈棕红色，颈部为灰色，臀部有块白色斑纹，大部分亲缘物种也都具有这一特点，作为它们的信号或标记。

马鹿分布于北美，外形与欧洲马鹿相似，但体形更大，犄角更长。英国人正不断尝试驯化这些高贵的生物。诺森伯兰郡的哈格斯顿堡发现了一小群马鹿，1893 年，人们将 6 只雄鹿和 14 只雌鹿带到德比附近的奥斯马斯顿堡。伦敦摄政公园动物园的马鹿可自由繁殖，那里的一小群马鹿性情非常温顺，常跑到围栏边让游客喂食。然而雄鹿会驱赶雌鹿，也让小鹿离自己远远的，以保证自己能吃到游客的饼干或面包。

水鹿是印度的一种大型鹿，站立时肩高约 5 英尺 8 英寸（约 1.72 米），皮毛呈暗棕色，臀部有一块明显的橙色标记。其耳大，颈部有浓密的鬣毛。

小水鹿

花鹿也来自印度，站立时肩高3英尺（约0.91米）有余，皮毛呈红褐色，布满白色斑点。豚鹿是花鹿的近亲。沼鹿比水鹿体形小、体重轻，常在水边和乡村的开阔地带出没。一位狩猎爱好者有一次一眼就见到了三群沼鹿，最近的那群沼鹿距离不超过500码(约457米)。他说："它们至少有50头——各种雄鹿、雌鹿和小鹿挤在一起吃草，鹿群外围有3头身材壮硕的雄鹿在放哨。"同属的鹿类动物还有其他几个物种。

黇鹿

麂是分布于亚洲南部和东部的一种小鹿，柄状骨质上长出茸角。它们喜欢独居，喜欢发出警示的叫声，因此常被狩猎爱好者称为“鸣鹿”。

黇鹿站立时肩高约 3 英尺（约 0.91 米），全身有白色斑点，犄角顶端像手掌一样展开。英国的公园中生活着许多半驯化的黇鹿。除此之外，黇鹿还有几个波斯品种。

驯鹿分布于欧洲、亚洲和美洲的北部地区，其中北美的驯鹿亚种称为“北美驯鹿”，皮毛颜色一般为深棕色，但个体差异较大。其体形与欧洲马鹿相当，但野生品种的个头比拉普兰人驯养的品种大。夏季，它们以桦树和柳树的树枝为食，冬季则用宽大的、深裂的蹄子扒开积雪，啃食地衣和鹿蕊。为寻找食物、躲开牛虻的攻击，驯鹿会进行大迁徙。对拉普兰人而言，驯鹿取代了马、牛、羊的角色，人们让它们拉雪橇，拖着重达 300 磅（约 136 千克）的货物，日行 100 英里（约 161 千米），穿过寒冷的冰原。它们的肉和奶可以食用；鹿角和骨头能制成工具和武器；皮毛用肌腱缝起来，能做成服装和帐篷。西伯利亚的驯鹿则用于驮运和骑乘。

驼鹿

驼鹿与驯鹿的分布区域相同，是现存体形最大的鹿科动物，成年雄鹿站立时肩高6英尺（约1.83米），皮毛呈棕色，颈部和喉部有长毛。鼻唇部大且突出，喉部肿胀。犄角极大，呈铲形向外延伸，两只犄角环抱成盆状。驼鹿非常害羞谨慎，因此极难捕捉。它们常尾朝风向，凭借听觉和嗅觉感知上风向传来的危险信号；听觉，尤其是嗅觉，在下风向几乎无法发挥作用，此时就需要用眼睛进行观察。这种动物生性胆小，如果被激怒，犄角和蹄子将成为致命武器，一脚就能踹死一只狼。

狍子站立时肩高约2英尺（约0.61米），皮毛为红棕色，臀部有块白色斑纹，广泛分布于欧洲和西亚，英国北部也发现了野生狍子。

獐体形较小，无角，雄性上犬齿呈獠牙状。雌性每胎生育五六只幼崽，而其他鹿科动物每胎只生育一只幼崽，极少情况下一胎会有两只。

美洲有多种毛色单一、体形中等的鹿。草原鹿据说是蛇类的天敌。高乔人外出放牧时，会在马脖子上系一根鹿皮带。所有的鹿都非常讨厌蛇类，常有人见到它们跳起来踩蛇，用蹄子把蛇踏成几段。

麝分布于亚洲中东部的高地，体形比狍稍小，无角。雄性上犬齿长，向下向后突出。皮毛为棕灰色，饰有浅色花纹。雄性的腹部拥有橙子大小的香腺囊，分泌物具有浓香。将香腺囊取下晒干后可出售，用以制作香料。

鼷鹿是现存最小的有蹄类哺乳动物，有时被误称为倭麝。它们和麝一样没有犄角，拥有长的犬齿，但除此之外，几乎不再有其他共同点。威廉·弗劳尔爵士认为鼷鹿的身体结构既像鹿和骆驼，也拥有猪的特征。鼷鹿在亚洲有四五个亚种，外形与习性似刺豚鼠；非洲有一个亚种，习性似猪，常在水边出没。

长颈鹿分布于非洲，是现存最高的哺乳动物，成年雄性身高达18英尺（约5.49米）以上。皮毛为浅黄色，布满红棕色大斑点。头上有两只骨质角，覆有一层皮肤，脸部中央还有同样覆有皮肤的第三只角。颈部极长，鼻孔可自由关闭，舌头可卷曲，适于扯下树叶食用。长颈鹿常以20只左右群居，人们也曾见过更庞大的长颈鹿群。

长颈鹿

长颈鹿只用长腿来自卫，有力的长腿可对敌人造成巨大伤害。据说它们就是用这样的方式，阻止想要叼走长颈鹿幼崽的大型肉食动物。但如果狮子真的扑向了长颈鹿，那么长颈鹿即使进行再多的尝试都是徒劳，这也是司空见惯的结局。凶猛的敌人将爪子和牙齿用力挂在猎物身上，任凭猎物如何疯狂地跳动，敌人也不会放松，直到猎物最后筋疲力尽地倒在地上，成为到手的美餐。

1836 年，伦敦摄政公园动物园首次迎来一群长颈鹿。在这一小群长颈鹿中，有三只雄性和一只雌性，它们自由繁殖，已在动物园产下了 17 只幼崽。然而，它们中的最后一只死于 1892 年 3 月，此后多年，动物学会也未能获得其他长颈鹿样本。我们有理由担心，这种优雅高贵的动物可能会在不久的将来灭绝。

1893 年，人们在索马里兰发现了一个亚种，那群长颈鹿共 7 头，雄鹿“就像一座小型埃菲尔铁塔”，猎捕的那头雌鹿身上布满鲜艳的栗色斑纹，斑纹间由白线隔开，腿为乳白色。1895 年 2 月，一头雌鹿从南非被送往南安普敦，后被动物学会买下。这头长颈鹿仅两三岁，但身高已近 12 英尺（约 3.66 米）。从 1893 年到 1895 年，学会的动物园中几乎 3 年没有见到长颈鹿。

双峰骆驼

骆驼和大羊驼没有犄角。上嘴唇裂缝深，上下颚均有犬齿，幼年时上下颚有门牙，但成年后仅保留两侧最外面一颗。四肢各只有两指（趾），蹄小，靠脚掌上宽阔的肉垫行走。

单峰骆驼常被称为“沙漠之舟”，在非洲北部、亚洲西南部和印度以东地区常被人类驯养。它们体形庞大，脖颈和四肢修长，背部只有一个驼峰。单峰骆驼在所有骆驼当中，体态比较轻盈，行动也比较敏捷。“骆驼和马一样，都会留下最好的牧草不去触碰。它们食量很小。如果食物匮乏，储存在驼峰中的肥沃营养也能够帮它们维持生命，直至找到长满多刺灌木的绿洲。如果绿洲里有清澈的水源，它们便会及时补充体内的水箱，继续踏上欢快的旅程。”

对阿拉伯人而言，骆驼不仅是珍贵的驮畜，它们的奶还能加工成黄油，毛能织成衣物，皮能制成皮革，肉能食用，粪便还是沙漠中唯一能找到的燃料。

骆驼曾被引进意大利，人们在西班牙甚至发现了一些半野生骆驼，它们是离家出走的家养骆驼。在澳大利亚的荒漠地带最近也开始让骆驼服役。军队用骆驼驮运行李和回转机枪，甚至出现一支骆驼军团，军团里每位士兵都骑着骆驼。

双峰骆驼有两个驼峰，体形比单峰骆驼大，四肢较短，皮毛更厚，毛色更深，在中亚地区被大规模驯养。俄罗斯旅行家于 1879 年发现的“野”骆驼可能就是离家出走的家骆驼的后代。1893 年，利特代尔（Littledale）先生在罗布泊附近射杀了 3 只骆驼，带回了它们的毛皮，其中一件就陈列在英国自然历史博物馆中。

大羊驼仅分布于南美洲，有两个野生种和两个驯化种，这 4 种大羊驼的体形都比骆驼小，且体态更轻盈。原驼分布于秘鲁至巴塔哥尼亚一带，外表综合了骆驼、鹿和山羊的一些特征。胸阔而腰细，全身覆有柔软的长毛，背部呈棕色，向下渐变为白色，脸部常有一些黑色花纹。它们通常为群居，有时一群有上百头。小羊驼体形更小、更纤瘦，仅生活于玻利维亚等南部地区的山地。

羊驼

大羊驼是原驼的驯化种，在秘鲁南部被发现，体形比野生种大，白色体毛上覆有棕色或灰色花纹，有的通体呈黑色。西班牙征服时期，银矿的矿工都是由大羊驼送下山。和当时一样，大羊驼如今仍是驮畜。

羊驼或许也具有原驼的血统，体形比大羊驼小，毛色为棕色或黑色，长毛可织成羊驼毛呢。

第十三章　啮齿动物

此目下的物种数量最为庞大，有些甚至遍布世界上的每一个国家，因为即使某一地区本来没有这一物种，后来也会被人类引入。它们通常体形较小，有些在地面或地洞中生活，有些住在树上，有些则是水栖。许多啮齿动物都会在寒冷季节休眠，主要吃植物性食物，比如树皮和树根。它们无犬齿，门牙会随着前端的磨损而不断生长。四肢通常有5指（趾），长有爪状或蹄状指甲。从“啮齿动物”这一名称可以看出它们的进食方式。它们可分为两类，其中，单齿啮齿动物数量更为庞大。它们的上下颌均有两颗门牙。单齿啮齿动物又可分为三个亚目，分别是松鼠型亚目、鼠型亚目和豪猪型亚目。

松鼠分布于大部分温带和热带国家，但马达加斯加和澳大利亚除外。亚洲松鼠体形最大、毛色最艳丽，大的和小猫一般大，小的甚至比老鼠还小。尾长而多毛，尖耳朵上通常有簇毛。

欧亚红松鼠分布于欧洲大部分地区和亚洲北部，在亚洲有许多近亲。它们的总长度约为9英寸（22.86厘米），身体背部为棕红色，腹部为白色。松鼠大部分时间在树上活动，性格非常活泼，能敏捷地在树枝间跳动，我们的眼睛甚至很难跟上它们的步伐。它们在地面上活动非常迅速，不常去水边，但擅游泳。不过，它们当然不会像传说中说的那样，把树皮当作独木舟，展开尾巴当船帆。松鼠主要吃坚果、橡子、嫩芽和树皮等，用前爪捧着食物，用大门牙咬开。它们会将过冬的食物储存在松鼠窝中。

棕榈松鼠在印度十分常见，常会“抢走衣物棉布上的蕾丝和花边，或者扯下一根丝线去做窝”。

非洲地松鼠来自非洲，粗糙的皮毛中夹杂着棘刺。

扁尾鼯鼠主要分布于亚洲，但在北美和东欧各发现了一种。和鼯鼠一样，飞鼠也有翼膜。圆尾鼯鼠和某些蝙蝠一样，大腿间有翼膜，这种飞鼠基本上分布于印度。所有鼯鼠都是夜行性动物。

地松鼠分布于美洲，亚洲北部至欧洲一带也有地松鼠物种。它们有颊囊，可储存食物，带回洞穴。

美洲黄鼠的分布范围几乎和地松鼠相同。和地松鼠一样，美洲黄鼠也有颊囊，不过它们的主食是植物，也会捕捉小型哺乳动物，人们在它们的洞穴中发现了小型哺乳动物的骨头。欧洲有一个黄鼠品种，名为地黄鼠，是俄罗斯农民的美味佳肴。

旱獭体格健壮，无颊囊，尾短。同属有十多个物种，仅分布于北半球。

阿尔卑斯旱獭分布于阿尔卑斯山、比利牛斯山和喀尔巴阡山，体长近2英尺(约0.61米)。威廉•弗劳尔爵士援引一位德国学者的话说，“这些动物生活在常年冰雪覆盖的高山上，喜欢裸露的悬崖峭壁，危险逼近时能一目了然。当旱獭发出危险警报时，阿尔卑斯山的旅客们都能听到它们极具穿透力的尖锐叫声，一瞬间，旱獭们都逃之夭夭，躲进山洞或岩石间的裂缝中，通常几小时之后才会再次钻出洞口，久久地站在瞭望台上，一动不动。它们以各种高山植物的根叶为食，和松鼠一样，用前爪捧着送进嘴里。旱獭们会挖出一个巨大的圆形地洞，只有一个入口上，铺上厚厚的稻草，作为越冬的营地。通常10～15只旱獭一起越冬，它们紧挨在一起酣睡，直至第二年春天来临”。草原旱獭是仅存的一种欧洲旱獭，生活于欧洲大陆东部。

美洲旱獭

美洲旱獭十分擅长在山腰地带打洞，洞穴的末端比入口处高，以避免被水淹没。它们先倾斜着挖两三英尺（约 0.61 ～约 0.91 米），然后笔直向上，再平行于地面，继续挖 8 ～ 10 英尺（约 2.44 ～约 3.05 米），这样就能隔绝雨水和洪涝。

草原犬鼠因叫声像小狗而得名。该属有两个物种，最常见的一种生活在落基山脉东部的草原上，另一种生活在西部各州，南至新墨西哥。其总长度约 1 英尺（30.48 厘米），其中尾长 3 ～ 4 英寸（7.62 ～ 10.16 厘米），被毛为红灰色。野牛草的叶片和根部是它们的主要食物。它们以大群为单位，喜群居生活，彼此的洞穴距离很近，这种洞穴群落就像人类的“城镇”或“村庄”。穴鸮和响尾蛇也会寄居在这些地下房屋中——如此，穴鸮便可省去自己挖洞的麻烦，而响尾蛇则可享受洞穴里丰富的食物资源。

草原犬鼠

山河狸也是美洲的穴居啮齿动物，生活在落基山脉西侧，习性似草原犬鼠，但体形更大，被毛颜色更深。

鳞尾松鼠有 7 种，生活在非洲中西部。它们也拥有翼膜，由肘部伸出的软骨刺支撑，因此翼膜展开的面积更大，攀爬时提供辅助。

河狸生活于北极圈和北回归线之间的美洲地区，人类为获取皮毛而进行大肆捕捉，同时由于人口膨胀，霸占了它们的栖息地，因此河狸数量骤减。这些动物曾遍布北半球，就连英国也不例外，贝弗利这个城市的名字就表示河狸出没的湖泊。如今在旧世界，它们只分布于欧洲较大的河流中，成对出没。成年美洲河狸长约30英寸（76.2厘米），拖着一条12英寸（30.48厘米）长、5英寸（12.7厘米）宽的椭圆形鳞状尾巴。背部皮毛为红棕色，腹部颜色较浅。尾巴在游泳时可像船舵一样控制方向，而不是像很多人以为的那样，用尾巴搬运筑窝的材料，或者像铁铲一样将泥浆抹在河狸窝里。前肢比后肢小得多，趾间有蹼。食物有树皮和睡莲的根，有时也吃草。

河狸

河狸非常喜欢社交，美洲河狸以大群为单位群居生活——它们的巢像旅馆的房间一样整齐排列，垒砌堤坝，阻止水流回落。不过有些穴居河狸与水栖河狸的体形不同，更不会把巢穴入口开在水下。

河狸尖利强健的门牙就是它们的工具，能伐倒直径为12～18英寸（30.48～45.72厘米）的大树。它们一圈一圈地啃咬树干，逐渐越来越深，直至树干变成尖端相对的塔糖的样子。伦敦摄政公园动物园中有几棵树桩，就是被河狸用这种方式伐倒的。河狸们只在夜间工作，而且在暗夜和雨夜比晴天的夜里工作更为卖力。

睡鼠是我们介绍的第一种鼠型啮齿动物，因为它们比其他同源物种更像松鼠。它们主要分布在欧洲和亚洲的温带地区，非洲也有一些。它们体形小，耳朵和眼睛较大，有毛茸茸的长尾巴，生活在树林或灌木丛中，许多睡鼠会筑巢。普通英国睡鼠毛色为橙褐色，近6英寸（15.24厘米）长，其中尾巴约占一半。人类常将它们当作宠物饲养，很快它们就能变得非常温顺。达拉斯（Dallas）说睡鼠生活在灌木丛和树篱中，性格非常活泼，就像它们的松鼠兄弟在大树上那样。睡鼠在灌木的枝丫间灵敏地攀爬，用后脚倒挂在树枝上，摘取远处的水果或坚果，像猴子似的从低矮的树枝上跑过。

睡鼠

冠鼠分布于非洲东北部，外形和习性似小负鼠，大脚趾像拇指。背部中间的长毛像羽冠。

小鼠、大鼠及其同源物种，数量庞大、种类繁多，整个啮齿目中，鼠型亚目超过了三分之一。英国有两种大鼠——黑鼠和褐鼠。黑鼠长约16英寸（40.64厘米），尾部纤细，尾长超过体长的一半；褐鼠身材短粗，尾巴较黑鼠短，可能由亚洲引入，并迅速将本地物种驱离。我们对这些动物的习性非常了解——擅打洞，挖掘的过程常造成巨大的破坏；对食物几乎来者不拒，繁殖速度快。臭名昭著的它们掏空了各种砖石建筑，甚至挖穿了大坝，导致水库和运河中的水在整个乡村泛滥。被当作宠物饲养的大白鼠和花枝鼠是黑鼠的变种。

普通小鼠随人类的脚步遍布全球。和英国鼠一样，它们也有白色和杂色变种，是许多男孩的宠物。如果花费一点努力和耐心进行驯化，普通小鼠也能像近亲小白鼠一样可爱有趣。

小林姬鼠与普通小鼠同等大小，背部呈红灰色，腹部为白色。它们在洞穴中储存大量种子和谷物，极少闯进人类的住所，但有时会在谷仓越冬。

巢鼠及其巢穴

巢鼠是欧洲体形最小的小鼠，被毛为红色，耳朵和尾巴较短。它们会建造精致的巢穴，通常固定在玉米秆上，或悬挂在蓟的顶端。吉尔伯特•怀特(Gilbert White)说巢鼠的巢穴“拥有极具艺术美的褶皱，用小麦的叶片搭建成和板球一般大小的完美的圆形。入口能巧妙地关闭，和整个巢穴融为一体。结构非常紧密，内容充实。尽管里面装着8只还没长毛的、未睁开眼的幼鼠，但如果从桌子的一角滚到另一角，巢穴也不会有任何损坏”。小林姬鼠和巢鼠都以昆虫和蠕虫为食。

南亚的林鼠是大鼠和小鼠的近亲。林鼠属中体形最大的是印度板齿鼠，体长常能达到2英寸（5.08厘米），其中尾长占一半。

田鼠与大鼠和小鼠的不同之处在于，它们的体形更圆润，四肢和尾部较短。它们分布于北半球的温带和寒带。英国有三种田鼠，其中水䶄的体形最大，拜大鼠的种种劣迹所赐，它们常被误称为“水耗子”。水䶄生活在溪流和池塘的岸边，主要以植物类为食，偶尔也会捕食昆虫、小鼠和小鸟。

黑田鼠体形较小，足迹遍布英国，北至赫布里底群岛。最近黑田鼠在苏格兰泛滥成灾。一名拥有6500英亩（约2630公顷）土地的农夫告诉调查此事的农业部官员，1891年至1892年大鼠灾期间，他的土地上估计有300万只黑田鼠。如果一只黑田鼠造成的损失为两便士，那么两年内他的损失总数将达到5万英镑。希腊在同一时期也遭遇了一场类似的鼠灾。堤岸田鼠也是英国的物种，但皮毛为锈红色，而非和其他两种田鼠一样呈棕色。欧洲、亚洲和美洲均发现了同属的其他物种。

旅鼠有许多品种，其中最知名的是挪威的旅鼠。它们长约5英寸（12.7厘米），柔软的棕黄色被毛上有黑色斑点。四肢健壮，适于挖掘。这种小生物最显著的特点是要进行周期性迁徙，迁徙的原因可能是为了寻找食物。挪威的农田里会忽然出现大量旅鼠，就像施了魔法忽然从云里掉下来一般，很久都不会消失。现在，教堂还颁布了相应的祈祷文，希望灾难不再重演。旅鼠的迁徙有一个非常奇怪的特点——不到海边不回头。到达海岸后，它们奋不顾身地跳进海里，好像阻挡前进道路的只是一条小溪，它们一刻不停地向前游去，直到被海浪吞没。还有一个奇怪的现象，虽然它们在前进的路上会遭到无数鸟兽猎捕，被人类射杀或诱捕，但数量有增无减，这大概要得益于充足的食物供应。

旅鼠

麝鼠是美洲的一个物种，分布于加拿大荒原至格兰德河一带，体长 2 英尺（60.96 厘米），尾长占三分之一，背部皮毛为深棕色，腹部呈灰色，常在沼泽和湖泊溪流的岸边出没，以植物根部、枝叶和淡水贝类为食。它们的皮毛非常珍贵，因此每年都有大量麝鼠遭到人类的猎捕。它们常生活在河岸的地洞中，有时也会像河狸一样搭建圆顶状巢穴，且极少远离水源。

麝鼠

仓鼠与大鼠和小鼠的关系十分亲近，但拥有巨大的颊囊。仓鼠有许多种类，都分布于旧世界。其中最常见的是中欧和亚洲的普通仓鼠。它们体长约 1 英尺（30.48 厘米），其中尾长不足四分之一，皮毛浓密有光泽，背部为棕黄色，颈部有一条红色带状花纹，两颊各有一块黄色斑点，腹部和四肢为黑色，且前额有条黑色带状花纹，脚为白色。这种小动物模样美丽，受到攻击时会激烈抵抗。它们主要吃植物性食物，但也不拒绝小动物。被圈养时，它们极少发怒。

攀鼠是非洲的一种小型啮齿动物，但人类对它们不太了解，据说习性似睡鼠。

沙鼠在欧洲东南部、亚洲和非洲均有分布，后肢极长，尾长而多毛。它们大多数在荒漠和沙质平原上生活。有一种沙鼠的鼻孔上覆有叶片，布兰福德认为“这必定在呼吸时用于阻挡沙尘进入气管”。

长尾地棘鼠有时也被称为“长尾睡鼠”，原产于印度，栖息在岩石裂缝和树洞中，据说会贮存谷物和植物根部。它们会大肆破坏成熟的胡椒，因此山民们叫它们“胡椒鼠”。它们体长约6英寸(15.24厘米)，其中尾长3英寸（7.62厘米）。皮毛为浅棕色，尾部的毛发向外张开，像一只洗瓶刷。

鼹形鼠因外形和掘洞习性像鼹鼠而得名。其前肢适于挖掘，眼小，有的甚至掩藏在皮毛中，比如欧洲东南部的普通鼹形鼠。印度的鼹形鼠爱在老竹根下掘洞，因此常被称为“竹鼠”。滨鼠分布于非洲好望角一带，体形似兔，被毛为灰白色。它们生活在滨海的沙丘地带，大肆挖掘洞穴，导致地面崎岖不平，不利于人们骑马行走穿越。

鼹形鼠

非洲巨鼠在美洲分布广泛，嘴外有颊囊。其中的小囊鼠与沙鼠和跳鼠一样，后肢极长，适于跳跃。

跳鼠独成一科，遍布四大洲，最显著的特点是以跳跃的方式前进，它们与沙鼠有许多相似之处，但比沙鼠更适于跳跃。

美洲林跳鼠分布于拉布拉多至墨西哥一带，而跳鼠科动物的分布范围仅限于旧世界，跳兔科则来自好望角一带。美洲林跳鼠像只小型袋鼠，据说一次能跳 20 英尺（约 6 米）。

跳鼠

豪猪型啮齿亚目下分为多个科。首先是一些鼠形小动物，主要分布于南美洲。栉鼠属的英文名是模拟它们的叫声，该属下有 4 个物种。栉鼠是南美洲的一种小型穴居动物，两条后腿上有像梳子一样的刚毛，用于梳理毛发。海狸鼠分布于南美洲的河流与湖泊边，体长约 3 英尺（约 0.91 米），其中圆润多毛的尾巴占三分之一。后肢 5 趾，其中 4 趾有蹼相连。皮毛珍贵，被当作南美水獭的皮毛出售。身体为深棕色，吻部为灰色，头侧有暖棕色花纹。

豪猪分为两种：旧世界的豪猪在地面上生活；美洲的豪猪在树上生活。豪猪的体毛进化成刚毛。

普通豪猪分布于欧洲南部及非洲西部和北部，印度至马来群岛一带也有一个物种。其全身长不足 3 英尺（约 0.91 米），尾短，皮肤为黑棕色，吻部多毛，背部有坚硬的冠状刚毛。棘刺很长，大都有黑白环状花纹，在皮肤收缩时可竖起。不过，可能由于豪猪能自如地竖起或放下棘刺，人们过去误以为它们能把棘刺射向敌人。斯滕代尔饲养过一只印度豪猪，说豪猪进攻时会先背朝敌人倒退，或者朝对方的侧面刺过去。当狗或其他敌人靠得太近时，豪猪会蜷成一团，迅速后退。它们是夜行性动物，独居，白天躲在地洞中，夜间出来觅食，常对花园造成极大破坏。豪猪肉味道鲜美，口感极好。

海狸鼠

帚尾豪猪属下有三个物种，两种来自马来半岛，一种来自非洲，尾巴上的棘刺根部呈扁平状。除一种特殊的树豪猪外，其他所有是豪猪属动物的尾部均具有缠绕性，此外，南美洲树豪猪的后肢上有吸盘，可用吸盘和脚趾稳稳地握持物体。它们比在地面生活的豪猪重量轻，短而紧密的棘刺掺杂在柔软的体毛间。它们以水果及树木的嫩芽和叶子为食。

北美豪猪尾短，棘刺几乎隐藏在长毛中。

毛丝鼠

毛丝鼠科有三个物种，均分布于南美洲。毛丝鼠形似松鼠，灰色皮毛柔软珍贵，生活在安第斯山脉的高地上，是夜行性动物，非常羞怯。虽然常有人圈养，但它们极少驯服。居氏毛丝鼠体形较大，分布区域与毛丝鼠相同。

山鼯分布于布宜诺斯艾利斯至巴塔哥尼亚的平原地带，体长约2英尺（60.96厘米），其中尾长占四分之一。被毛斑驳，大致呈灰色，两颊处有一些黑色和白色的花纹。它们是夜行性动物，以家庭为单位穴居，洞穴之间距离很近。它们夜间出来觅食嫩草、树根和树皮，常对耕地造成巨大破坏。哨兵负责侦察，发出警报，一旦收到报警信号，一大群山鼯都会蹦跳着躲回自己的洞穴中。

刺豚鼠原产于南美，也有一些分布于西印度群岛。人们常把它们误认为是四肢纤瘦的小猪和小鹿。背部由于黑色与黄色毛发相混杂，呈现出橄榄棕色。刺豚鼠在森林中或河岸边生活，独居，以植物为食，从圈养状态来看，它们喜欢贮存食物。伦敦摄政公园动物园里的刺豚鼠常把饼干碎片藏在稻草下，而且我曾反复注意到，它们只会藏起某种饼干，甜饼干和水果则会被立刻吃掉。

无尾刺豚鼠身材矮胖，习性与刺豚鼠十分相似，棕色毛发，体侧的白色斑点连成线状。这种动物分布在危地马拉和巴拉圭。

巴西豚鼠是普通豚鼠的一个分支，原产于南美洲，在拉普拉塔河流域十分普遍。根据阿普林先生的描述，乌拉圭境内的巴西豚鼠常在草地上奔跑，大多在日落时分出来觅食。他说，巴西豚鼠和兔子一样极具破坏力。狐狸是它们的头号天敌，如果某一地区的狐狸遭到大肆捕杀，它们的数量就会出现非正常的增长。它们的灰鼠色长毛非常漂亮，但总是疏松地耷拉在皮肤上。

阿根廷长耳豚鼠形似野兔，腿部纤长。它们是穴居动物，如果附近有山貉，它们会优先选择抢占山貉的巢穴，以免自己打洞。体毛长而浓密，锈灰色。

水豚是现存最大的啮齿动物，总长度约 4 英尺（约 1.22 米）。身材壮硕，被毛长而粗糙，背部为红棕色，腹部颜色较浅。水栖，常出没于南美洲的小溪和湖泊边，主要以水生植物为食。

水豚

双齿啮齿动物上颌切齿后有一对非常小的牙齿。这一类动物包括野兔、穴兔和鼠兔。常见的野兔分布于英国和欧洲大部分地区，但爱尔兰除外。体长约 27 英寸（68.58 厘米），其中尾长约 3 英寸（7.62 厘米），背部皮毛为红灰色，腹部为白色。它们栖息在兔穴中——蕨类植物、灌木丛或草地里的小洼地，黄昏时出来觅食青草和块根农作物，有时也吃树皮。它们在初春时寻找配偶，每年产下三四只幼崽。

小野兔出生时，身体覆毛，眼睛能看清物体。野兔性情温顺，但在交配的季节，雄性之间会进行激烈搏斗。它们用长腿支撑身体站立，攻击对手的下半身。

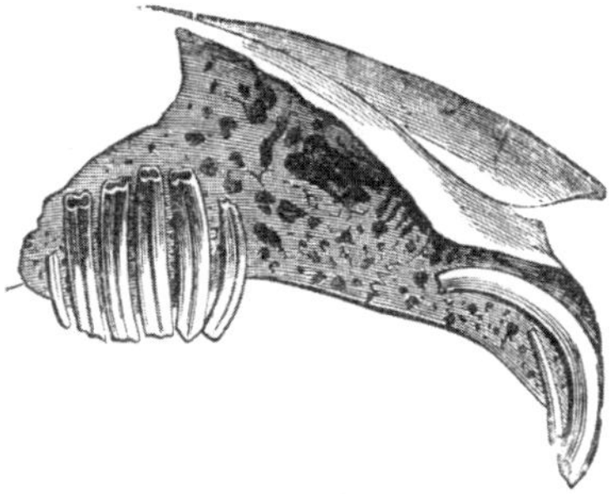

野兔上颌截面图

野兔有一些近亲，其中雪兔分布于坎伯兰、苏格兰、爱尔兰，以及中欧和亚洲的山地，体形较小。在寒带的冬季，雪兔原本灰棕色的毛发会变得雪白，但耳尖依然是黑色。

穴兔是穴居动物，幼兔出生时眼盲无毛，繁殖速度比野兔快得多。穴兔体形较小，毛色更灰，耳尖无黑色花纹，或者黑色花纹较小，与野兔较易区分。穴兔可能原产于西班牙，但现在分布范围极广，多年前还被引入澳大利亚和新西兰，结果导致其泛滥成灾，政府甚至对控制穴兔数量的功臣予以嘉奖。家兔品种繁多，比利时驯养家兔供人类食用。

鼠兔体形较小，形似豚鼠，主要分布于北亚地区，落基山脉和欧洲东南部地区也各有一种。它们在山地生活，穴居，囤积大量草料作为越冬的食物。

第十四章　海豚和鲸类

这种水栖哺乳动物外形似鱼，大都体形硕大。身体呈纺锤型，从头部向尾部逐渐变细，两侧分裂出尾片，与鱼类的尾部不同，尾片向上下伸展。前肢似桨，无后肢，但有些具有后肢形状的小骨骼。许多海豚和鲸类背部有鳍，除嘴边以外，身体其他部位没有毛发，皮肤下有一层厚厚的、用来保暖的鲸脂。它们都以其他动物为食，大都为甲壳类，有些也捕食墨鱼、管鱿目和鱼类，还有一种甚至会攻击和捕食同类。它们喜欢社交，常成群出没。它们探出水面呼吸，水汽与空气一起压缩，呈雾状喷出；也有的不会将水喷出。鲸和海豚其实是通过喷水的方式呼吸。这类动物可分为两种——一种有牙齿，另一种由鲸须取代了牙齿。有齿鲸有一个气孔，也就是鲸的鼻孔，但只有一只；另一类的鼻孔比较显著。

鼠海豚群

海豚分布于北海和地中海，大西洋中也有它们的踪迹，其他海域则有它们的近亲。体长 6 ～ 8 英尺（约 1.83 米～ 2.44 米），背部为黑色，腹部为白色，头部突起呈吻状，背部有一片背鳍。传说中，它们带着诗人阿里翁乘风破浪，拉着海洋仙女安菲特律特穿过漂着泡沫的海面。有一种所谓的海豚，将死时会呈现出美丽的颜色，它们并非真正的海豚，而是一种鱼类。

鼠海豚广泛分布于英国的海岸线附近，几乎每片海域都能发现它们或者近亲的身影。平均体长 4 英尺（约 1.22 米）至 5 英尺（约 1.52 米），背部为蓝黑色，腹部逐渐变浅。它们以鱼类为食。与海豚一样，它们也非常顽皮，航海者们常以观看它们玩闹作为一种放松休闲的方式。

有两根角的一角鲸

虎鲸几乎分布于每一片海域，体长 18 英尺（约 5.49 米）至 30 英尺（约 9.14 米），背部黑色，腹部白色。由于背鳍巨大，德国人叫它“剑鱼”，误以为攻击鲸类的是真正的剑鱼。虎鲸不是海豹，也不属于真正的鲸，它们与狼和野狗的捕食方式一样，常集体行动，捕食体形大一些的鲸类。

一角鲸被称为“海中独角兽”，仅分布于北极附近的海域，常集结 15～20 头集体行动。它们捕食墨鱼和小型鱼类，无背鳍，背部颜色为灰色，腹部为白色，均饰以灰色调花纹。雄性所谓的角其实是上颌左侧的一颗高度发达的牙齿，长度通常能达到 7～8 英尺（约 2.13～2.44 米），和象牙一样珍贵。右侧相应的牙齿极少长出，但也有两侧都发育成角的情况。这种牙齿的作用尚不清楚。

白鲸因通体白色而得名，长约 12 英尺（约 3.66 米），在北冰洋中生活，但也会南下至大西洋的圣劳伦斯河口附近，苏格兰沿岸也发现了它们的踪影。它们的皮能制成皮革。

淡水海豚分布于恒河、雅鲁藏布江、印度河、亚马孙河和拉普拉塔河流域，颌骨前突形成长吻部。淡水海豚只有三种——一种分布于旧世界，两种分布于新世界。体形最大的淡水海豚长约 8 英尺（约 2.44 米），最小的不超过 5 英尺（约 1.52 米）。

抹香鲸是本章体形最大、最为重要的动物，在热带和亚热带大部分海域均有分布，有些离群的抹香鲸也会游走到英国的海岸边。老年雄性体长能达到 56 英尺（约 17.07 米）至 60 英尺（约 18.29 米），雌性体长不及雄性的一半。头部占总体长约三分之一，颅骨和上颌之间所填充的油脂可制作鲸蜡。细长的下颌骨两侧各长有 20 颗牙齿，上颌空洞无牙。人们大肆猎捕抹香鲸，获取鲸脂中的鲸油，以及肠内的鲸粪和鲸蜡。

小抹香鲸分布于南部海域，体长 6 ～ 10 英尺（约 1.83 ～ 3.05 米），体内也有鲸蜡。类似的还有瓶鼻鲸，体长 20 ～ 30 英尺（约 6.01 ～ 9.14 米），分布于北大西洋，瓶鼻鲸的鲸蜡与抹香鲸的极难辨别。

须鲸没有牙齿，上颌有一排鲸须，下端有穗，呈筛状，进食时防止小生物从口中逃跑。须鲸张开嘴，水灌入口中；闭上嘴，将水排出，鲸须留下了甲壳动物和软体动物，只需用舌头将战利品扫入口中即可。

露脊鲸生活在极地海域。头部与身体的比例比抹香鲸大，但体形比抹香鲸小。体形较大的雄性露脊鲸体长约 60 英尺（约 18.29 米），皮肤呈黑色，散布着白色花纹，喉部为乳白色。每个露脊鲸群有 6 ～ 8 只露脊鲸，雌性对幼鲸关爱有加，受到攻击时，雌性将竭尽所能地保护幼鲸。

一头 40 ～ 50 英尺（约 12.19 ～ 15.24 米）的鲸能提取 60 ～ 80 桶（一桶为 36 英加仑，约 163 升）鲸油和约半吨鲸骨。以前捕鲸人手掷鱼叉，现在大都被捕鲸炮所取代。鲸受伤后会立即沉入水中，直到被迫重新回到水面呼吸；一出水面就再次遭到攻击，然后又继续躲进水里。这一过程不断重复，直至鲸因伤势过重而浮出海面死亡。这时，捕鲸船便会将它拖走。捕鲸人割下鲸脂，融进油脂中，剔出鲸骨单独存放，而皮和肉则留给了虎鲸、鲨鱼和常盘旋在捕鲸海域的海鸟们。

长须鲸有许多品种，身体细长，背鳍小。除两极外，各海域都有它们的踪迹。

座头鲸分布于大西洋和太平洋，前肢极长。其背部呈黑色，肢部和腹部为白色，喉部皮肤有褶皱，像盖房顶用的波状钢。它们爱浮在海面，用纤长的前肢拍水，“海蛇”的传说或许就由此而来。长须鲸和座头鲸的鲸骨质量较差，鲸脂产量也很少，却仍遭到人类的捕杀。

儒艮与海牛常被称为海牛，体态像鱼，水栖，以水生植物和海草为食。无后肢或鳍，尾部扁平，鼻孔开合自如。

海牛

儒艮仅分布于旧世界，有三个物种：一种来自红海，一种来自印度洋，还有一种分布于澳大利亚沿岸。成年儒艮的平均体长约8英尺（约2.44米），雄性上颌有一对尖牙。它们喜欢将头伸出水面，用前肢拥抱幼崽。神话中印度洋有一种半人半鱼的生物，可能就以它们为原型，这就是该目学名的由来。为获取其体内的油脂，澳大利亚儒艮常遭到人类的猎杀，据说其体内油脂和鱼肝油一样对肺病患者有疗效。

海牛生活于河流入海口，随海浪流入大西洋的热带海域。海牛有三个物种——两种分布于美洲，一种分布于非洲，其中最著名的是美洲海牛，体形与儒艮相似。与海洋中的儒艮相比，海牛更常出没于河流之中，且成年海牛的切齿缺失。海牛和儒艮都有臼齿。

摄政公园动物园和布莱顿水族馆均有人工饲养的海牛。一对海牛在水族馆生活了几个月，它们的福利是每天 30 磅（约 13.6 千克）生菜和菊苣。对它们进行观察后发现，关于海牛上岸进食的说法缺乏根据。水位较低时，就算将蔬菜投进水箱，它们也会拒绝进食。

第十五章　树懒、食蚁兽和犰狳

这类动物有时也被称为“贫齿目”。虽然许多贫齿目动物有牙齿，但并不完整，切齿和犬齿大都缺失。它们都生活在热带国家，其中南美洲数量最多。

树懒分布于南美洲安第斯山脉以东的热带森林中，完全以树叶为食。它们直接用嘴采集树叶，而非用爪子。身体覆有长而粗糙的毛发，毛色与周围树木上覆盖的苔藓和地衣相得益彰，体毛中长出的绿色植物提供了更有效的掩护。其前肢比后肢长，四肢都长有结实的钩状弯爪，用它们倒挂着身体在树枝间活动。树懒是夜行性动物，极少离开树木到地面上来。

三趾树懒

树懒有几个品种，根据前肢的手指数量，分别称为二趾树懒和三趾树懒，体形不如猫大。莫斯利在巴伊亚买了一只三趾树懒，带上“挑战者”号轮船，在工作室喂养了几天，但由于无法提供食物，只得将其杀死。他说："它是我见过的最愚蠢的动物，从来不会撕咬或抓挠。除了大笑时，我们几乎看不到它的正脸。它只会紧紧挂在臂长范围内的物体上。不过，它还是有些智商的。我把它挂在房间天窗下的一根用来挂灯的黄铜棒上。它在那儿倒挂着待了半天，一直想抓住附近的书架，但总是失败。最后，它发现只要稍微挪一挪胳膊，就能抓到书架，于是成功从灯挂上逃脱。此后，只要我再把它挂在那儿，不出 5 分钟，它准会爬到书架上。"

食蚁兽和树懒一样，只分布于中美洲。长长的头部逐渐变细，前端是嘴，狭窄无齿，内有一条蠕虫状的舌头。尾巴长，有些食蚁兽的尾部可弯曲。前肢第三指较其余的手指长，长有巨大的钩状爪。食蚁兽体毛长而粗糙。

大食蚁兽长约 6 英尺（约 1.83 米），其中体毛浓厚的尾部占三分之一。体毛大致呈灰色，胸部至腰部饰有黑色带状花纹，花纹边缘为白色，向后逐渐变细，最后缩至一点。它们在地面上生活，以白蚁为食。它们用利爪撕开蚁穴，用可伸缩的、能分泌黏液的舌头将白蚁一扫而光。在未被惊扰的情况下，它们无攻击性。一旦被激怒，利爪就变成了它们的有力武器。想要杀死食蚁兽并不是那么容易的。

大食蚁兽的头和舌

犰狳身覆盔甲，约有 20 个品种，分布于南美洲的温带和热带地区，有一种犰狳的分布范围甚至北至得克萨斯州。它们大多为夜行性动物，食物除腐肉外来者不拒。身体较长，四肢较短，拥有强硬的利爪，适于和擅长掘洞。大部分犰狳用手掌和脚掌行走。大犰狳是现存体形最大的贫齿目动物，体长近5英尺（约1.52米），其中尾长约占三分之一。它们从不在开阔的乡野出没，而是潜伏在广袤的森林之中。据说这种动物会挖掘死尸食用，但权威证据并不支持这一说法。

六带犰狳全身长约2英尺（60.96厘米），身体的甲带之间有长刚毛。披毛犰狳体形较小，是夜行性动物。骨甲边缘呈尖角状。赫德森饲养的一只犰狳性情十分温顺，捕食老鼠。他的一位朋友见到一只犰狳冲向一条蛇，用骨甲锐利的边缘将蛇的身体切开，成功地将蛇杀死。三带犰狳及同属其他物种与其他犰狳的不同之处在于，前者用前爪的爪尖行走。三带犰狳可像鼠妇一样蜷成球状。

倭犰狳

倭犰狳体形较小，身体覆有丝滑的长毛，背部有带状长甲，只沿脊柱与身体相连。

穿山甲分布于非洲和亚洲，和美洲的大食蚁兽一样牙齿缺失，拥有可伸缩的长舌头。非洲有四个物种，其中比较典型的是长尾穿山甲，此外亚洲有三个物种。它们的体长从2英尺（60.96厘米）到5英尺（约1.52米）不等；全身覆有巨大的鳞片，鳞片间相互重叠，末端尖利；可蜷成球状。尾长，在爬树时用于支撑身体。行走时缩回长爪，手指背面触地。

土豚分布于开普殖民地（今南非开普敦），外形似猪，吻部很长，耳朵直立，四肢短，有用于挖掘的钝爪，尾长而圆。浅色的皮肤上稀疏地长着几根鬃毛。它们完全以白蚁为食，夜行，白天躲在巢穴中。它们有个怪习惯，喜欢出其不意地从地面冒出来。马丁夫人在《鸵鸟农场的家居生活》（*Home Life on an Ostrich Farm*）中写道："祖鲁兰战争期间，午夜时分，一名哨兵正在站岗。忽然，面前的土地裂开了一条缝，像现实版的恐怖玩偶匣一样，从里面钻出一个可怕的家伙。月光下，它的长相骇人，头很长，皮肤惨白，脸像一只牛犊。那名哨兵扔下枪，抛弃了岗亭，惊恐地逃走，几乎叫喊着向受惊的指挥官报告这则恐怖新闻——他亲眼见到了魔鬼撒旦！当然，这种反应也是完全能够理解的。"

埃塞俄比亚土豚分布于非洲东北部至埃及一带。

土豚

第十六章　有袋类哺乳动物

本目下的哺乳动物，特别之处在于拥有育儿袋，幼崽出生后会在育儿袋中被哺育一段时间，因为它们刚出生时发育并不完全。有袋类哺乳动物大多数都属于夜行性动物，分布于澳大利亚及其邻近地区，以植物为食。

这一类中最高等的是袋鼠，袋鼠有许多种，有的几乎有一人高，有的却比兔子还小。

东部灰大袋鼠由库克船长于1770年发现，分布于澳大利亚东部和塔斯马尼亚岛草类繁茂的开阔平原上。它们前肢短，后肢非常发达，长而有力的尾部可作为防御武器，当它们用下半身几乎竖直地站立时，尾部也可作为支撑物。被追逐时，它们会连续跳跃着前进，每跳一步能跨越15英尺（约4.57米）。行走时前脚触地，以支撑身体，后肢呈八字形向前移动。如果人们发现它们大肆破坏殖民地的牧场，就会毫不留情地把它们打死、猎捕或射杀。被围困时，这种袋鼠常能用长爪抵御狗的追捕，甚至能用尾部将狗鞭打致死。袋鼠肉味道鲜美，袋鼠皮甚至比牛皮还要好。袋鼠能在动物园中自由繁殖，说明它们有可能在英国生存，这成为袋鼠养殖者的致富途径。不过也有人反对这一观点。与有袋类哺乳动物同源的还有几个其他物种。

岩袋鼠遍布澳大利亚大陆，因常出没于岩石山地而得名。古尔德（Gould）说它们在岩石间跳来跳去，总是落在几乎无法落脚的狭窄的壁架上，树袋鼠主要分布于新几内亚，四种树袋鼠中只有一种出现在昆士兰。它们体形和小野兔一般大小。

更格卢鼠体形比穴兔还小，分布于澳大利亚和塔斯马尼亚岛。

袋熊是一种小型熊形动物，在地面上或地洞中生活，以青草、植物根部等为食。袋熊有三个物种，一种分布于塔斯马尼亚岛和巴斯海峡诸岛，两种生活在澳大利亚南部。其被毛为棕灰色，体长约 3 英尺（91.44 厘米），切齿与啮齿动物非常相似。

袋鼠

袋熊

袋貂是一种小型夜行性动物，体毛呈羊毛状，生活于澳大利亚和巴布亚群岛。尾部大都具有缠绕性，大脚趾也拥有拇指的功能。一些袋貂有飞膜连接前后肢，在飞膜的帮助下，可以跳得更高、更远。

斑袋貂分布于澳大利亚至西里伯斯岛（今印尼苏拉威西岛）一带。华莱士说它们形似负鼠，长尾巴具有缠绕性，末端裸露无毛。其头小眼大，覆有浓密卷曲的毛发，通常为纯白色，点缀不规则的黑色斑点或花纹。它们行动迟缓，凭借浓密的皮毛和顽强的生命力，很难被敌人杀害。开枪射击后，子弹通常只是卡在皮肤里，并不会对它们造成伤害。就算打断脊柱或刺穿大脑，它们也能存活几个小时。

树袋熊

袋鼯属下有多个物种，蜜袋鼯就是其中一种。吉尔马博士说："这种生物在新几内亚和澳大利亚北部比较多见，主要在夜间出没，寻找棕榈树冠上较厚的树叶。与袋貂一样，尾部具有缠绕性，粗短锋利的爪子适于攀附在最光滑的树皮上。其皮毛极其柔软，呈雅致的灰色调，更显出背部的黑色条纹和白色腹部的美丽。我们尝试驯化这只小家伙，但以失败告终。一有人靠近它的笼子，它就会发出尖厉刺耳的警告和愤怒的叫声，水手们因此为它起了个昵称——'闹钟鼠'。用一整页的文字也无法准确描述这种声音。"树顶袋貂来自澳大利亚东部，体形和小鼠一般大。

树袋熊分布于澳大利亚东南部，体长约 2 英尺（60.96 厘米），皮毛为烟灰色。它们栖息于桉树上，以花蕾和嫩芽为食。母树袋熊将小树袋熊背在肩上。

袋狸分布于澳大利亚、塔斯马尼亚岛和新几内亚。它们是穴居动物，体形较小，主要以昆虫为食。

袋食蚁兽分布于澳大利亚的西部和南部，体形和松鼠一般大，尾部长而多毛。栗红色皮毛，背部有白色宽带，以昆虫为食。

袋食蚁兽

所谓的袋鼬，其育儿袋已退化成一些皮肤褶皱。它们以昆虫为食，习性各不相同：有的在地面捕食，有的在树上栖息。它们的体形比大鼠还小，皮毛为暗黑色，分布于澳大利亚至新几内亚一带。

袋猫体形小巧，形似麝猫。皮毛为棕色或灰色，饰以白色斑点。它们分布于澳大利亚、塔斯马尼亚岛和新几内亚，以鸟类和小型哺乳动物为食。

袋獾也被称为“塔斯马尼亚恶魔”，性情暴躁，极具破坏性。体形似獾，黑色皮毛，胸部有白色花纹。穴居，捕食绵羊和家禽。

袋狼原产于塔斯马尼亚岛，外形似犬，因此殖民者称之为“狼”。灰棕色皮毛，背部、侧腹部和尾根有暗色条纹，因此也有人称之为“虎”。它们大肆破坏羊圈，也导致了这种生物在当地的灭绝，只得退居到岛上更偏远的山区地带。

袋獾

袋鼹是最近发现的一个物种，这种小型穴居动物生活在澳大利亚南部的沙原地带。斯特林（Stirling）教授描述道：“圆锥形的吻部、骨质护甲和更加强有力的、铲子似的前爪，让它们像钻子一样自如地穿透土壤。它们逐渐消失在视线中，后肢还不断地向后抛出沙土。身体不断前进，身后却跟着坍塌，所以不会留下永久性的隧道，泄露前进的路线。它们在远处冒出地面，前行几英尺，再次钻进土里。我从未听说它们会挖掘或者占有永久性的洞穴。”

负鼠仅分布于美洲，大部分为树栖，以鸟类、鸟蛋和昆虫为食。

有些负鼠的育儿袋非常发达，有些则退化成一块褶皱的皮肤。其尾部具缠绕性，和袋貂一样，大脚趾具有拇指的功能。

其中，体形最大、最为常见的是北美负鼠。它们分布于北美洲的温带地区，南部地区有一变种，称为“食蟹负鼠”。巴西负鼠也来自南部，和其他负鼠兄弟一样，被围困时会装死。

没有育儿袋的负鼠母亲会将幼崽背在背上，把尾巴竖起或拱在背上，小负鼠们缠在它的尾巴上，以免在母亲行走时掉落。

负鼠

蹼足负鼠分布于危地马拉至巴西南部一带，水栖，足部有蹼，以鱼类、甲壳类和昆虫的幼虫为食。

它们是最低等的哺乳动物，拥有爬行动物和两栖动物的一些特征。幼崽从蛋中孵化而来。

鸭嘴兽分布于澳大利亚东部、南部以及塔斯马尼亚岛的河岸边，以昆虫和软体动物为食。喙似鸭，身体覆有柔软的棕色皮毛，足间有蹼。雄性鸭嘴兽的后肢上有一根骨刺，与之相连的腺体能分泌毒液，人类被刺伤后非常危险。鸭嘴兽幼崽有齿，成年后脱落，由角质板所代替。

针鼹体形小，夜行，穴居，以蚂蚁为食。皮毛呈黑色，中间夹杂着尖锐的棘刺。吻部突出，长舌可探入洞穴。爪长而有力，雄性有小骨刺。人们在澳大利亚、塔斯马尼亚和新几内亚发现了两种针鼹。

鸭嘴兽与针鼹

第十七章 鸟类——雀形目动物

鸟类与其他脊椎动物最显著的区别在于它们全身长满羽毛。和哺乳动物一样，它们的血液温暖且恒温。前肢为飞行器官，但有些鸟类不常使用这一器官，导致失去了飞行的能力。颌部覆有一层骨质鞘，称为鸟喙。足部适于行走、攀爬、抓握猎物、抓挠和挖掘。有的趾部很长，适于在浮游植物上行走；有的趾间有蹼，适于游泳。鸟类的趾不超过 4 只——相当于人类第五趾（或小脚趾）的趾缺失。大脚趾位于背面，如果前侧有 3 趾，那么内侧的趾就相当于我们的第二趾。以百灵科动物为例，就可看出雀形目动物的脚趾构造。鹦形目和啄木鸟科的脚趾成对分布——两趾在前，两趾在后。我们可从鹦鹉的脚上看出这一特点。

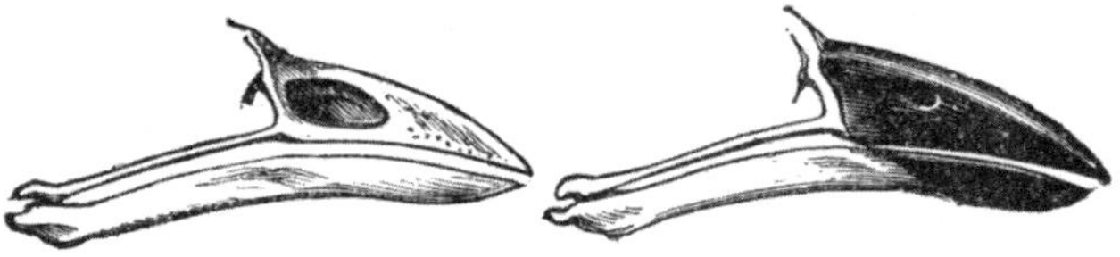

鸟类颌部拥有骨质鞘

鸟类都是卵生，绝大多数鸟类会筑巢孵蛋，直至幼鸟孵化。有些鸟类，比如杜鹃，会将孵蛋的任务抛给其他鸟类；还有一些鸟类，比如冢雉，会将蛋埋进土里或枯草堆中，让它们在自然气温下孵化。人类的脊柱可粗略地用竖线“|”表示，大多数低等哺乳动物的则可用横线“—”表示，但鸟类的脊柱是一条斜线“/”。牢记鸟类是“从爬行动物进化而来”，就不会对这一特点感到奇怪，尽管有人会问，“行动缓慢的、冷血的、长满鳞甲的动物怎么会变成反应敏捷的、温血的、长着羽毛的鸟类”，但要清楚一点，当前肢离开了陆地，脊柱必然和前肢一起向上移。

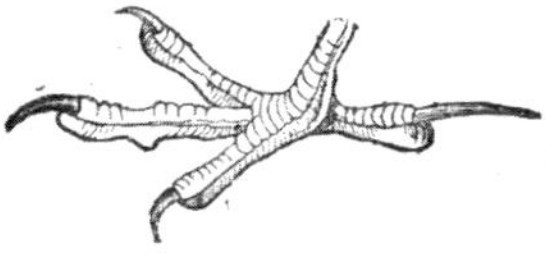
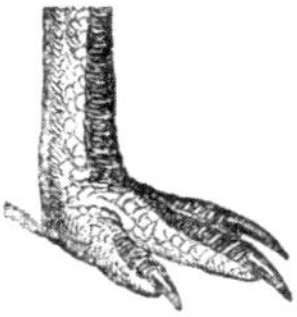

百灵鸟的足　　　　鹤鸵的足　　　　鸵鸟的足

通过所附插图可大致了解鸟类的骨骼结构。将鸟类的骨架与人类和骆驼的骨架进行对比，就能将鸟类的不同之处牢记于心。

现存的鸟类可分为两大类：（1）飞禽，胸骨上有一块龙骨突起，附着管理翅膀活动的肌肉群；（2）走禽，胸骨似扁平的木筏。

飞禽可分为若干目。

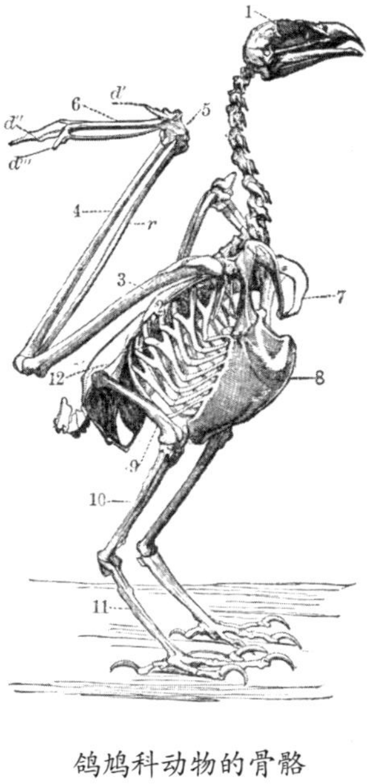

鸽鸠科动物的骨骼

1. 颅骨；2. 肩胛骨；3.肱骨；4. 上肢骨；r桡骨5. 腕骨；6.掌骨（相当于人类的手掌）；d′、d″、d‴ 分别相当于拇指、第二指和第三指；7. 叉骨（由两块联合的锁骨构成）；8. 胸骨（此处为龙骨）；9. 胫骨；10. 腿骨；11. 跗跖骨（相当于脚踝和脚掌）；12. 骨盆

雀形目

雀形目在所有鸟类中数量最为庞大，有近6000种，共50科。A. R. 华莱士博士说，雀形目里有“最完美、最美丽、我们最熟悉的鸟，田间、花园、灌木篱墙和屋舍中那些羽毛华丽的居民都是雀形目的一员，它们用美妙的歌声和美丽的羽毛为我们带来了欢乐和愉悦”。

鸫科动物在英国极具代表性。男孩们大都认识欧歌鸫，常偷拿它们的蛋。它们的歌声悦耳动听，是一种惹人喜爱的玩赏鸟。笼养时，它们也从不表现出一丝不悦，依然在小鸟笼中大声地、欢快地歌唱，和在野外时并没有区别。鸫科动物以蠕虫、蛞蝓、蜗牛为食，特定地域的鸫科动物也捕食贝类。它们撬开或者在石头上砸开贝壳后食用。秋季时它们会啄食水果，为农民和果农带来损失，但也能帮他们消灭蜗牛和蛞蝓，因此也算是功过相抵了。雄性体长不足9英寸（22.86厘米）。盆状巢穴中常有5枚蓝绿色的蛋，上面点缀着棕色斑点，一年产两窝卵。

槲鸫的体形比欧歌鸫大，但歌声并不如欧歌鸫美妙。它们的食物与欧歌鸫大致相同，但槲鸫对浆果表现出更大的热爱，尤其喜食槲寄生，也因此得名。这种鸟在暴风雨天也会一如既往地鸣叫，因此也被称为“风暴鸟”。

田鸫冬季会来到英国，春季返回北方。它们的体长约10英寸（25.4厘米），背部有栗色长毛，头部和颈部为蓝灰色，胸部呈橙色，点缀黑色花纹，剩下的部位均覆白色羽毛。

白眉歌鸫比田鸫来得早，待的时间更久。斯坦利（Stanley）主教如此描述这两位访客：“它们理应勤劳勇敢，但事实完全相反——遇到恶劣天气，食物短缺，它们总是第一个挨饿的。”

乌鸫的喙为黄色，只要细心观察，大家应该对这种鸟类都不会陌生。如果被惊扰，它们会迅速躲进篱笆或灌木丛中，又迅速掉头回转。它们的叫声大而清脆，从初春持续到繁殖期结束。它们擅长模仿，能将夜莺的歌声模仿得惟妙惟肖。

果农们对乌鸫愤怒不已，认为它们会抢夺他们的劳动果实。然而，牛顿（Newton）教授说，考虑到乌鸫每年会吃掉大量对农作物有害的昆虫、蛞蝓和蜗牛，那么几周内被乌鸫啄食的那些水果，价值就不值一提了，正好与它们的功劳相抵。

环颈鸫

环颈鸫比乌鸫体形稍大，羽毛为黑色，胸前有白色半月形花纹，夏季会造访英国。它们的食谱与乌鸫的大致相同，但不会出现在人类的耕地或住宅区，而是比较倾向于偏远的、多山的野外。幼鸟孵化时，成鸟会不断盘旋，焦虑地鸣叫，冒险攻击犬类或其他有威胁的动物。

嘲鸫是北美的一种鸫，体长约 10 英寸（25.4 厘米）。背部羽毛为灰色，饰以黑白两色花纹，腹部为乳棕色。它们的声音铿锵有力、变化多端，也会模仿听到的鸟叫声、家禽家畜的叫声，甚至其他声音。笼养的嘲鸫可模仿母鸡受伤时的叫声，将母鸡们召唤过来，甚至会模仿主人的口哨声，将狗从壁炉边吸引过来。

莺，有些是英国的留鸟，有些则是候鸟，每年换两次毛——春秋各一次。昆虫是它们的主要食物。

莺科中，占据最主要地位的是夜莺，它们是夜的歌者，虽然英国的夜晚并不只有这一种鸟会唱歌。它们的体长约 7 英寸（17.78 厘米），羽毛呈各种色调的棕色。雄鸟于每年 4 月中旬到来，雌鸟要晚 10 天或两周左右。在这个时间间隙内捕捉的雄鸟和其他玩赏鸟一样适合笼养，但如果过了这段时期，雄鸟已经交配，此时若再被捕，通常会抑郁而死。歌声从夜莺交配期一直持续到幼鸟出壳，婉转甜美，无数作品对此给予了高度赞扬。

鸲就生活在我们身边——有些终年在此居住；有些则在秋天前往更温暖的地区，来年春天再次回到英国的土地。即使是始终待在英国的鸲，也有从一处迁徙到另一处的周期性现象。鸲似乎不惧怕亲近人类，恶劣天气里还会闯进人类的住所寻找食物。鸲们选择的繁殖场所十分奇怪——比如扔在滨海韦斯特盖特一棵白杨树枝上的旧锡茶壶，坦布里奇书房里的一张桌子，以及巴勒姆的屋檐，这些都作为鸲们筑巢的场所被记录下来。

鵖的背部长着灰黑色羽毛，腹部和尾部为白色，常于每年 3 月份来到英国，9 月末离开。每当它们在南唐斯丘陵集结南下时，由于肉质鲜美、营养丰富，都会遭到人类的大肆诱捕。石鵖是一种留鸟，和草原石鵖一样，都是鵖的近亲。

红尾鸲夏季来到英国，它们几乎全部以昆虫为食。它们像翔食雀和燕子一样，随时准备飞到空中捕食昆虫。它们擅长模仿，有的甚至学会了模仿歌曲旋律。

林岩鹨是英国本地的一种鸟类，以昆虫、蠕虫和种子为食。它们筑巢的时间最早，位置又比较显眼，因此杜鹃总将蛋藏在它们的巢中。

苇莺和水蒲苇莺常在夏天造访，前者主要分布于东部的一些郡。垂钓爱好者对水蒲苇莺并不陌生。《新评论》（*New Review*）中的一位作家说：“它似乎对你很感兴趣，歇在附近的芦苇上看着你。你发现它时，它便开始歌唱；如果你没看到或者听到它，只需要朝芦苇荡扔点什么来吸引它的注意，它便会立即为你歌唱。奇怪的是，它的歌里混合了一些其他鸟的叫声。”

灰白喉林莺又被称为大白喉莺、荨麻鸟、小白喉莺、林莺、黑帽、木鹪鹩、柳鹪鹩等，在夏季造访英国。

戴菊是一种留鸟，不过有些也会在春天离开，秋天返回。在部分地区，戴菊被称为“丘鹬的领航员”，因为它们总是比丘鹬提前几天到来。戴菊长约 3.5 英寸（8.89 厘米）。普通戴菊比较罕见，冠部颜色更加鲜红。戴菊和普通戴菊的羽毛都为橄榄绿色。

缝叶莺的巢

缝叶莺分布于印度。《我边境的部落》（*The Tribes on my Frontier*）的作者说缝叶莺是“毫不起眼的、绿油油的小东西，但却是一个心灵手巧的工匠：和勤劳的配偶一起纺出或偷取棉线，将你屋门前罐子里的两片宽大的月桂叶缝起来。袋子结实地缝合后，它们便在里面繁殖出一窝小缝叶莺来。现在它虽然没有太多可操心的，但总是一副很忙的样子，在灌木间跳来跳去，眼神犀利地寻找蜘蛛和小青虫”。

画眉是一种活泼可爱的小鸟，毛色淡雅，在亚洲大量存在，非洲和澳大利亚的数量较少。

河乌

河乌分布于欧洲及美洲的高山地带，与亚洲的潜水河乌是近亲。在英国能见到的是美洲河乌。它们的体形和姿态像一只大鹪鹩。背部和侧腹部羽毛为棕色，胸部为白色。河乌生活在落基山脉的溪流中，捕食钉螺、水生昆虫及其幼虫。它们的潜水技能可以和鸬鹚相媲美。蒙塔古（Montagu）说，“每次它们都是以一种头朝下的怪异姿势扎进水里，就像是在捡东西，同时也非常费力地需要翅膀和腿相互配合”。

鹪鹩体形较小，栖息范围十分广泛。普通的鹪鹩几乎和鸲一样家喻户晓，也会信心满满地闯进人类的住所。它们的巢有圆形屋顶，侧边开口，在真正的巢附近还有一些未完工的或者随意搭建的巢。它们被称为“野鸡窝”，乡下男孩会告诉你，野鸡搭建了这些鸟巢用来睡觉。对于这些鸟巢有许多解释，但人们并不确定究竟哪种说法是正确的。

旋木雀体形较小，羽毛颜色朴素，分布地域广阔，习性与啄木鸟非常相似。它们和啄木鸟一样，尾羽坚硬，但脚趾结构与啄木鸟不同。旋木雀体长约 5 英寸（12.7 厘米），羽毛为棕色，上有黑白两色花纹，喙弯曲。它们主要以蜘蛛和昆虫为食，从树皮的裂缝中将食物啄出。从树的底部开始，它们绕着树一圈一圈呈螺旋形向上，然后再飞到另一棵树上，周而复始。它们主要啄食树干上的虫类，但有时也会去大一些的树枝上寻找食物，偶尔也会再次查看以前啄过的区域。它们的近亲分布于欧洲、亚洲和美洲地区。红翅旋壁雀分布于欧洲南部，体形比旋木雀大得多。

旋木雀

䴓的喙较短，呈楔形，尾部羽毛并不如旋木雀和啄木鸟坚硬。它们主要分布于全球温带地区。普通䴓比旋木雀稍大，背部羽毛为石板蓝色，腹部为浅肉桂色。它们在树上寻找昆虫，但它们与旋木雀的啄木方式不同，采取的是从上往下搜寻的办法，常是一副头朝下的姿势。它们还会撬开树皮寻找幼虫，而旋木雀没有如此坚硬的喙，无法撬开树皮。䴓绝大部分时间采食坚果，它们把坚果和山毛榉果实啄出一条裂缝，用喙剥出果实，因此也被称为“剥坚果小能手”和“坚果工匠”。如果在孵蛋时被惊扰，雌䴓会像蛇一样发出嘶嘶声；如果想拿走鸟蛋，雌䴓必然把你当作入侵者。这时，䴓喙除了剥坚果外，还有其他用武之地。

䴓

山雀是一种活泼喧闹的小鸟，羽毛稀疏蓬松，大都颜色艳丽，圆锥形的喙的根部有毛。温带的山雀比热带的数量多，大部分以捕食昆虫为生。山雀有一个英文名叫“Titmouse（山雀鼠）”，其实“mouse（鼠）”源自古英语“mase”，意思是小鸟，与那种贼眉鼠眼的啮齿动物无关。

大山雀广泛分布于欧洲，也是英国的一种留鸟。体长近 6 英寸（15.24 厘米），叫声各不相同，有些大山雀的叫声要用“响亮”而非“甜美”来形容，似拉锯声，当地人因此称之“磨锯鸟”。据说它们还会杀害小一些的鸟类，并啄食它们的大脑，但只是不得已而为之。蓝山雀体长约 4.5 英寸（11.43 厘米）。果农们以为它们会破坏果实而对它们进行残忍迫害，其实它们只是停留在开放的果芽上，寻找藏在里面的昆虫。和大部分山雀一样，它们也喜欢肉，如果冬天想要吸引山雀来到你的花园，只需要用这类食物引诱它们。煤山雀与其他山雀不同，头部有一块白色斑纹。它们主要以植物为食，但也有人见过它们啄食蚯蚓。沼泽山雀头部羽毛为黑色，背部为棕色，英国本地就能见到它们的身影，大都栖息于沼泽附近。冠山雀也是本地物种，喜欢栖息在枞树和橡树林中，捕食枞树上的昆虫。如果昆虫无法填饱肚子，它们还会选择吃枞树的种子。橡树洞是天然的巢穴。银喉长尾山雀的巢似瓶，因此有时也称为“瓶山雀”，是英国最常见的一种山雀。它们的体长约 5.5 英寸（13.97 厘米），身体极小，背部几乎呈黑色，冠部有白色花纹。这些山雀都是英国的本土动物。

煤山雀

文须雀属于另一个科。以下关于它们的最早的文字描述已非常详尽：“这种小鸟的背部羽毛呈茶色，头部为蓝色，喙是黄色，腿呈黑色。”它们主要以蜗牛和昆虫为食，分布于欧洲中部和南部，常在一些乡野沼泽地带繁殖。

相思鸟体形较小，羽毛精美华丽，分布于喜马拉雅山至中国内地一带。

鹎分布于亚洲和非洲。锡兰人训练红耳鹎，开展斗鹎活动。他们将幼鸟从鸟巢中带走，用线拴在杆上。经过一段时间的训练后，他们为这只鸟配对，对手也同样拴在木杆上。战斗打响，结局不是你死我活，就是同归于尽。如果主人没有将它们分开，很可能两败俱伤。

黄鹂主要分布于非洲和亚洲。金黄鹂拥有鲜艳的、黄黑相间的羽毛，在欧洲大陆家喻户晓，但欧洲只有这一种黄鹂。黄鹂小范围群居，擅飞行，常栖息于高树上，在树叶间寻找昆虫、蠕虫和水果。有的金黄鹂会流浪至英国，甚至在那里产卵繁殖。

山椒鸟是一种食虫鸟，分布于非洲、亚洲和马来群岛。许多山椒鸟羽毛颜色朴素，而有些印度品种拥有深红和黑色相间的鲜艳羽毛。卷尾的分布范围和山椒鸟大致相同，跗蹠结构适于抓握，极少在地面上活动。它们在空中捕捉昆虫等食物，然后回到高杆上搜寻下一个目标。黑卷尾全身漆黑，长相俊俏，尾毛长，飞翔时一开一合，像一把锋利的剪刀。

翔食雀的喙根部长有坚硬的羽毛。它们数量大、分布广，极少在地面捕食，而是栖息在高处寻找昆虫，在空中捕捉并返回高处栖息。如果无法捕捉足够的昆虫，翔食雀也会吃浆果维持生命。

斑鹟数量庞大，遍布欧洲大陆，夏天造访英国，一飞来便开始筑巢。人们相信，同一对斑鹟每年都会飞到同一地点繁殖。它们的体长约 5.5 英寸（13.97 厘米），背部羽毛呈棕色，腹部灰白，上有棕色斑点。总有人指责它们啄食水果，肯特人称之为“樱桃鸟”，不过并没有证据表明斑鹟会劫掠花园和果园，而且事实完全相反，人们从果树上打下的斑鹟，胃里只不过有一些昆虫。昆虫难以消化的部分都以小球的形式存在胃里。斑姬鹟比斑鹟稀有，体形小得多，羽毛黑白相间，常在夏天来到英国。坎伯兰郡和威斯特摩兰郡湖泊周围的村野是它们最喜欢的胜地。

红喉姬鹟分布于欧洲中部和东部，有些也会飞到英国。

啸鹟分布于澳大利亚和新几内亚，它们的习性与大多数食虫鸟类不同，尤其喜欢在树枝上跳来跳去，寻找昆虫及其幼虫。

伯劳鸟盛产于非洲，全球范围内的温暖地带均有分布。跗蹠强劲有力，喙呈钩型，有的伯劳鸟长有牙齿。

灰伯劳的体长约 10 英寸（25.4 厘米），常见于欧洲和美洲，会飞到英国越冬。雷尔（Yarrell）说它们“以小鼠、鼩鼱、小鸟、蛙类、蜥蜴和大型昆虫为食。猎物死后，灰伯劳将尸体固定在树杈或尖利的荆棘上，这样更容易撕扯成小块食用。其他伯劳也会杀死猎物，将猎物高高挂起，因此也被称为‘屠夫鸟’”。黑额伯劳除捕肉食类猎物外，还啄食水果，偶尔会造访英国。红背伯劳每年夏天都会定期来到英国；体形小一些的林鵙伯劳比较罕见，会在英国交配繁殖。

红背伯劳

鸦科种群庞大，数量繁多，世界各地均能看到它们的身影。它们的喙部坚硬且强劲有力，基部宽阔，鼻孔处覆有向前伸出的坚硬羽毛。它们聪明、狡猾，许多物种都具备模仿能力。野生鸦类喜欢贮存食物，这一习性导致它们驯化后仍喜欢抢夺和埋藏吸引它们的一切。

苏拉乌鸦分布于澳大利亚、塔斯马尼亚岛和马来群岛，拥有圆锥形长喙。它们更喜欢在地面活动，对食物几乎来者不拒。一些苏拉乌鸦的声音变化多端，十分擅长模仿。

松鸦分布范围广泛。普通松鸦体长 1 英尺（30.48 厘米）有余，是英国的鸟类中最美丽的一种。它们栖息于森林之中，极少出现在开阔的原野上，一般不在地面活动。毫无疑问，它们会掠夺水果类作物，还会抢走鸟蛋和幼鸟，不过，对这种坏习惯的描述可能有些夸大其词。不幸的是，猎场看守人对此深信不疑，只要有机会，他们便大肆射杀松鸦。有些人捕杀松鸦，还为了获取它们翅膀上的蓝色羽毛，用以制作装饰品。松鸦十分擅长模仿，也是有趣的宠物。冠蓝鸦是美洲松鸦的典型代表，习性与旧世界的松鸦非常相似。

鸦属动物分布于非洲和亚洲，外形似喜鹊，但有些鸦的尾羽更长一些。

除南美洲外，鸦在全球均有分布。英国也有一些品种。乌鸦是鸦科体形最大的物种，体长 2 英尺（60.96 厘米）多，羽毛呈蓝黑色，泛金属光泽。它们广泛分布于北半球，但在英国比较罕见，尤其是英国内陆，不过海岸边的岩石上仍有许多繁殖地点，一些土地所有者会对它们予以保护。乌鸦会捕食能力范围内的一切动物性食物，甚至会攻击患病的绵羊和羊羔。

乌鸦

小嘴乌鸦可算作乌鸦的缩小版，但却比乌鸦更可憎，它们不仅拥有乌鸦的所有坏习惯，而且在英国数量庞大，给农夫、猎场看守人和家禽养殖场场主带来了相当程度的损失。

灰乌鸦在苏格兰被称为“钩子鸟”，与小嘴乌鸦的不同之处仅在于它们的背部和腹部羽毛均为灰色。它们和小嘴乌鸦一样，都喜爱动物性食物。

秃鼻乌鸦的体形和颜色与其他乌鸦差别不大，但成鸟的前额和喙的根部裸露无毛。秃鼻乌鸦的举止礼貌得体，甚至因为啄食大量蠕虫、昆虫和昆虫幼体，在很大程度上成了农夫的朋友，不过也给玉米和水果种植业带来巨大损失。它们喜欢社交，常一大群聚在一起，共同产卵繁殖。繁殖地点通常位于农夫的居所附近，它们甚至还会去乡镇和城市。尽管秃鼻乌鸦不如乌鸦容易驯化，但有人也会将它当作宠物饲养，教授一些有趣的技能，它们甚至会重复人说的词语和句子。

秃鼻乌鸦的头部

寒鸦的体长稍过 1 英尺（30.48 厘米），全身黑毛，泛金属光泽，但颈部为烟灰色。它们在塔尖、房屋尖顶和城市中类似的地方筑巢，相比于秃鼻乌鸦常去的森林地带，寒鸦更喜欢出没于悬崖峭壁之上。在食物和习性方面，寒鸦与秃鼻乌鸦比较相似，常被人当作宠物饲养。

喜鹊大量分布于英国的野外和开阔地带，在人类聚居地的数量相对少一些。猎场看守人和农夫担心喜鹊摧残小野兔、小穴兔和鸡，而对喜鹊进行大肆迫害，但却忽略了它们的功绩——消灭了大量的老鼠。喜鹊非常美丽，羽毛黑白相间，界线分明，黑色羽毛泛出紫色和绿色的金属光泽，长约 18 英寸（45.72 厘米）。许多人将其作为玩赏鸟——但鸟笼对它们而言实在太小。它们很快就能学会“说话”和小杂技。喜鹊喜欢藏起闪闪发光的小物件，因此将喜鹊作为宠物其实也充满危险。它们的恶作剧让无辜的主人深受其害，无端地怀疑遭了贼，这成为许多戏剧、歌剧的主题，卡农·施密特（Canon Schmidt）甚至写了一篇文学故事。

星鸦的体长1英尺(30.48厘米)有余，棕色羽毛上饰有白色斑点，分布于欧洲南部，很少飞到英国来。

山鸦羽毛美丽，仅分布于英国西部和南部各郡的悬崖峭壁上。其体长约17英寸（43.18厘米），羽毛乌黑亮泽，腿和弯曲的喙为珊瑚红色，二者相得益彰。

山鸦

极乐鸟和园丁鸟都分布于新几内亚和毗邻的岛屿，也有一些生活在澳大利亚的东部和北部。它们的羽毛异常华丽，正羽大而绚丽，极具装饰性，主要覆于翅膀和尾部。虽然它们拥有美丽的羽毛，但却是鸦的近亲。以前的学者认为它们以晨露为食，但真正的食谱其实是水果和昆虫。关于这些鸟有许多诡异的传说。中世纪阿拉伯学者严肃地说，东方有岛，岛上结的果子像人头，每到日出日落时分还会“哇哇”地叫。谁也无法对这种说法给予合理的解释，直到A.R.华莱士先生前往马来群岛，才发现日出时，成群的极乐鸟在树上栖息，原来是它们发出了这样的叫声。有人误以为它们没有脚，有人误以为它们没有翅膀，这是因为当地商人常会切掉鸟的脚和翅膀，再将鸟的皮毛卖往欧洲。

大极乐鸟是已知体形最大的极乐鸟，羽毛呈鲜艳的咖啡色，正羽较长，为鲜艳的金橘色，覆于身体两侧，可随意竖起。

小极乐鸟的羽毛与大极乐鸟非常相似，但体形更小。王风鸟体形较小，常栖息在森林最幽深处低矮一些的树上，飞行时发出“呼呼”的用力声，不停地在树枝间跳跃或飞行。它们啄食像醋栗大小的、含有坚硬果实的水果，常摆动翅膀，展开美丽的尾毛，把胸脯修饰得更美了。

红极乐鸟比较罕见，仅分布于卫吉岛。华莱士获得了几只红极乐鸟，本希望将它们活着带回英国。他说他做了一只巨大的竹笼，用水果和蚱蜢喂鸟，但这种鸟和其他几只鸟一样，捉来几天后便死去了。于是，他放弃了这一念头，只将标本带了回去。

太阳鸟

镰嘴风鸟与极乐鸟的不同之处主要在于它们镰刀形的喙，因此有时人们也将其称为“长喙极乐鸟”。

园丁鸟除筑巢外，还会修建一条用于玩耍的跑道，并饰以贝壳、羽毛和找到的闪闪发光的小物件。

吸蜜鸟分布于澳大利亚和马来群岛，舌头可伸缩，尖端呈刷状，可用于榨取花蜜。太阳鸟也有类似的习惯，它们从非洲穿过巴勒斯坦，越过南亚，至马来群岛和澳大利亚一带均有分布。由于体形小巧，色彩艳丽，它们常被称为“旧世界的蜂鸟”。

篇幅有限，我们只能略微介绍几种鸟类。棕红鸲鹛在全球范围内的北部地区均有分布，在欧洲只有一个物种——太平鸟，翅膀的羽毛末端有一块红色的火漆似的花纹。夏威夷监督吸蜜鸟仅分布于三明治群岛（夏威夷群岛旧称）。夏威夷群岛的国王用这种鸟的羽毛制成华丽的战袍。啄花鸟是亚洲、非洲和大洋洲的一种色彩艳丽的小鸟，习性与山雀相似。非洲食蜜鸟分布于美洲热带地区，体形较小，以水果、种子和昆虫为食。林柳莺分布于巴拿马至北极地区，与非洲食蜜鸟和山雀是近亲。绿莺雀体形小，分布于美洲，与伯劳是近亲。羽毛呈现出各种绿色调，食物有昆虫、种子和浆果。

燕在世界范围内均有分布，是我们比较熟悉的一种鸟类。在英国，家燕的到来预示着春天的来临，因此受到人类的欢迎。一位老学者谈到这种鸟：“它们愉快地享受着大自然最可爱的样子，不知冬为何物，秋天里便离开英格兰青翠的牧场，去意大利寻找桃金娘和柑橘园，去非洲寻找棕榈树了。”燕是一种食虫鸟类，大家一定见过它们在水面上捉住飞虫。

家燕的近亲是白腹毛脚燕，比燕晚几天来到英国。我们可在彩图上看到这两种鸟类羽毛的差异。它们的跗蹠也覆有羽毛。牛顿教授说，拉普兰人在墙上搭一个狭小的木板房，刚好容纳白腹毛脚燕的巢，以此吸引它们来住所周围繁殖，人们还能看到一排排的燕子巢。其实，他们这样安排是因为这里蚊虫滋生，百姓不堪其扰，让白腹毛脚燕帮忙去消灭它们。

崖沙燕

崖沙燕是英国的三种燕子中体形最小的，通常也是最早结束冬季之旅回到英国的。背部羽毛大致为棕色，腹部为白色。它们的巢会聚集在一起，通常安置在河堤上，挖出一个隧道，在隧道末端产蛋。

拟鹂分布于美洲，热带地区更为普遍。尽管许多拟鹂主要捕食昆虫，但也非常喜爱水果，因而对水果作物造成相当程度的破坏。它们的巢和织布鸟的比较相似。

裸鼻雀是一种美丽的鸟类，以水果和昆虫为食，分布于美洲较温暖的地区及西印度群岛部分地区。许多裸鼻雀的歌声非常美妙动听。

燕雀和鹀一样，体形较小，二者的主要区别在于喙的形状。燕雀主要以种子为食，分布范围广，许多品种都能筑出美丽的鸟巢。

苍头燕雀是英国本土的一种鸟类，在欧洲也很常见，是一种珍贵的玩赏鸟。从春天到仲夏，都能听到它们美妙的歌声，受到大众的喜爱。虽然它们给果园带来了损失，但也消灭了大量昆虫，因此总的来说算是益鸟。

金翅雀比苍头燕雀体形稍小，羽毛更为绚丽。它们主要的食物是蓟、蒲公英、千里光和车前草的种子。由于人类对荒地的开垦以及捕鸟者的愤怒，我们身边的金翅雀数量大不如前。它们也能被当作玩赏鸟，人们常教它汲水、打开放种子的盒子，或者别的小把戏。黄雀是金翅雀的近亲，羽毛为绿色，上有黑色和黄色花纹，会从北方来英国越冬，并留下繁殖。

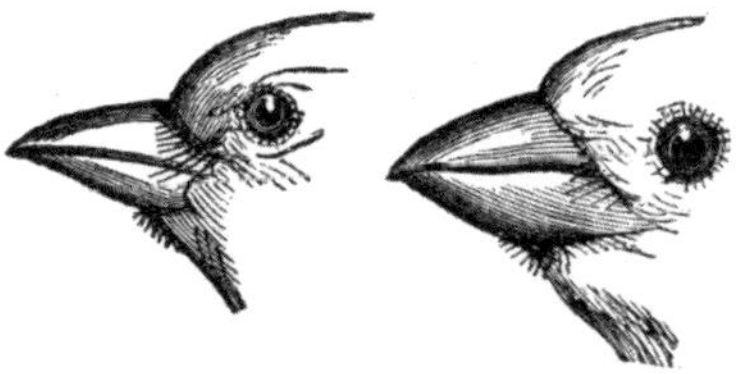

燕雀的喙　　鹀的喙

锡嘴雀是英国的一种留鸟，数量不断增加，但它们性情羞怯，因此并不太常见。它们似乎喜欢待在伦敦周边各郡。欧洲金雀笼养后性情很快会变得温顺，能学会周围笼养的鸟儿的叫声。赤胸朱顶雀在英国非常常见，除繁殖期外，都会成群聚集在荒原上。其羽毛为棕色，头顶和胸部的红色羽毛随季节显现或消失。赤胸朱顶雀与灰色或棕色朱顶雀有所区别，虽然它们都是朱顶雀。

红腹灰雀常出没于森林之中，会摘食果树和灌木的花朵和嫩芽，给果园带来巨大损失。红腹灰雀是一种非常有价值的玩赏鸟，能模仿重复出现的音调，驯化的方式是把它们关在黑暗中，绝水断粮，直到开始模仿才能重见光明。它们感情丰富，是一种充满爱意的宠物。

金丝雀原产于加那利群岛，野生金丝雀的羽毛为黄绿色，驯化后可精心繁育成黄色，甚至与野生金丝雀截然不同的奇异品种。金丝雀的美妙歌喉已经家喻户晓。

家麻雀是出了名的无礼和活泼，要不是这么常见，说不定人们也会注意到它们的美。对于它们的角色众说纷纭，有人坚称它们是农民的朋友；有人认为它们虽能消灭昆虫，但权衡下来，依然弊大于利。农民们似乎都持后者的观点，英国许多地方都存在麻雀俱乐部，若需消灭麻雀，还得交一笔不菲的钱。麻雀在英国的数量要少得多，和家麻雀不同，绝不会潜入城市之中。

禾雀是一种体形较大的燕雀，广泛分布于南亚地区，常养作玩赏鸟，但叫声虚弱无力。

交嘴雀

交嘴雀，顾名思义，喙的尖端相交，是撬开松果的有力工具，再配合勺子状的舌头将种子舀出来。红交嘴雀常造访英国，有些会留下来繁殖。传说耶稣在十字架上受刑，交嘴雀用力拉钉子想要救下耶稣，于是（雄鸟）就有了红色的羽毛和交叉的喙。

鹀的上颚有一个用于碾碎种子的球形突起。黄鹀外形美丽夺目，但声音“就像没抹黄油的面包”一样单调乏味。其幼鸟以昆虫为食，成鸟啄食许多有毒杂草的种子。意大利的黄鹀像圃鹀一样胖。芦鹀与水蒲苇莺不同，常出没于沼泽地带，绝大部分以软体动物和甲壳动物为食。如果鸟巢和幼鸟受到威胁，成鸟会假装残疾，奋力将入侵者驱逐出境。圃鹀夏季会造访欧洲，有些也会飞到英国。它们不断地北上又南下，其间遭到人们的大肆围捕，养肥后供人类食用。雪鹀在秋季来到英国，有些会留下来产卵繁殖。

织布鸟大都分布于非洲，在亚洲和澳大利亚也有一些物种。它们会聚集在一起筑巢，一大批酒瓶状的巢穴相互挨着。这一特征在群织雀身上表现得更加淋漓尽致，勒·瓦扬（Le Vaillant）说从这种鸟筑巢的习惯来看，它们是十足的“共和主义者”。一群群织雀会选择一棵大树，用树枝做支撑，用草修筑一个紧凑的、倾斜的屋顶，屋顶下就是各自的巢。

有的亚洲群织雀的巢穴像化学家的曲颈瓶，长长的管道是巢穴的入口。福布斯博士在爪哇旅行时，见到一个黄织布鸟的鸟巢群落。“每只鸟巢整齐地排列，每隔一两根芦苇秆就会有一个鸟巢，充满了艺术的美感……这些鸟巢并非紧紧地拴在树叶上，而是轻轻地挂着，有的会穿过树叶的分杈，形成一个滑轮式的结构，必须在承受鸟巢底部一层黏土的总量后，还能保持直立。”

椋鸟广泛分布于旧世界，澳大利亚是唯一没有椋鸟分布的地区。紫翅椋鸟外形漂亮，且对农民有益，能够消灭昆虫，抵消了因偷食水果而对花园和果园造成的损失。沃特顿先生对此深信不疑，于是在沃尔顿庄园的大门上开了几个洞，让它们在这里筑巢。与牛椋鸟和褐头牛鹂一样，它们也会啄食牛羊背上的扁虱。

织布鸟巢

粉红椋鸟偶尔会在夏季来到英国。

牛椋鸟来自非洲，褐头牛鹂分布于亚洲，从它们的名字可以看出，它们都喜欢啄食牛背上的蛆虫。

百灵主要分布于旧世界，在非洲最为繁盛，后爪一般较长。角百灵的头部两侧各有一簇羽毛，常从北欧飞来英国越冬。云雀遍布欧洲大陆，大家对野生的和笼养的云雀都非常熟悉。笼养的云雀似乎渲染了一丝悲伤的色彩，但如论如何，笼养对它们而言是有一定优势的。云雀待在鸟笼中，无须担心雀鹰的攻击，且能得到悉心照料。有例子证明，有的云雀曾在鸟笼中生活了 19 年或 20 年，甚至在这种环境下产卵繁育。林百灵体形较小，也是英国本土的鸟类，其他林百灵品种也曾在英国出现。

褐头牛鹂

鹡鸰和鹨在全世界范围内均有分布，在旧世界更是不计其数。白鹡鸰的羽毛黑白相间，体态优雅、活泼可爱，在英国十分常见。它们主要以昆虫及其幼虫为食，不过笼养时也曾有在鸟舍喷泉池中捕到过鲦鱼的记录，但却被已经尝过鱼滋味的鸫和乌鸫一抢而空。已有白鹡鸰在伦敦摄政公园动物园繁育。除白鹡鸰外，英国还有灰鹡鸰，冬季会从北向南进行一次小迁徙。它们和河乌一样爱水，主要捕食龙虱和椎实螺。黄鹡鸰在夏季准时来到英国，它们和椋鸟一样，也喜欢跟着牛羊群，捕捉萦绕在它们周围的昆虫。

林鹨会陪伴我们度过夏季，它们和与我们常年为伴的草地鹨是近亲，不过林鹨常在森林中出没，喜欢在树上栖息，而草地鹨却更喜欢荒原和沼泽。

霸鹟遍布美洲，分布于巴塔哥尼亚至北极地区，喙部形状和喙基部的刚毛像东半球的翔食雀。王霸鹟是其中最著名的物种之一，因头部有冠、勇猛好斗而得名。雄鸟在繁殖季节甚至敢于攻击比它们体形大得多的鸟类，不过说起好斗，也许有些言过其实了。叉尾哑霸鹟在飞翔时，长长的尾毛一开一合，就像一把剪刀，因此而得名。

灰鹡鸰

鵙侏儒鸟分布于南美洲，主要栖息于赤道附近的森林地带。它们体形小巧，性情羞怯，人类对野生侏儒鸟的习性知之甚少。

南美的一些鸫鹛非常美丽，大多拥有华丽的羽毛。动冠伞鸟与小型鸽子一般大小，性情羞怯，喜独居，分布于苏里南、卡宴和圭亚那的滨河地带。羽毛为橙黄色，头部有半圆形羽冠，颈部前面有一簇下垂的羽毛，栖息于巴西的森林之中。新西兰吸蜜鸟的叫声像教堂的铃声，羽毛为白色。一种吸蜜鸟的前额有肉冠，伸长时会垂到喙的一边。阔嘴鸟羽毛华丽，与南美鸫鹛是近亲，分布于喜马拉雅向东至爪哇岛一带。伞鸟分布于南美洲温带地区，据说伞鸟科和裸鼻雀科有一些亲属关系。

美洲旋木雀生活在新世界的热带地区，体形小巧，羽毛大多呈棕色，尾毛坚硬，有助于攀爬。橙顶灶莺是美洲旋木雀的一种，因所筑的巢穴呈灶形而得名。有一种灶莺被西班牙人称为“小建筑师”，其鸟巢前有一段长长的地道，有的地道甚至深至地下6英尺(约1.83米)。为修筑这样的巢穴，沙质河堤通常是首选。然而，灶莺有时也会钻进泥墙，就算它们无数次地从泥墙上掠过，还是会将泥墙误以为是堤坝，显然它们对厚度没有概念。

耳垂伞鸟

从异鹟分布于南美洲，拥有一双大脚，和普通鹪鹩一样尾巴朝上。其中有一种丛异鹟，在此定居的英国人称之为“吠鸟”，因为它们的叫声像小狗的吠叫声。

八色鸫拥有色彩艳丽的羽毛，主要分布于马来群岛。在华莱士笔下，巨大的八色鸫“是东方最美丽的鸟类之一，它们拥有长而有力的双腿，在茂密的、错综复杂的森林中欢快地跳动，掩藏在岩石之中，所以极难射杀”。

琴鸟分布于澳大利亚，普通琴鸟体形比鸽子稍大，主要以昆虫及其幼虫为食。雄鸟的尾羽十分美丽，像孔雀的羽屏一样，总是耷拉着，不过一旦开始舞蹈或玩耍，便会竖起并展开。“琴鸟是最出色的模仿家，不仅会模仿其他鸟类的叫声，甚至还能将牧童鞭打牛群的声音、车队里的马蹄声、横割锯的锉磨声以及斧子的砍柴声学得惟妙惟肖。”

薮鸟分布于澳大利亚，我们目前只发现两种，形似鹪鹩，尾羽较长。

琴鸟

第十八章　攀禽和鹦鹉

攀禽以啄木鸟为代表，鹦鹉也归为此类，它们的脚趾结构大都为两趾在前，两趾在后。

啄木鸟分布范围广泛，顾名思义，它们喜欢在树上打洞放置鸟蛋，在树皮下搜寻昆虫等美食，虽啄树皮，但一般不会将树皮剥下。楔形的喙起到杠杆的作用。舌头可伸缩自如，末端有倒钩且分泌黏液，可牢牢粘住猎物。许多啄木鸟主要捕食蚂蚁，用强劲的喙部啄开蚁穴，用舌头将蚂蚁聚拢后吞噬。尾毛尖利坚硬，在树干上攀爬时起到支撑作用，就像袋鼠站立时一样，啄木鸟的腿和尾构成了天然的三脚架。

绿啄木鸟

英国有三种啄木鸟，其中数量最多的是大斑啄木鸟，体形和鸫一般大小，羽毛为黑白色；小斑啄木鸟体形约为大斑啄木鸟的一半，羽毛花纹非常相似。绿啄木鸟体长约1英尺(30.48厘米)，羽毛黄绿相间，头部有深红色花纹，活泼大胆，或许是最常见的一种啄木鸟。下雨之前，这种鸟会变得十分吵闹。

蚁䴕是一种小型攀禽，分布于欧洲、亚洲和非洲北部。它们的舌头在结构与功能上和啄木鸟的非常相似。普通蚁䴕与百灵一般大小，羽毛斑驳，常于春季造访英国，到来的时间比杜鹃稍早，因此大家普遍称之为“杜鹃伴侣”或“杜鹃的引路人”。蚁䴕也称为“蛇鸟”，因为它们的颈部能像蛇一样扭动，此外，雌鸟孵蛋时若受到惊扰，会像蛇一样发出很大的嘶嘶声。蚁䴕不会挖洞筑巢，而是利用树上或堤坝上现成的巢穴。蚁䴕若从小被笼养，则很容易驯化，对主人非常依恋，会攀附在主人身上，或钻进主人的口袋和袖子里。

蚁䴕

响蜜䴕几乎只分布于非洲，它们能找出有蜂蜜的蜂巢，因此而得名。当地人普遍相信，响蜜䴕会不怀好意地将人带到猛兽的洞穴中，不过这种说法是毫无根据的。它们能带着人类找到蜂巢，只有一个出于本能的目的，那就是获取自己渴求的蜂蜜或幼虫。响蜜䴕是杜鹃的亲戚，也有将鸟蛋放在别的鸟巢中的坏习惯。

非洲啄木鸟以水果为食，生活在热带森林之中，常栖息在树巅之上。羽毛颜色绚丽，头部和颈部尤甚。喙部短而粗壮，可在树上凿洞，在洞中产卵，洞底通常铺有一层碎木屑。

巨嘴鸟分布于南美洲，拥有巨型喙部，颜色十分艳丽。喙部虽大，但重量很轻，中间布满气囊，喙的边缘呈齿状，舌头细长，骨质，两侧有羽毛状倒钩。身体的羽毛颜色暗淡，但有绚丽的花纹，裸露的部分色彩华丽。它们主要以水果为食，用喙叼住水果抛向空中，再稳稳接住，整个吞进腹中。巨嘴鸟科有许多物种。肉可食用，营养价值高，羽毛可制成装饰品。

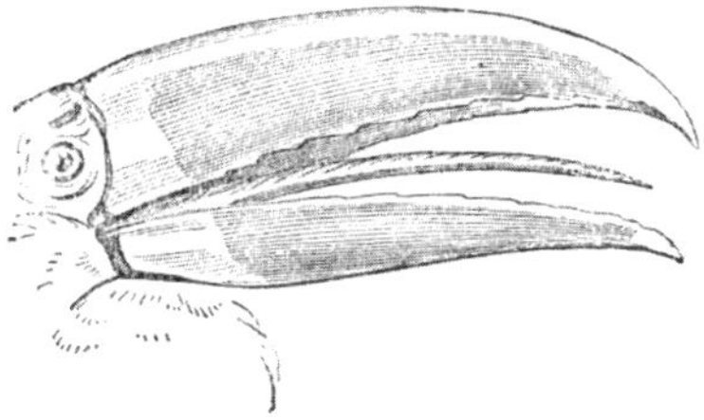

巨嘴鸟的喙和舌

托哥巨嘴鸟来自巴西，体长近 2 英尺（60.96 厘米），全身漆黑，富有光泽，两颊和喉部有白色花纹，尾部为红色。

常有人将巨嘴鸟当作宠物饲养。贝茨曾在埃加附近遇到一只离家出走的宠物巨嘴鸟，由于无人认领，他便自己收养了。他说它是最可爱的玩伴，非常聪慧，对人深信不疑。它在房子里自由穿行，每到用餐时总是准时出现。后来它上街闲逛时被人偷走了。

雌鸟每年都会回到同一个地点，在地面产卵，再用嘴叼到“养父母”的巢穴中。雌鸟的背上有一个空洞，幼鸟出生 10 天左右，雌鸟会将幼鸟一个一个推进洞里，从而将它们抛出巢穴。这一目的达到后，空洞便会长起来。这种鸟类以昆虫及其幼虫为食。

巨嘴鸟和鸟巢

喷䴕体形较小，羽毛浓密，颜色暗淡，生活在中南美洲，以昆虫为食。它们歇在低矮的树枝上，耐心地观察，发现猎物后突然出击，返回原来的树枝上享用刚到手的美食。它们喜欢扬起羽毛，并因此而得名。

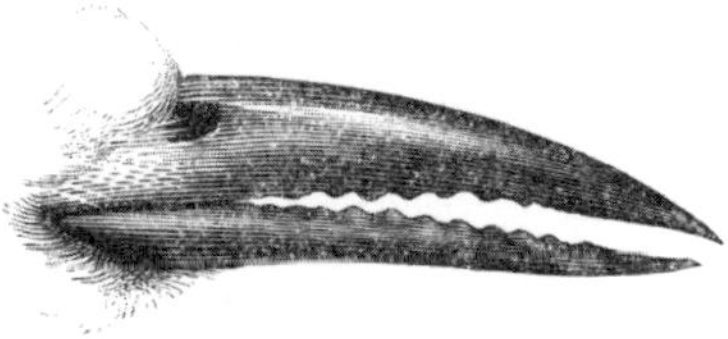

翠鴗的喙

鹟䴕分布于中南美洲，喙部很长，尾部呈楔形，羽毛为鲜艳的金属绿色。它们以昆虫为食，常一动不动地静坐在水面上方的树枝上，发现猎物后突然出击，和翠鸟的捕食方式相似，因此曾被人归为翠鸟科。沃特顿说它们性情慵懒，常避开其他鸟类。

佛法僧仅分布于旧世界，羽毛颜色鲜艳多彩，某些季节里，雄鸟常在空中翻筋斗。大多数品种的佛法僧都分布于非洲，蓝胸佛法僧在中欧分布非常普遍，有时也会造访英国和爱尔兰。雄鸟体长约 1 英尺（30.48 厘米），雄性与雌性外观相似，羽毛为蓝色调，背上披着栗棕色“斗篷”。

蜂虎和佛法僧的分布范围几乎重合。它们名为蜂虎，其实极具误导性，因为虽然它们给养蜂人带来损失，但同时也消灭了各种害虫、胡蜂、蝗虫和甲虫。和崖沙燕一样，它们聚集在河堤的洞穴中筑巢。

短尾鸡羽毛精致，颜色鲜艳，以昆虫为食，分布于西印度群岛，有些品种仅在某一片区域分布。戈斯（Gosse）先生说，牙买加的短尾鸡“披着草绿色的外衣，还戴着深红色的天鹅绒饰领，颜色鲜艳，极具辨识度”。他从未见过这种鸟落在地面上，而是在低矮的树枝间跳跃，搜寻小昆虫的踪迹，偶尔发出低沉的嘶嘶声。

翠鴗分布于新世界的墨西哥以南地区，中美洲的数量最多。它们喜欢森林，以昆虫和浆果为食。羽毛一般为绿色，它们还将中间的尾羽末端修剪成刮刀或球拍状。沃特顿先生说：“它们似乎知道，梳理羽毛能让自己变得更美，就像我们去理发一样，不过不同的是，它们的修剪工具并不是剪刀，而是自己的喙。尾羽丰满后，它们便从最长的两根羽毛末端 1 英寸（2.54 厘米）处开始，剪掉两侧边的羽片，留出 1 英寸的间隙来。”伦敦摄政公园动物园负责人巴特利特（Bartlett）先生证明了这一观点，他说：“我见过它们将中间尾羽的羽片啄下来，在笼子底部也见到了鸟喙中掉落的羽毛碎片。”

咬鹃在森林中居住，羽毛浓密蓬松，呈粉红色、深红色、橙色、棕色或金属绿色，多有白色带状花纹。美洲咬鹃分布于南美洲，主要以水果为食，同科其他成员也会捕食昆虫。其中最著名的物种之一是来自危地马拉的凤尾绿咬鹃，羽毛为金绿色，胸部为深红色。红鸟的尾羽突出约 3 英尺（91.44 厘米），头部有冠。它们生活在海拔 6000 英尺（约 1.83 千米）的森林之中，常栖息于低矮的树枝上。人类大肆捕杀凤尾绿咬鹃，以获取极具装饰价值的尾羽。

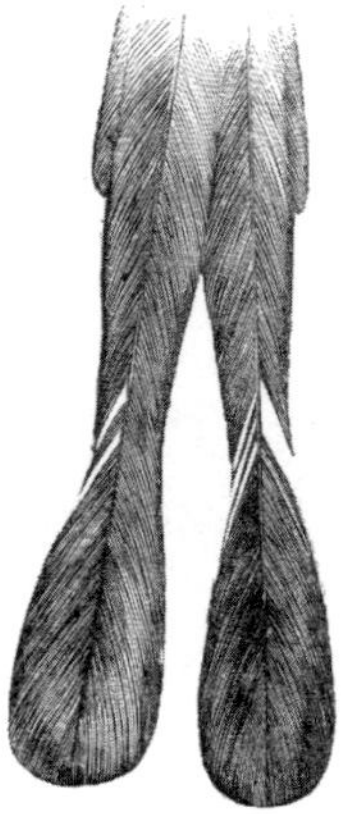

翠鸡的尾羽

（部分修剪）

翠鸟稀疏地分布于全世界。足底平坦，3趾在前，趾间大部分相连，因而具有极好的抓握能力。翠鸟可分为两种：第一种以普通翠鸟为代表，喙长而紧凑，末端呈脊状，它们主要捕食鱼类；第二种以澳大利亚的笑翠鸟为代表，喙短粗扁平，食物较为混杂，其中昆虫占据较大部分。普通翠鸟长约7英寸（17.78厘米），羽毛呈明亮的蓝色调，上有黑白两色花纹。它们几乎遍布整个英国，常出没于池塘和流速缓慢的小溪边，在水面上方的树枝上蓄势待发，猛地冲向猎物，但有时也会像鹰一样在空中追捕猎物。它们的巢穴位于水边堤坝上的洞穴中，在地面或鱼骨堆上产卵。鲦鱼、棘鱼和鱼苗是它们的主要食物，但也不会错过蜗牛、龙虱和蜻蜓。常有翠鸟囫囵吞下食物，却被鱼卡住而窒息。

犀鸟的分布范围从非洲至印度，向东蔓延至新几内亚。它们体形巨大而笨重，外形像巨嘴鸟，喙部大都有盔状隆起。跗跖部与翠鸟的极为相似。食物主要为水果，有些品种也捕食蜥蜴和鱼类。孵蛋时，雄鸟将雌鸟封在泥浆中，通过预先留出的小洞喂食，这种状态一直持续到幼鸟出壳。双角犀鸟长约4英尺（约1.22米），分布范围自印度向东至马来半岛。红脸地犀鸟能杀死蛇类。

普通翠鸟

戴胜分布于亚洲、非洲和欧洲南部，是一种食虫鸟类，与犀鸟是近亲。普通戴胜长约 10 英寸（25.4 厘米），常于春天造访英国，有些也会留下来产卵繁殖。它们美丽优雅，羽冠竖起来时更是增添了几分魅力，但筑巢时特别邋遢，喜欢在牛粪中觅食昆虫。

林戴胜是一种非洲鸟类，和啄木鸟习性相同。

夜鹰为食虫鸟类，羽毛柔软斑驳，喙裂处饰以刚毛。它们黄昏时出去觅食，飞行时动作敏捷而安静，在空中将猎物制服。它们常萦绕在牛羊的乳房周围，人们误以为它们在吮吸牛羊的乳汁，其实它们只是为了捕食牛羊乳房上大量滋生的昆虫。夜鹰有一个奇怪的习俗，喜欢纵向（而非横向）栖息在树枝上。普通夜鹰长约 10 英寸（25.4 厘米），常于每年 5 月来到英格兰，并于 9 月离开。美洲的三声夜鹰以叫声命名，也是夜鹰科的一种。亲缘关系较近的还有特立尼达拉岛的油鸱，人类为获取它们体内的油脂而进行大肆捕杀。这种油脂和橄榄油具有类似功效。蟆口油鸱分布于澳大利亚地区，其中最著名的一种是斑布克鹰鸮。

雨燕

雨燕的外形和习性似燕，但所有脚趾都指向前方。普通楼燕长约6英寸（15.24厘米），羽毛为黑棕色，下颌处有灰色花纹。它们于每年4月下旬来到英格兰南部，8月末迁往南方。雨燕科鸟类分泌黏液筑巢，东方人将燕窝奉为上等美味。

蜂鸟

蜂鸟仅分布于美洲锡特卡角至火地岛和西印度群岛一带。它们极少在地面上活动。羽毛十分华丽，雄鸟更是如此，不过有些品种的雌鸟羽毛具有金属光泽。蜂鸟有400多种，均体形小巧，有的体形不过如小喙长吻天蛾般大小。由于它们的振翅声极像蜂鸣，因此名为“蜂鸟”。蜂鸟以花蜜和昆虫为食。

红喉北蜂鸟夏季造访北美洲，冬季向南迁徙至西印度群岛。古尔德回家乡时带了几只在身边，用蜂蜜、糖水和蛋黄喂食。到伦敦时，只剩下一只还活着，但第二天就不幸死去了。

鹦鹉

鹦鹉的喙部长而坚硬，上喙向下弯曲，超过下喙，呈钩状，常作为攀爬器官。舌头大而肥厚。脚趾两只在前，两只在后。热带地区的鹦鹉数量最为繁多，但有一种鹦鹉的分布范围延伸至美洲。澳大利亚地区也有许多种鹦鹉。大多羽毛华丽，有的绚丽耀眼，有的暗淡无光。鹦鹉个体之间体形差异较大，有的体长有3英尺（91.44厘米），而情侣鹦鹉不过几英寸。水果、种子和树叶是它们的主要食物。它们原本的声音粗犷刺耳，但拥有极强的模仿能力，很快就能重复词语和句子，不过这种模仿能力因个体而异，训练者的技巧与耐心也是一个影响因素。

凤头鹦鹉来自澳大利亚和马来群岛的部分岛屿，体形大，头上有自如开合的羽冠。它们在空树洞和悬崖峭壁的石洞中筑巢，笼养时很快变得驯服和热情，不过它们的叫声比较刺耳，而且模仿能力较差，至多只能学会一些词语而已。

小葵花凤头鹦鹉遍布澳大利亚地区，羽毛为白色，头顶有柠檬色或黄色羽冠。它们或许是知名度最高的凤头鹦鹉，因为它们是英国人饲养最多的玩赏鸟。华莱士在马来半岛游历途中见过这种鸟，“它们叫声响亮，白色羽毛非常显眼，漂亮的黄色羽冠昭示着它们是这片大地上至关重要的存在”。

粉红凤头鹦鹉分布于摩鹿加群岛，羽冠为红色，身上的羽毛呈粉红色，就像小姑娘害羞时的脸庞，拍动翅膀时尤为显眼。

彩冠凤头鹦鹉，分布于澳大利亚，羽毛颜色与粉红凤头鹦鹉相似，但羽冠为更加艳丽的红色，饰以黄色斑点，尖端为白色。

黑凤头鹦鹉分布于新几内亚，华莱士描述说，“它们的大脑高度发达，羽冠华丽，巨大的、尖利的钩状喙强而有力。全身羽毛均为黑色，面部裸露部分呈鲜艳的血红色”。它们的叫声十分哀伤。它们以坚果的果仁为食，“果壳十分坚硬，人类只有用锤子才能大力砸开”，而它们只用强硬的喙啄出一个小口，再用勺子状的舌头将果仁舀出来。

长尾鹦鹉主要分布于澳大利亚和塔斯马尼亚岛，除一些在地面觅食的物种外，大都颜色鲜艳明亮。那些习惯在地面觅食的长尾鹦鹉，羽毛颜色与周围环境融为一体。橙腹鹦鹉就属于这一类。此外，英国人比较熟悉的是虎皮鹦鹉，常将其当作玩赏鸟。它们的全身羽毛为绿色调，有黑色花纹，叫声柔软，让人心情愉悦，笼养时驯化快。

亚洲长尾鹦鹉分布于印度和东部群岛。传说亚历山大鹦鹉是由亚历山大大帝从印度引入希腊的。不过，他引进的更有可能是红领绿鹦鹉，因为最早命名的红领绿鹦鹉物种源自爪哇。红领绿鹦鹉体长约16 英寸（40.64 厘米），羽毛主要呈绿色，下颌有黑色环状花纹向颈背部延伸。雄鸟的项部有玫瑰色花纹，雌鸟的相应部位为翠绿色，且花纹较窄。

吸蜜鹦鹉的舌尖分裂成一束骨质纤维，用以吸食花蜜。羽毛颜色鲜艳，飞行时动作敏捷有力。布罗德里普（Broderip）说，有一只吸蜜鹦鹉被当作宠物饲养，却总是喂错食物，“将一幅花朵彩绘放在它面前，它会伸出干渴的舌头在画和纸板上试探，极度焦躁时甚至还会把粗糙的印花棉布当成食物”。

金刚鹦鹉为美洲的物种，特点是尾长而脸颊裸露，主要以水果为食，许多品种拥有绚丽多彩的羽毛。绯红金刚鹦鹉来自南美洲，体长近 3 英尺（91.44 厘米），常出没于平坦的、水源丰富的森林之中，不过山地除外。维兹王子说，除交配期外，它们常以小群为单位，一同外出寻找各种水果。尽管飞行时喜欢鸣叫，但一旦找到结满果实的树木，它们便立即悄无声息地降落摄食，只有扔在地上的果皮暗示着它们曾经来过。蓝黄金刚鹦鹉分布于亚马孙河沿岸，习性与绯红金刚鹦鹉相似。它们以棕榈树坚硬的果实为食，能用强有力的喙将果壳砸碎。卡罗莱纳鹦哥的分布范围延伸至北美洲，密西西比河沿岸一度数量繁多。

真正的鹦鹉科鹦鹉尾部短而宽，无羽冠，分布于亚洲、非洲和美洲。灰鹦鹉原产于非洲，是一种常见的玩赏鸟，它们会模仿词语和句子的能力已家喻户晓。它们应该算是智商最高的鹦鹉，在任何方面的能力都要比其他鹦鹉强。它们有时说出的话十分符合语境，导致许多人误以为它们智力超群，不过毫无疑问，它们的确明白一些词语的意思。

鸮鹦鹉

南美洲的亚马孙鹦鹉也能学说话，但效果不如灰鹦鹉。它们的羽毛大体呈鲜艳的绿色，虽然站在枯枝上非常鲜艳，但却能藏匿在枝叶葱郁的大树中。狩猎爱好者们或许能看到一群亚马孙鹦鹉从空中降落，也能听到它们的叫声，但就是看不到它们的影子。

鸮鹦鹉来自新西兰，一般生活在地面的洞穴或地洞中，呈现出一些夜行性的特点。它们面部像鸮，绿色的羽毛上有黑色和黄色的花纹，智力超群，性情温和，是非常可爱的宠物。

白顶啄羊鹦鹉来自新西兰和诺福克岛。羽毛背部为橄榄棕色，腹部为深红色，冠部呈浅灰色。它们的显著特点是养成了肉食的习惯，可能因为绵羊牧场的屠宰场周围散落了大量羊肉碎屑，而它们原本的食物来源又恰好短缺。它们不甘于摄取内脏碎屑，进而攻击活的绵羊，给饲养者造成了巨大损失，绵羊的饲养者便毫不犹豫地对它们进行大肆射杀。

白顶啄羊鹦鹉

第十九章　鸽子、家禽、猎禽和猛禽

鸽的分布范围十分广泛，但在气候温暖的国家数量较多。它们的喙与鸻形似，基部覆有一层柔软的皮肤，许多原鸽的驯化种将这层皮肤繁育为垂肉。它们常在树枝上生活，但大多数会在地面进食，食物主要为谷物和种子，擅飞行。鸽有两个嗉囊，成鸟用嗉囊中的食物给幼鸟喂食。由于这种半消化的食物呈凝乳状，老人们戏称为“鸽子奶”。鸽子会喝水，而其他鸟类都是先用喙部舀水，再抬起头吞进肚里。它们成双成对地生活，每窝产两枚蛋，但一季可多次产卵。幼鸟刚出生时裸露无毛。英国本地有三种鸽，斑鸠常在夏季造访英国。

斑尾林鸽的颈部有一圈白色羽毛，体长约 17 英寸（43. 18 厘米），背部羽毛呈现出各种灰色调，胸部为鲜艳的紫色，头部和颈部两侧各有一块泛出金属光泽的花纹。它们的数量不断增长，在英国的分布范围也不断扩大，这可能是由于猎场看守人大肆猎杀它们的天敌——猛禽。它们在伦敦的一些公园里筑巢，1894 年甚至有一对在芬斯伯里广场安了家。斑尾林鸽为农民带来了巨大损失，比起森林和灌木篱墙，它们更喜欢农民地里的农作物。

欧鸽喜欢将巢修筑在树桩上，体形虽比斑尾林鸽小，但习性相似。它们体长只有约 14 英寸（35. 56 厘米）。颈部周围无白色花纹，胸前的紫色面积也比较小。它们常出现在林地，喜欢衰败的老树。然而，它们的栖息地并不限于此，就连南海岸的悬崖峭壁上也发现了它们的巢穴，也有的在弗兰伯勒角与海鸟为伴，在东部各郡沼泽地里的兔子洞中产卵。

英国的野生原鸽只可能出现在多岩石的海岸，被风侵蚀得千疮百孔的悬崖峭壁，恰好成为了它们的天然巢穴。许多地区的原鸽会在内陆悬崖上产卵，其实它们并不算真正的野生品种，而是离家出走的驯化种或驯化种的后代。它们在体形和外观上与欧鸽十分相似，但原鸽的翅膀上有黑色条纹，尾部也有一些白色花纹。虽然它们会啄食农民的谷物，但也一同吃掉了偃麦草根、毒性杂草的种子和蜗牛。所有家鸽都是由原鸽培育而来，这是育种者最值得骄傲的一点，足以证明他们的技术是多么高超。从图中可以看出这些家鸽与母体的差异简直有着天壤之别。在克伦威尔路的自然历史博物馆的中央大厅里，一只大箱子最引人注目，里面各种家鸽围绕着原鸽排列，表明育种时的明智决策将带来哪些奇妙的变化。

在诸多家鸽中，我们只介绍一种——信鸽，它们的特点是经过训练，能从遥远的地方找到回家的路，并迅速飞回。巴黎围攻战时，法国人成立了“信鸽邮政”，其成功运营离不开这些鸟儿。气球带着信鸽离开巴黎，尽管有许多被普鲁士人射杀，也有的迷路或死亡，但大约四分之一的信鸽都能成功返回，这其中的四分之三将卷着信息的羽茎或粘在尾毛上的信息成功带回巴黎。不过，这些信鸽原本只可能在巴黎范围内送送信。信鸽竞翔的比赛结果也得出了类似的结论：并非所有信鸽都能成功返回，而是表现出这样一个规律：距离越长，成功返回的信鸽数量越少。

斑鸠常在夏季从南方飞到英国，可能在苏格兰西南部和英格兰北部产卵繁殖。它们的体长不足1英尺(30.48厘米)，背部羽毛为蓝灰色，颈部有一些黑色和白色花纹，尾羽顶端为白色，喉部和胸部呈淡红色，腹部为白色。灰斑鸠常作为玩赏鸟被饲养，在欧洲的分布范围西至土耳其。

尼柯巴鸠原产于马来群岛，长得十分引人注目，脖颈和胸部的长羽毛像戴了领饰。羽毛大体呈绿色，泛金属光泽，尾羽为白色。我们可以从华莱士的描述中深入了解尼柯巴鸠的习性。他说，它们体态笨重丰满，在地面觅食，只有栖息时才会上树。它们的翅膀十分庞大，胸部带动翅膀运动的肌肉群异常发达，因此决定了它们能远距离飞行。

齿鸠分布于萨摩亚群岛，下喙有3个齿状突起，体长约14英寸(35.56厘米)，羽毛大部分为有光泽的墨绿色，尾部为栗棕色。伦敦摄政公园动物园中有几只齿鸠，其中一只的主人是惠特米(Whitmee)先生，他将小齿鸠从鸟巢带走，用面包果喂养了一段时间，之后它学会了自己啄食。他说它十分野蛮，会用长了牙齿的喙在人的手指上咬下很深的伤口。他认为，齿鸠能随环境的变化改变自己的习性，因此数量不断增多。它们曾经在地面上啄食，在低矮的树枝上安家，没有需要担心的天敌，但后来欧洲的轮船将猫引入这片土地，或许也带来了老鼠，从而导致齿鸠数量锐减，甚至濒临灭绝。不过它们不断地积累经验教训，现在学会了在较高的树上筑巢，再也不用担心四只脚的敌人打扰了。

齿鸠

冠鸠分布于新几内亚及其邻近岛屿，是本类数量最多的一种。它们的体形和鸡一般大小，羽毛为石板蓝色，头顶饰以扇形羽冠。它们的习性似雉，在地面上生活，三五成群地在树林间漫步，寻找掉落的水果。蓝凤冠鸠的肩部呈栗红色，翅膀上有白色条纹。维多利亚凤冠鸠的腹部呈红色。冠鸠适于笼养，动物园中常饲养这种动物。它们性情和善、美丽潇洒，常优雅端庄地在巨大的笼子里漫步。如果游客靠近，撒一把面包屑，它们就会瞬间腾空而起。与旅鸽和一些果鸠一样，它们每次也只产一枚蛋。

第十九章　鸽子、家禽、猎禽和猛禽

家鸽

1.信鸽；2.筋斗鸽；3.英国信使鸽；4.巴巴里鸽；5.法国球胸鸽；6.扇尾鸽；7.沙田尼鸽；8.特比田鸽；9.毛领鸽；10.喇叭鸽

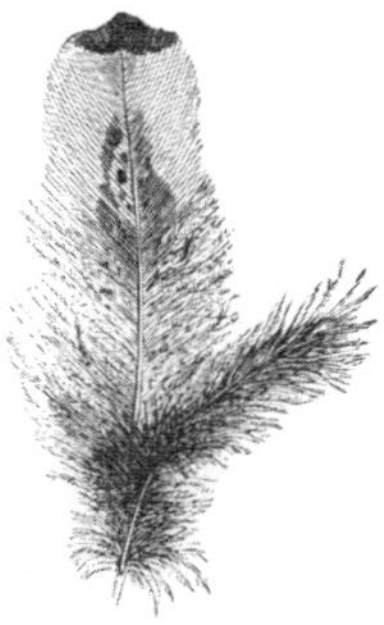

鸡雁类的羽毛

（可看到副羽）

鸡和猎禽

本类动物中最著名的当数家禽，它们在世界范围内广泛分布。其中体形最大的是火鸡；体形最小的是某种鹌鹑，它们只比麻雀稍大一些。本类动物羽毛浓密，有些雄鸟的羽毛颜色精致且多变，羽毛上有副羽。副羽虽并非这种鸟类的专利，但本类动物中的鹤鸵副羽最为发达——它们的副羽和主羽几乎一般长。它们通常会刨开土壤啄食藏身其中的谷物、蠕虫和昆虫，大都在地面上筑巢。大部分情况下，一只雄鸟有多个配偶，雏鸟一出壳就会行走奔跑，雌鸟将幼鸟护在翅膀下，自卫时变得非常勇敢。

沙鸡的尾羽很长，末端较尖，全身沙色，饰以黑色花纹，与身处的非洲沙漠和亚洲草原融为一体。偶尔也会有大量沙鸡从亚洲迁徙到欧洲。1888 年，甚至有一些沙鸡到达英国，并在此繁殖。

松鸡位于松鸡科之首。这种俊俏的鸟一度在不列颠诸岛极为常见。我们不清楚它们是何时在英格兰和威尔士灭绝的，但可以确定的是，它们一百多年前才在苏格兰和爱尔兰消失。1837 年，人们从斯堪的纳维亚半岛将松鸡引入苏格兰，使之重新在这片土地上繁衍生息。松鸡体长约 2 英尺（60.96 厘米），个体之间体形差异较大。松鸡以树木的嫩芽和浆果为食，冬季吃松针和杉树的叶子等。成鸟用昆虫喂食幼鸟。松鸡科动物的腿部到脚趾均覆有羽毛。

沙鸡

黑琴鸡遍布英格兰，南至雪伍德森林、苏格兰和欧洲北部，在康沃尔、德文郡、萨默塞特郡、诺福克和威尔士都发现了它们的踪迹。黑琴鸡的体形比松鸡小，雄鸡被称为“黑公鸡”，它们的配偶被称为“灰母鸡”。

换上冬装的岩雷鸟

红雷鸟仅分布于不列颠和爱尔兰，其中，在英格兰的分布范围南至特伦托河。雄鸟的体长约16英寸（40.64厘米），褐棕色羽毛上有黑色花纹。它们就是冒险家口中的“雷鸟”，而在北欧和亚洲则以柳雷鸟为代表，美洲也有几个亲缘物种。

岩雷鸟体形比红雷鸟稍小，分布于苏格兰及北半球的寒冷地带。狄克逊先生说：“春夏时分，它们身着灰色和棕色夹杂的斑驳羽衣，能够与周围的环境融为一体，躲避敌人的视线。一旦野外的山顶为冬季的冰雪所覆盖，岩雷鸟便换上了雪白的冬装，藏匿在栖息地的皑皑白雪之中。”

鹑的腿部无毛，以灰山鹑为代表。它们是英国的本土鸟类，在欧洲有广泛分布。雄鸟体长约1英尺（30.48厘米），与雌鸟不同的是它们的胸部有马蹄形暗色花纹。它们常出没于开阔的原野，消灭了大量的蛞蝓和害虫。鹑十分爱护幼鸟，极少在人工饲养的环境下繁殖，但1894年有两例这样的记录。红腿石鸡已被引进英格兰，在许多地方数量都有增长。它们的肉营养价值极高。

孔雀

鹌鹑极像小型的灰山鹑，但有多个配偶，在繁殖期会与竞争者激烈打斗。鹌鹑春季到达英国，大部分会在每年10月再次南下，有些鹌鹑也会在英国越冬。

雉科有孔雀、雉、鸡、火鸡和珠鸡，腿部有骨刺，有些品种每条腿各有两根骨刺。雷鸟和鹑均无骨刺，红腿石鸡的相应部位为球形突起。

孔雀分布于亚洲，英国因有人工饲养的孔雀而家喻户晓。英国国宴上曾有孔雀肉做的菜肴，摆盘呈开屏状，不过现在孔雀只作为观赏鸟。尾上覆羽很长，雄鸟直到 3 岁才可撑开绚丽的羽屏。蓝孔雀的羽毛十分华丽，在许多地方受到国人的尊崇和敬仰，法律禁止射杀孔雀。

大眼斑雉来自马六甲，羽毛朴素的色彩上点缀着眼睛样的斑点。H.O. 福布斯先生说，“越是近距离观察，就越震撼于它们身上极简洁的花纹和丰富多变的和谐色彩。收到危险信号后，大眼斑雉从茂密的矮树下逃走，鲜艳的羽毛紧紧贴着身子，将它们的美隐藏了起来”。

大眼斑雉

他见过大眼斑雉求爱。雄鸟在森林中制作了一个直径 10 至 12 英尺（约 3.05 至 3.66 米）的大圆环，边缘一般是伸出地面几英尺高的树枝或树根，雌鸟栖息其上，雄鸟在圈内展示自己的美。雄鸟常遭到人类的猎捕，这时雌鸟便会换新的伴侣，就算雄鸟接二连三地被捕，雌鸟也依旧如此。它们总是栖息在枝丫上，因此不会误入陷阱，而它们的伴侣却走进了当地人设置的大圈中。

孔雀雉来自缅甸，羽毛呈棕色，尾羽上有绿色眼睛状斑点。

棕尾虹雉分布于喜马拉雅山，是一种美丽的大鸟，羽毛有灿烂的金属色泽，雄鸟有枕冠。

马鸡多分布于中国西南地区，头部两侧各有一簇羽毛，像雕鸮的羽穗，不过指向后方。

角雉来自印度和中国，头上有向后突出的肉质附器，喉部裸露的肌肤像耳垂一样耷拉在两侧。

马鸡

角雉

普通雉鸡是英国的本土物种，在罗马人征服前引进，但具体时间尚不能确定。16 世纪末，雉鸡被引入爱尔兰，然后是苏格兰。这种鸟原本分布于黑海的亚洲海岸，从发西斯河（今里奥尼河）流域传入欧洲。它们极具价值，也是最美丽的猎禽。它们的羽毛呈棕色，上有黑色花纹，头部和脖颈为绿色，泛蓝色光泽，眼圈裸露处的皮肤为红色。雉为林鸟，喜欢待在地面潮湿、水源充足的地方。它们栖息在低矮的树枝上，因此给了偷猎者以可乘之机。它们以谷物、浆果、橡子、昆虫及其幼虫为食，也会捕捉田里的小鼠。遇到危险后，它们会迅速奔跑；若被围困，则会突然飞起。正因如此，有人称其为“火箭鸡”。它们擅飞行，在空中活动敏捷，耐力十足。

环颈雉来自中国，颈部为白色，如今已适应了在英国森林中的生活，能与普通雉鸡自由繁殖。红腹锦鸡是一种来自中国的美丽的鸟儿。通过彩图可更深刻地体会到，最华丽的辞藻也无法描述它们优雅的仪态和绚丽的色彩。雄鸟颈部的缕毛竖起，以便在雌鸟面前展示自己。白腹锦鸡同样来自中国，头部有黑红两色花纹，缕毛为银底黑边。白鹇背部白色的羽毛上有黑色花纹，腹部同样为黑色，无缕毛，但头部有黑色长冠。

原鸡广泛分布于印度，是家鸡的祖先，体形比家鸡小，但羽毛花纹与之十分相似。

巢穴中的野生火鸡

珠鸡来自非洲，头部有冠或盔，蓝灰色羽毛上有白点。普通珠鸡是著名的驯化品种，它们的警报声像在说：“回家！”

家火鸡于 1541 年从美洲引进英国，因被人们误以为来自土耳其而与土耳其的英文同名。羽毛大体呈棕色，背部饰以黑色花纹，腹部则为暗色花纹。头颈部有肉垂，胸部垂下一簇刚毛状羽毛，尾毛可打开呈扇形。大多数人都见过火鸡在求爱或发怒时开屏。“它们竖起并铺开尾毛，将头埋在肩上，颤抖着压抑着翅膀，趾高气扬地漫步，同时从肺里吐出一连串的气来。”

丛冢雉和产卵的土堆

美洲火鸡体形比家火鸡大。野生的美洲火鸡一度数量繁多，但由于土地不断开垦，导致它们的数量减少。洪都拉斯火鸡的尾羽上有眼睛状花纹。

凤冠雉仅分布于南美洲的墨西哥至巴西南部一带，在英国能适应笼养的生活，但无法自由交配。

冢雉和丛冢雉只在澳大利亚地区分布，范围从澳大利亚大陆至马来群岛。这些鸟不孵蛋，而是将蛋埋进沙里，用太阳的热量孵化；或者置于腐烂的草堆中，草堆分解时释放的热量是天然的孵化器。多只冢雉会共享同一个洞或者草堆。

第十九章　鸽子、家禽、猎禽和猛禽

麝雉

麝雉自成一目。它们栖息在南美洲潟湖沿岸的树枝上。麝雉只有一个物种，由于羽毛蓬松，看似和雉一般大小，但其实要小得多。羽毛为深棕色，夹杂着一些红色花纹，头部有长羽冠。后脚趾与其他脚趾处于同一水平面上，是完美的抓握器官。它们从不到地面上来。贝茨说，它们发出洪亮刺耳的嘶嘶声，肉混合着麝香和潮湿的皮革味，正因如此，才躲过了人类的餐桌。幼鸟的前肢趾部末端有小钩，危险袭来时，可自己爬出巢穴。

猛禽

本目下有五百多个物种，广泛分布于世界各地。它们的喙强韧有力，末端尖锐弯曲，足大而强劲，拥有强壮的爪。绝大多数猛禽完全以肉类为食，有的捕捉活的猎物，有的则比较喜欢腐肉。肉食的猛禽拥有更尖利的喙和更强壮的爪。大多数雌性猛禽比雄性猛禽大。

秃鹫以腐肉为食，头颈部裸露无毛或覆有一层绒毛，无羽毛，爪子较钝。沃特顿说："让热带国家拥有秃鹫这种生物，真是上天的恩赐，它们能消化腐败之物，避免污染空气、滋生瘟疫。"

西域兀鹫在欧洲南部十分常见，并蔓延至非洲和亚洲，体长约 4 英尺（约 1.22 米），羽毛为黄褐色，有一圈白色颈毛。

黑美洲鹫体形小得多，头部和颈部为肉粉色，分布于地中海两岸，向东延伸至中国一带。皱脸秃鹫来自非洲，和亲戚印度兀鹫一样，颈部的皮肤褶皱向两侧竖起，就像两只大耳朵。和美洲的王鹫一样，它们在享用完美食之前，不允许其他同食腐肉的鸟类靠近猎物尸体。白兀鹫分布于欧洲南部及附近的非洲和亚洲部分地区，体长约 30 英寸（76.2 厘米），羽毛为白色，翮羽呈暗棕色。脸部裸露的部分、喙部和腿呈黄色。它们是大自然完美的清道夫，正因如此，它们受到法律的保护，若有人非法捕杀白兀鹫，将面临巨额罚款。除清理街道上的内脏和垃圾外，它们还消灭了大量的老鼠和蜥蜴。

空中的神鹫

美洲秃鹫的鼻孔之间无骨质间隔，左右相通，如图所示。

神鹫是体形最大的秃鹫，主要分布于安第斯山脉，在海拔很高的地方交配繁殖，每次产卵两枚，雪白的鸟蛋就放置在裸露的岩石壁架上。羽毛大体为黑色，颈部有一圈柔软的白色绒毛，裸露的部位为肉粉色。雄鸟头部有肉冠。达尔文捕获的一只神鹫从喙部至尾部长 4 英尺（约 1.22 米），翼展达 8.5 英尺（约 2.59 米），它们主要以腐肉为食，但也常攻击羊羔。

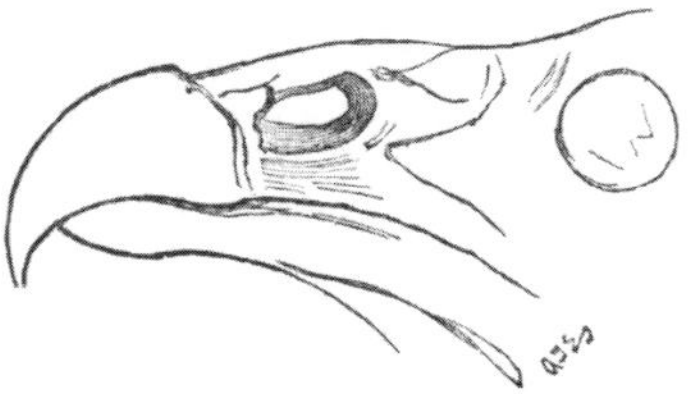

美洲秃鹫的鼻孔

王鹫来自中南美洲，外形俊朗美丽。它们的体形和鹅一般大，成年王鹫的白色羽毛十分柔滑，背部有浅黄褐色花纹，腹部为纯白色。翅膀和尾部的长羽毛为黑色，裸露的头颈部颜色鲜艳。雏鸟身披雪白色绒毛。

红头美洲鹫外形与野生火鸡十分相似，常被缺乏经验的猎人当作火鸡而误杀。它们以腐肉为食，因作为城市清道夫而受到法律的保护。

蛇鹫

蛇鹫分布于非洲南部，体长约 3 英尺（91.44 厘米），长腿似鹤类，石板灰色的羽毛上有黑色花纹，冠部可直立。早期荷兰殖民者将其比作秘书别在耳后的钢笔，因此它们也叫作“秘书鸟”。它们在消灭蛇类方面功不可没，南非常有人驯养在家禽养殖场内，不过它们有玩弄小鸡的坏习惯。传说有只小猫失踪了，后来听到一声微弱的猫叫才找到了它的行踪，原来是宠物蛇鹫在不停地追逐它，而蛇鹫一脸无辜，似乎根本不知道发生了什么。

南美洲的卡拉卡拉鹰常在英国定居。它们的体形要小得多，羽毛为棕色，饰有白色条纹和花斑。其中一个物种喜欢一边发出刺耳的叫声，一边将头部后仰，直到羽冠几乎触碰到背部为止，如图。

卡拉卡拉鹰

胡兀鹫有些习性与秃鹫相似，常在中亚的山地出没，但欧洲的分布仅限于西班牙。它们体长40英寸（约1.02米），翼展将近体长的4倍。背部为棕灰色，夹杂一些白色花纹，腹部颜色较浅，鼻孔周围和喙的基部有簇状刚毛。常有它们抓走羊羔、婴儿甚至儿童的奇怪传说。然而，布雷姆（Brehm）却认为它们是一种“柔弱胆小的猎禽，智力和力量均不算出色，甚至极少抓走小型哺乳动物，通常以骨头和其他腐肉为食”。

金雕在东西半球均有分布，尽管在英格兰已经灭绝，但仍在苏格兰生育繁殖，并在那里受到人类的保护。成年雄性体长约3英尺（91.44厘米），雌性体长约6英尺（约1.83米）。全身呈暗茶棕色，头部和颈部为颜色稍浅的金色，因此名为金雕。它们常出没于岩石地带，以鸟类和小型哺乳动物为食，偶尔在岩石间追逐狍子。有人见过它们拍打灌木，寻找地面的猎物。金雕被誉为“鸟类之王”。同源的还有其他几个物种，其中欧洲有两种——乌雕和白肩雕。

金雕和雕巢

短尾雕仅分布于非洲，体长约2英尺（60.96厘米），头部有羽冠。羽毛大体呈黑色，肩部和背部有褐红色斑纹，尾部颜色和花纹与身体相同。面部裸露的皮肤呈红色。它们的学名为法语，意为喜欢像筋斗鸽一样在空中翻筋斗。

第十九章　鸽子、家禽、猎禽和猛禽

鹰和鹰巢

白尾海雕分布于欧洲北部和亚洲，但在英国比较罕见，数量比金雕多。它们的体形比前几个物种小，常出没于水边的树林中，因为鱼是它们的主要食物。有些白尾海雕与金雕以及同源的其他物种不同，它们跗跖部的羽毛未覆盖到脚趾。

白头海雕来自北欧和美洲，体形比英国的雕稍小，头颈部和尾部均为白色。它们是美国的象征。白头海雕有劫掠吼海雕的坏习惯，因此本杰明·富兰克林（Benjamin Franklin）说，“就我而言，我不希望将白头海雕定为我国的代表。它们道德品质恶劣，也不诚信谋生……而且，它们还是可恶的懦夫：比麻雀还小的王霸鹟都能大胆挑衅它们，并且把它们驱逐出领地”。

鵟在英国以欧亚鵟为代表，体长约 20 英寸（50.8 厘米），覆有蓬松的棕色羽毛，个体之间色彩和花纹差别较大。它们以老鼠、蛇和昆虫为食。

鹰是小型猛禽，特点是尾部分叉，喙部无齿状缺刻。英国的鹰一度很多，16 世纪时还被视为伦敦街道的清道夫。它们的体长 2 英尺（60.96 厘米），羽毛为红棕色。蜂鹰遍布欧洲，和鹰一样，主要以昆虫的幼虫为食，尤其喜欢吃蜜蜂和胡蜂的幼虫。它们的羽毛颜色多变，常呈现黑色调。

苍鹰

隼的特点是拥有强有力的、弯曲的喙，上喙有一齿状突起，正好嵌进下喙的缺口中，其中以矛隼为代表，其同属物种或变种遍布挪威、格陵兰、冰岛和拉布拉多。羽毛为白色，上面或多或少有一些黑色花纹，体形比游隼大，但并无太高的狩猎价值。它们主要捕食其他鸟类。

游隼体长约 15 英寸（38.1 厘米），全身蓝灰色，背部有黑色条纹，腹部为红白色条纹。放鹰者将雌鸟称为雌鹰，雄鸟称为雄鹰，从野外带回的成鸟称为野鹰。游隼的飞翔技术极佳，时速能超过 100 英里（约 160.93 千米）。

苍鹰体长近 2 英尺（60.96 厘米），背部为黑棕色，腹部为红色，以鸟类和小型四足动物为食。它们在英格兰比较罕见，但有时用于捕捉野兔、穴兔和大鼠。

灰背隼

雀鹰是英国最常见的猛禽之一，体长约 1 英尺（30.48 厘米），背部羽毛为棕灰色，腹部为白色，上有棕色斑点。它们飞翔时节奏轻快敏捷。布雷姆提到过一只雀鹰追着猎物迅速冲进了火车车厢。亚洲许多地区的人们训练雀鹰猎捕小鸟。

燕隼和灰背隼是小型英国猎鹰。燕隼主要捕食甲虫；灰背隼更喜欢肉质食物，十分大胆，从不惧怕攻击体形比自己大得多的鸟类。

红隼在英国极为常见，能将头顺着风的方向，借风势而行。红隼主要捕食小鼠、蜥蜴和甲虫，偶尔捕食小鸟。有人在埃塞克斯击中两只红隼，其中的一只红隼刚捉到一只乌鸫，另一只抓着紫翅椋鸟。

吼海雕体长约 2 英尺（60.96 厘米），羽毛为棕色，饰以黑色、灰色和白色花纹。苏格兰的海岸或一些河岸边仍能看到它们的身影。圣约翰先生说："一旦锐利的双眼发现了哪条不幸的小鱼，这种美丽的鸟儿便像石块一样俯冲下来，我相信它们极少失手。它们一抓到鳟鱼或小鲑鱼，就会马上飞向岸边或岩石上，撕扯着享用大餐。"如果捉不到鱼，它们也不会拒绝死尸残骸。

吼海雕

鹞体形中等，脸部羽毛呈圆盘形，但这一特征不如鸮明显。它们在地面捕食猎物。英国有白尾鹞和白头鹞两种，捕食爬行动物和两栖动物，给狩猎场带来巨大破坏。

鸮羽毛柔软蓬松，因此飞行时悄无声息，眼睛位于脸部中央，周围有一圈圆盘形的羽毛。身体的羽毛无后羽，其他猛禽也是如此，但美洲鹫和吼海雕是例外。许多鸮的腿部至脚趾均覆有羽毛。

仓鸮体长超过 1 英尺（30.48 厘米），羽毛为浅黄色，饰有灰色、白色、黑色花纹，在英国十分常见，会在老建筑、谷仓和空树洞中筑巢。由于它们捕食老鼠，因而成为了农民的朋友，但猎场看守人误以为它们会捕食其他鸟类猎物，因而残忍地大肆捕杀它们。虽然它们常被称为“尖叫鸮”，但其实它们的叫声有些像汽笛声。

灰林鸮的羽毛为深灰色或红棕色，常在英国的森林中出没。它们以小鸟和田鼠为食，偶尔也捕食毛虫。它们较易被驯化，是十分有趣的宠物。它们能勇敢地保护幼鸟，用喙和爪予以激烈反击。

雪鸮分布于北极和亚北极地区，白天出来觅食，体长超过 2 英尺（60.96 厘米），成年后羽毛变为雪白色。它们偶尔来到英国。

雕鸮头部两侧各有一簇角状羽毛，分布于欧洲中部和北部，但很少来到英国。它们体长约 2 英尺（60.96 厘米），羽毛为黄褐色，饰以黑色花纹。美洲雕鸮是它们的近亲。英国有长耳鸮和短耳鸮。短耳鸮本不常在英国出现，但自从苏格兰黑田鼠泛滥成灾，许多短耳鸮便选择留下来繁衍生息。

渔鸮分布于印度和非洲。如果没有足够的鱼类，它们也会捕食小型哺乳动物、鸟类和爬行动物，有时也不会拒绝腐肉。

穴鸮分布于美洲，生活在草原犬鼠和山鼠的洞里。赫德森说它们是最恩爱的鸟，总是出双入对。

仓鸮

第二十章　涉禽和游禽

涉禽的显著特点是拥有细长的双腿和脚趾，一般为4趾，其中三趾朝前，一趾向后，趾间很少有蹼。它们常出没于河流或湖泊附近的岸边或茂密的草木中，大都以小型水栖动物为食。雏鸟出壳后便能行走。

秧鸡的翅膀较短，紧紧贴合身体，可轻易而迅速地穿过芦苇荡和茂盛的青草丛。

雉鸻分布于全球气候温暖的国度，爪极长，可将体重平均分配至脚掌，如此便能在浮草上轻松行走，一片睡莲的叶子就能给予足够的支撑。水雉的尾羽极长。

长脚秧鸡

秧鸡的爪较短，但脚趾长。这种鸟分布范围极广，数不胜数。西方秧鸡体长不足 1 英尺（30.48 厘米），棕色羽毛，背部有黑色花纹，颈部和胸部为灰色，侧腹部为黑色，上有白色条纹。这种鸟十分喜爱沼泽，常选择待在水里茂密的芦苇、灯芯草和杂草之间，或潜伏，或扎进溪流中游安全的地方。长脚秧鸡体形更小，棕黄色的羽毛上，背部饰有黑色花纹，腹部的浅黄色渐变至白色，侧腹部有棕色条纹。每到临近 4 月末时，长脚秧鸡都会来到英国南部的海岸，大部分会于 9 月末离开，前往非洲越冬。长脚秧鸡十分害羞，人们总闻其声而不见其形。其英文名模拟的是雄鸡的叫声，就像指甲刮过梳齿的声音。和其他秧鸡一样，长脚秧鸡会在被捕捉或被围困时装死。斑胸田鸡、姬田鸡和小田鸡也会造访英国，但姬田鸡和小田鸡较为罕见。

水鸡

水鸡体形稍过 1 英尺（30.48 厘米），背部呈棕色，腹部为暗灰色，喙的基部位于前额，构成“额甲”。比起流动的溪水，它们更偏爱池塘，只有池塘结冰时，才会待在溪水中。它们一季产卵两到三次，第一窝出生的幼鸟会帮助父母筑巢、照顾下一窝幼鸟。紫青水鸡是水鸡的近亲，色彩艳丽，拥有鲜艳的蓝色金属色泽，与红色的双腿和额甲形成鲜明对比。

白骨顶全年在我们身边定居，与水鸡不同的是，它们体形更大，趾间瓣蹼分裂，前额有白色额甲，因此有了英语中“秃得像白骨顶一样”这句俗语。冬季，白骨顶栖息于海岸。非洲鳍趾鹏分布于亚洲、非洲和美洲，和白骨顶一样，趾间具有分裂的瓣蹼，但喙部较长。

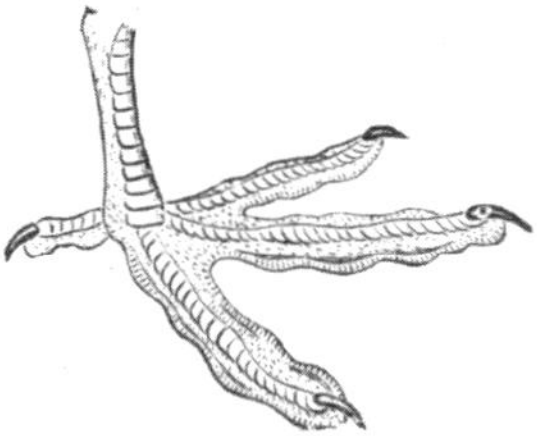

白骨顶的足

沙锥的长喙纤细柔软，可在泥泞和潮湿的土壤中探测蠕虫、昆虫和软体动物。许多鹬类的营养价值很高。

丘鹬在冬天来到英国，一般于春季离开，也有些留下来繁殖，松树、杉树和落叶松种植园中丘鹬的数量连年增长。

它们的体长约14英寸(35.56厘米)，红棕色羽毛上有黑色小花纹。它们白天栖息在低洼地带，羽毛颜色与周围的枯叶十分和谐，黄昏时分出来觅食。它们繁殖期只产卵一次，成鸟带着幼鸟迁徙，雄鸟鸣叫时发出巨大的“呼呼”声。

丘鹬

扇尾沙锥为英国本土鸟类，但每年 10 月、11 月会有大量扇尾沙锥到来，并于来年春季离去。它们的体形比丘鹬的一半稍大，羽毛颜色斑驳。鹬发出“嗡嗡”的叫声，其实是由翅膀和张开的尾羽鼓动形成。常造访英国的斑腹沙锥和姬鹬为候鸟。

杓鹬的体长约 2 英尺（60.96 厘米），羽毛棕色和白色斑驳，是一种滨鸟，喙部弯曲。中杓鹬为候鸟，体形小得多。由于常在每年 5 月来到英国，也被称为“五月鸟”。

鹬是一种滨鸟，喙长而笔直，趾基部由皮肤褶皱相连，本科包括矶鹬、红腹滨鹬、黑腹滨鹬、青脚鹬、红脚鹬、弯嘴滨鹬等。其中流苏鹬最有趣，鸟如其名，在繁殖期，它们的头颈部会长出流苏状羽毛装饰，用以吸引雌性流苏鹬（雌鸟无此装饰），也能在与敌人的战斗中予以保护。它们一度在英国繁育，但现在只是定期造访东部各郡。雄性体长约 1 英尺（30.48 厘米），“流苏”为各种黑色调的棕色、灰色和白色，每只流苏鹬的流苏各不相同。我们观察自然历史博物馆大厅中展出的流苏鹬，就能欣赏到它们个体之间的巨大差异。

沙锥

瓣蹼鹬分布于东西半球的北方地区，是鹬科的一属，足部结构似白骨顶。

长脚鹬的特点是有一双大长腿，喙部长而直；反嘴鹬的喙部向上弯曲。英国的反嘴鹬曾数量庞大，但如今已多年不在这里交配繁殖了。

其羽毛黑白相交，足部有蹼，但除非逼不得已，否则不会轻易下水。它们以小型水生动物为食，用长喙侧向将食物从泥地中挖出。

金鸻

鸻体态壮硕，喙部较短，翅膀末端较尖。石鸻会在英国度过夏天，常出没于荒野和沙地。塞特福德附近有一个大公园，曾吸引了许多石鸻前来。特雷弗－巴蒂（Trevor-Battye）先生有幸见到它们孵蛋，说孵蛋时由雄鸟和雌鸟轮流进行，它们会将蛋向后扒，以免被长腿妨碍。

麦鸡鸣叫时发出“噼喂”声，钟爱沼泽和潮湿泥泞的地面，广泛分布于不列颠诸岛。有人收集麦鸡的蛋售卖，称为“鸻蛋”。雌鸟孵蛋时如果受到惊扰，会选择溜走，而雄鸟则不遗余力地吸引入侵者的注意。不过如果鸟蛋已经孵化，雌鸟也会加入到雄鸟抗击敌人的队伍中去。假装残废是它们常用的伎俩——通常能成功吸引追逐者远离鸟巢。我们比较熟悉的有灰斑鸻、金鸻、剑鸻等，灰斑鸻和金鸻的营养价值很高。

翻石鹬颜色为黑白相交，常于夏季造访英国，多分布于滨海地带，有时会造访溪流的岸边。它们喜欢用喙翻开石头寻找主要的食物——昆虫，因此得名“翻石鹬”。如果石块太沉，无法用喙部撬开，它们便会用胸部去推。

翻石鹬

蛎鹬科常年与我们生活在一起，羽毛为黑白色，长喙为橘色，在海滩上十分显眼。它们在石头缝隙或者水塘中探索，从甲壳中舀出帽贝和蚌肉。

蛎鹬

鸨仅分布于旧世界。大鸨曾在英国数量众多，但自1840年左右以来，它们只是偶尔造访了。诺福克和萨福克的沙地公园是它们最后的安全港，即便是现在，只要偶尔从欧洲过来几只，也会遭到附近居民的猎杀。它们的体长约45英寸（114.3厘米），老年雄鸟体重达30磅（约13.61千克）。小鸨体形小得多，有时会游荡至英国。澳洲鸨能消灭害虫，受到维多利亚州的保护。

鹤分布于气候温暖的国度，会进行长途迁徙。腿长而纤细，羽毛为正羽状。它们求爱时的舞蹈十分特别，为观众带来欢乐和愉悦。灰鹤体长约4英尺（约1.22米），羽毛为石板灰色，在英国比较少见。16世纪，它们曾在英国的沼泽地带交配繁殖，但后来由于污水排放，导致灰鹤的食物匮乏，因此也不再定期造访。它们的食物有青草、谷物、种子和昆虫。

日鳽来自南美洲，羽毛颜色鲜艳，在巴西许多人将它们当作宠物饲养。贝茨说："它们极易驯化，能自在地在房间地板上闲逛，偶尔用细长的喙拾起一些食物残渣或捕捉昆虫。"

鹭鹤来自新喀里多尼亚，蓝灰色羽毛十分蓬松，华莱士说它们有些特点与秧鸡、鸻和鹭相似。

蓑羽鹤是鹤类中个体最小的。冕鹤分布在非洲大陆，是比较原始的鹤科鸟。

蓑羽鹤和冕鹤

喇叭鸟来自亚马孙河谷，因叫声似喇叭而得名。

冠叫鸭分布于巴西与拉普拉塔的山地和开阔平原，有些特征似猛禽。翅膀上有两根骨刺，有一种冠叫鸭的头部长有角状突起。人们驯养冠叫鸭，让它们和家禽共同生活，使家禽免受贪婪的捕食者的侵害。

鹭

鹈形目的喙呈角质，十分坚硬。它们通常在树上筑巢，雏鸟孵化后需要成鸟照顾一段时间。鹭的后趾较大，可平铺于地面。

苍鹭遍布不列颠诸岛，它们在苍鹭巢中繁殖产卵，在英格兰比在苏格兰和爱尔兰更为多见。苍鹭以鱼类、爬行动物、蛙、水鼩、小鼠和小水禽为食，在这些食物不充足的情况下，也捕食蜗牛、蛞蝓和昆虫。人们常见到它们站在水中搜寻猎物，用尖锐的矛状喙啄食。苍鹭的几个同源物种常造访英国，其中夜鹭在无人打扰的情况下，可能留在英国交配繁殖。

白鹭全身覆白羽，与众不同，繁殖期长出长长的羽冠和饰羽。大白鹭在英国比较罕见，曾在多瑙河谷一带数量较多，但人类为获取它们的羽毛而对其进行猎捕，导致数量大大减少。

麻鳽每年只来英国一段时间，不在此交配繁殖，通常一出现就遭到人类的猎杀。它们的体长 27 ～ 30 英寸（68.58 ～ 76.2 厘米），浅黄色羽毛上有黑色斑纹，与喜居的芦苇荡十分相称。它们在芦苇荡中度过整个白天，夜间出来觅食。贸然接近受伤的麻鳽是十分危险的，因为它们往往会凶狠地背水一战，长而尖锐的喙和利爪能重伤人类。

麻鳽

小苇鳽也是候鸟，但比较少见。和体形大一些的鳽一样，羽毛是它们绝佳的伪装，美洲的一些物种也是如此。

白鹳是一种候鸟，以前数量更多。它们在欧洲比较多见，从亚洲和非洲的越冬地来欧洲产卵繁殖。中欧地区的人们对白鹳予以保护，且准备车轮或粗糙的平台来鼓励它们筑巢，它们会在上面用树枝和木棍搭建一个巨大的结构用于放置鸟蛋。当然，它们也在树木、塔尖甚至悬崖壁架上筑巢。卡农·特里斯特拉姆（Canon Tristram）说，事实上，同一对白鹳每年春天都会回到同一个地方，建筑新巢或者修复旧巢，养育了一代又一代小白鹳。昆虫、蠕虫、蛇、蛙、小鼠和鸟是它们主要的食物来源，成鸟将喙插入幼鸟的嘴中，喂给它们半消化的食物，和鸽子的喂食方式相似。欧洲许多地方将鹳视为公共场地的清道夫，予以相应的保护，印度许多体形较大的鹳也享有同样的待遇。

鹳巢

黑鹳在英国比白鹳更为罕见，自 1814 年第一次发现白鹳这一物种以来，人们一共仅遇到了十几只。黑鹳背部和颈部羽毛为黑色，具有鲜艳的金属光泽，腹部为白色。黑鹳主要以鱼类为食，通常在近水的高树上筑巢。伦敦摄政公园动物园中的一只黑鹳在那里生活了 30 年。

秃鹳是一种巨型印度鹳，身高超过 5 英尺（约 1.52 米）。颈部前后各有一条很长的气囊，飞行时会膨胀。杰登先生说，在加尔各答等大城市，这种鸟是受法律保护的，它们温顺大胆地在街上行走，潜伏在印度人的屠宰场和焚烧地附近，或者在街道上随时可能被清道夫用车拖走的垃圾堆里摸索。它们有时会捕食鱼、蛙和小型哺乳动物。霍纳迪先生射杀了一只秃鹳，在它的嗉囊中发现了一只重达 5 磅（约 2.27 千克）的狗。非洲有几种秃鹳，人们买卖它们的尾羽用以制作头饰。

裸颈鹳分布于非洲、美洲和大洋洲；黑头鹮鹳分布于亚洲、非洲和美洲；船嘴鹭生活于美洲热带地区；鲸头鹳栖息于尼罗河上游。

鹮曾在诺福克交配繁殖，它们喜欢在印度和锡兰的“高树顶上”筑巢。荷兰的鹮在灌木丛中繁殖产卵。它们的体长约 32 英寸（81.28 厘米），羽毛为白色，羽冠顶端为黄色。南美洲有一种玫瑰色的鹮。

鹮

非洲白鹮体长约 30 英寸（76.2 厘米），喙部像杓鹬一样拱起，分布于非洲。现在，它们在埃及已十分少见，曾被视为神鸟，作为春天的象征而受到人类的崇拜。古埃及的纪念碑上常出现它们的形象，甚至有一座专门为它而建的金字塔。美洲红鹮来自美洲，长得十分美丽。彩鹮拥有暗淡的金属光泽，偶尔会来到英国。

火烈鸟和涉禽一样，拥有一双长腿，和雁形目一样，趾间有蹼，且喙部有齿突。它们分布于亚洲、非洲以及欧洲南部的一些地区。进食时，它们的喙部迅速戳入用脚搅起的泥泞中，用喙边缘的齿突牢牢锁住留在口中的小型水生动物。火烈鸟在泥地中筑巢，巢的位置较高以避免水灌入，它们会像其他鸟类一样孵蛋。

雁形目与水禽

这些鸟类的趾间有蹼，腿能远远向后拨，因此提高了游泳能力，较少用于行走，因此雁形目动物在陆地上行走时步态蹒跚。它们的喙部边缘有齿状突起，抓住蠕虫、昆虫幼虫、甲壳动物和小型软体动物等猎物后可过滤泥沙。上层羽毛排列紧密厚实，几乎可防水，上层羽毛之下还有一层绒毛。大家都见过水从鸭子的背上轻松流下，不留痕迹。

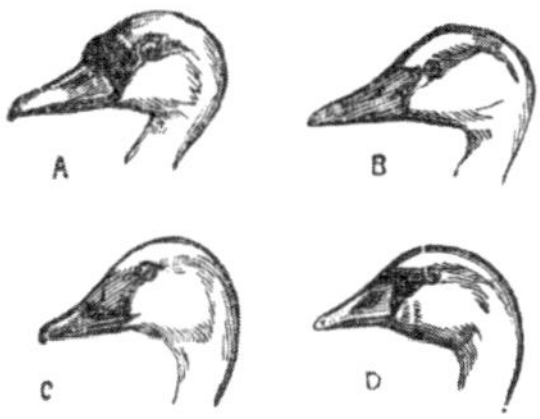

天鹅的头部

A. 疣鼻天鹅　B.大天鹅
C.小天鹅　D. 波兰天鹅

雁可根据羽毛的大致颜色分为灰雁与黑雁，它们常于冬季来到英国。其中灰雁比较罕见，但人们用它们驯化出了家禽养殖场里的大白鹅和其他常见的品种。谁也不清楚为什么鹅会披着一身白色的羽毛，但要将鹅驯化出白色羽毛并非难事，且完全有理由让它们保留洁白的羽色，因为白色羽毛比灰色羽毛更能卖得好价钱。白颊黑雁和黑雁都属于“黑雁”类，在冬季非常多见，严寒天气中常成群出现。从前，人们以为这两种黑雁都是从附在浮木上的藤壶中孵化的，多名学者提到曾见过幼鸟躲在这些甲壳动物的壳中。

天鹅是雁形目中体形最大的鸟类，它们在水中的优雅姿态已众所周知。疣鼻天鹅是我们非常熟悉的一种半驯化鸟类，为我们的湖泊和河流增添了一道亮丽的风景线，欧洲许多地区也发现了野生的天鹅。阿博茨福德是天鹅饲养地，那里生活着成百上千只天鹅，它们在韦茅斯的百科沃特湖、埃克斯河、诺福克的布罗兹湿地以及其他合适的地方自由交配繁殖。大天鹅、小天鹅和波兰天鹅为冬候鸟，其中大天鹅尤为美丽。这几种天鹅的羽毛均为白色，多年来人们都以为天鹅不可能有其他颜色。然而澳大利亚有一种全身黑羽的黑天鹅，南美洲也有一种头颈部呈黑色的黑颈天鹅。

秋沙鸭为大型食鱼海鸟，喙部边缘有锯齿状牙齿，齿尖向后，避免身体光滑的猎物从口中逃走。它们是英国的候鸟，有些也会留下来交配繁殖。由于食物性质的缘故，它们的肉有恶臭。水边的树桩是理想的筑巢地点。在各种秋沙鸭物种中，据说普通秋沙鸭“刚孵化，母鸭就会用喙温柔地叼着小鸭来到树下，教它们怎样去河里，小鸭刚下水就会灵巧地游泳了”。

绿头鸭

淡水鸭中最重要的是绿头鸭，也叫普通野鸭，我们所有的家鸭都是用它们培育而成。有些绿头鸭还在英国筑巢，但湿地污染已将许多繁殖地破坏殆尽。这些绿头鸭主要来自北欧。

众多野鸭中，需要特别介绍的有赤膀鸭、勺形喙的琵嘴鸭、针尾鸭、花纹考究的绿翅鸭和近亲白眉鸭，以及赤颈鸭。它们都可在英国或爱尔兰自由交配繁殖。与它们亲属关系较近的有林鸳鸯和鸳鸯，这两种鸟在英国均作为驯养的观赏鸟。

琵嘴鸭

麻鸭是一种雁形鸟类，体形较大，羽色艳丽，绿色、栗色、白色和黑色花纹界线分明。它们在英国东海岸的沙丘和兔洞中产卵繁殖。它们总是装作残疾，迷惑入侵者远离巢穴。一旦敌人处于安全距离，它们便展开翅膀投入战斗，因此，麻鸭在奥克尼也被称为“狡鹅”。

绒鸭是最为重要的海鸭。它们在英国一些地区栖息，在诺森伯兰郡以北交配繁殖。欧洲北部一些地区也是它们的繁殖地，受到法律保护。塞尔比在法尔恩群岛观察绒鸭繁殖时说：“它们用柔韧的海藻筑巢，孵卵时，成鸟会从自己身上拔下绒毛铺在巢中。随着时间的推移，巢内绒毛逐渐增厚，直到能够完全将蛋掩藏，根本看不出鸭蛋的痕迹。”

麻鸭属

迁徙至英国的海鸭还有红头潜鸭、斑背潜鸭、凤头潜鸭、鹊鸭、白枕鹊鸭、长尾鸭、丑鸭和黑海番鸭。

鹈鹕

鹈形目下所有物种的4趾均由蹼相连。鹈鹕分布于全球的热带和温带地区，大家都见过它们的长喙，下端垂有大皮囊，休憩时不明显。此皮囊可自由扩张，用于装盛鱼类。它们捕到食物后不会立刻吃掉，而是带回岸上再享用。普通鹈鹕来自亚洲、非洲及欧洲的东部和南部，在动物园中十分常见。它们的作息非常规律：早上前往浅滩捕鱼，再飞回陆地享用美食，美美地打个盹儿，黄昏时再次出发，捕捉晚餐，然后便回到陆地歇息。这就是鹈鹕的一天。鹈鹕有多个物种，但只有美洲鹈鹕会潜水捕猎。

栖息地的绒鸭

蛇鹈科下有4个物种，分布于南美洲、非洲、印度和澳大利亚，通常在河岸和湖岸上栖息。它们常站在水面上方的树枝上，一有鱼经过便猛扎入水中。它们也十分擅长游泳，如果能在喂食时间来到伦敦摄政公园动物园，就能见到蛇鹈在水池里游泳。

鸬鹚和北鲣鸟有多个品种，各海岸上都能见到它们的身影。普通鸬鹚体长约 3 英尺（91.44 厘米），羽色阴郁暗淡，是英国人比较熟悉的一种海鸟，喜欢出没于海岸边的岩石上。它们主要以鱼为食，胃口极大，尽管没有鹈鹕的皮囊，但食道富有弹性，能吞下相当体积的猎物。有人在普利茅斯湾射杀了一只鸬鹚，在它的食道中发现了一条 14 英寸长（35.56 厘米）、厚 4 英寸（10.16 厘米）的鱼。英国渔民曾利用它们帮忙捕鱼，中国渔民现在依然如此，他们会为鸬鹚戴上项圈以免其将鱼吞下，再放下水为主人捕鱼，完成工作后会奖励它们自由捕食一段时间。

鸬鹚

欧鸬鹚是英国一种体形较小的鸬鹚，羽毛呈绿色，习性与普通鸬鹚差异较小，但极少来到内陆或淡水边。

鲣鸟

北鲣鸟的繁殖地包括兰迪岛、苏格兰和爱尔兰的海岸，苏格兰的巴斯岩是它们的主要繁殖基地。成年北鲣鸟羽色为白色，幼鸟 5 岁前羽色暗淡，但随着时间的推移变得越来越白。捕食时，它们会朝猎物猛扎下去。

鲣鸟生活于东西半球的南方地区。福布斯先生在基林群岛曾见过这种鸟类，他说，军舰鸟盯上了它们的刻苦勤奋，经常对它们进行无耻掠夺。鲣鸟们带着晚餐返回陆地时，“常被军舰鸟抓住尾巴猛烈摇晃，嘴里的鱼往往都会落到敌人掌中”。

北鲣鸟

军舰鸟分布于南北回归线之间，飞翔能力一流。可可斯群岛的军民捕食军舰鸟，驯化和训练它们假扮成诱饵来吸引其他军舰鸟。狩猎爱好者派出作为诱饵的鸟，朝水面撒一把动物内脏，让驯化的军舰鸟假装啄食，很快就能吸引野生军舰鸟的注意。等到野生军舰鸟冲下来，诱饵就飞离水面，此时主人只需尽情开枪扫射。

它们只有 3 只前趾有蹼，后趾短小且不接触地面，翅膀很长，因此十分擅长飞翔。背部羽色一般为灰色，腹部为白色，但也有几种军舰鸟羽毛颜色较暗。

剪嘴鸥为热带鸟，体形与鸽子相当，下喙比上喙长。捕食时，它们用喙掠过水面，拾起水面的小型海洋生物，或者从贝壳中挖出软体动物食用。

鸥的数量最为庞大，有一些甚至遍布全球各个海岸。银鸥长约 2 英尺(60.96 厘米)，在英国，尤其是在南海岸十分常见。它们捕鱼为食，也不拒绝贝类，甚至在海岸捡拾动物内脏。冬春两季，它们成群结队地穿过原野，寻找牧场和耕地，那里有蠕虫、蛆虫和昆虫等美食。红嘴鸥也在陆地上进食，繁殖期更是如此，因此被誉为“农民的朋友”。英国还有许多其他种类的鸥科留鸟或候鸟。

伦敦泰晤士河上的鸥、燕鸥和鹱

各种鹱的鼻孔

贼鸥，鸟如其名，虽有捕食鸟类、鸟蛋和小型哺乳动物的能力，但更愿意抢夺其他潜鸟的劳动成果，逼迫它们放弃自己的猎物，然后俯冲下去，在猎物落入海里之前一举夺下。

信天翁

燕鸥的姿态十分优美，由于尾部开叉，飞翔时动作似燕，因此也叫海燕。去过海边的人一定都见过它们掠过海面或在潮池中寻找食物。

鹱与其他鸟类的不同之处在于喙上有管状鼻孔。有人叫它们“彼得鸟”，因为一种体形较小的鹱，就像耶稣十二信徒之一渔夫彼得一样在水面行走。信天翁是鹱形目中最高等的一种，擅飞翔。漂泊信天翁分布于英国南部海域，体长约 4 英尺（约 1.22 米），白色羽毛，翅膀上有一些黑色花纹。

每年有几种鹱在英国短暂停留，其中最常见的是暴风鹱，它们在圣吉尔达交配繁殖。圣吉尔达人吃鹱肉和鹱蛋，用鹱油燃灯。暴风鹱生活于北极地区，常聚集在捕鲸船上，想在屠宰鲸鱼时分得一杯羹。斯科比（Scoreby）说，如果找不到足够的腐肉，暴风鹱会跟着海里的鲸鱼，在海面上空盘旋，用特殊的举动告诉捕鲸人鲸鱼所在的位置。暴风鹱在英国和萨克岛的一些地区交配繁殖。

普通潜鸟

潜鸟

所有潜鸟的足部都位于身体非常靠后的位置，因此几乎能够直立。与企鹅不同的是，它们会飞翔。有三种潜鸟会在冬天来到英国，其中最常见的是普通潜鸟。它们样貌俊朗，体长30～33英寸（76.2～83.82厘米）。背部羽毛为黑色，饰以白点；腹部为白色。潜鸟的喙长而直，末端较尖。它们主要生活在开阔的海域，潜入海中捕食鱼类，除繁殖期外极少上岸。蒙塔古驯养过一只潜鸟，它能响应召唤，也能啄食他手中的食物。与崖海鸦和海雀不同，它们在游泳或潜水时不使用翅膀。

刀嘴海雀

刀嘴海雀体长约 17 英寸（43.18 厘米），在英国十分多见，它们在沿岸许多地方交配繁殖。崖海鸦比刀嘴海雀大得多，在英国的数量也更多。这两种潜鸟的习性相同，也会在同一地点交配繁殖。

崖海鸦

海鹦样貌似小丑，体长约 1 英尺（30.48 厘米），背部为黑色，腹部为白色，不仅会换毛，还会换鸟喙，夏季的喙比冬季更大、更鲜艳。海鹦在洞中繁殖，常将兔穴的合法主人驱逐出去，在兔穴中产卵。

鸊鷉也是一种潜鸟，主要在淡水中生活，擅潜水，足部虽无蹼，但却是非常优秀的游泳器官。英国有凤头鸊鷉，这种鸟广泛分布于旧世界。贵妇的暖手筒就是用这种鸟腹部的银白色羽毛制作而成的。小鸊鷉是英国体形最小、最为常见的一种。它们似乎非常贪婪，人们常见到它们被云斑鮰或杜父鱼卡住喉咙。

海鹦

第二十章　涉禽和游禽

企鹅

企鹅之于南半球，正如海雀和崖海鸦之于北半球。企鹅有翅膀，但无法飞翔，而是在水中当作鳍来使用。在陆地上如果遇到危险信号，企鹅会将自己放低，用脚和翅膀滑行，速度极快，难以用目光捕捉。翅羽短小，呈鳞片状。企鹅换羽时，鳞片如蟒蛇蜕皮般脱落。王企鹅分布于南太平洋沿岸。

第二十一章　走禽

此目中有现存体形最大的鸟类，翅膀短小，无法用于飞行，但可延展举起呈风帆状，因此能极大地增加在地面奔跑的速度。《约伯记》（*The Book of Job*）（39: 18）中就有关于鸵鸟习性的描述："它们有时挺身展开翅膀，就嗤笑马和骑马的人。"鸵鸟胸部无龙骨，羽毛似兽毛或后羽，鸸鹋和鹤鸵同样如此。

农场的鸵鸟

非洲鸵鸟分布于非洲和西亚的平原沙漠地带，身高6英尺(约1.83

米）到8英尺（约2.44米），头、颈和大腿部裸露无毛，只有两只脚趾。雄鸵鸟的羽毛为黑色，雌鸵鸟为烟灰色；翅膀和尾部羽毛均为白色，雄鸵鸟的翅羽价值最高。一直以来，人类半驯养鸵鸟，获取它们的羽毛，如今鸵鸟在农场交配繁殖。小鸵鸟在8个月大左右，人们便开始为它们定期修剪羽毛，除繁殖期外，大约8个月为一周期。野生非洲鸵鸟有多个配偶，但只有一个鸟巢，雄鸵鸟负责在夜间孵蛋。非洲鸵鸟以植物为食，但会吞下石子帮助消化。圈养的鸵鸟有一个坏习惯——将所有能吞下的物体都吃进肚子里。伦敦摄政公园动物园一只鸵鸟死亡后，人们在它的胃里发现了好几枚半便士铜钱，总共价值9便士，那些扔硬币的游客一定是有钱没地方花了。

鹤鸵

非洲鸵鸟能很快适应驯养生活，识别自己的主人。如果被侵犯或被激怒，它们会用脚踢来自卫，谁都不愿意被鸵鸟踢第二次。非洲农场中的鸵鸟饲养者都会随身携带一根本地荆棘条，灵巧地挥舞荆棘条就能赶走鸵鸟。

美洲鸵鸟有三种，每只足上均有3趾，头颈部覆有羽毛。它们分布于巴西至巴塔哥尼亚一带，体形比非洲鸵鸟小得多。背部羽毛为棕色或灰色，腹部为白色。人们猎捕美洲鸵鸟，获取羽毛和胃，据说它们的胃干燥磨粉后可治疗消化不良。很久以前，南美牛仔就用过这一药方。美洲鸵鸟和鸸鹋一样，水性好，擅游泳。

鸸鹋有两种，均分布于澳大利亚。人们获得的最大的鸸鹋样本高达 6 英尺（约 1.83 米）。其头颈部覆羽毛，3 趾均有爪，羽毛大部分为棕色。它们出双入对，雄鸟也会孵蛋。它们的后腿肉味道似牛肉，因此遭到人类的猎捕。鸸鹋蛋的食用价值也很高。

鹤鸵在新几内亚和南太平洋诸岛有 8 个品种，澳大利亚北部有一种。其独特之处在于头部有角质盔，肉垂颜色鲜艳。颈短，平均身高约 5 英尺（约 1.52 米）。羽毛长，呈丝状，棕黑色。和鸸鹋一样，鹤鸵也是两只一起活动，雌雄鹤鸵均参与孵蛋。

几维鸟

鹎的体形小巧，外形似鹑，分布于南美洲。其肉具有极高的食用价值，捕鹎活动极受欢迎。

几维鸟也称“新西兰无翼鸟”，腿颈短，喙长，鼻孔位于喙尖。几维鸟有 4 趾，三趾在前，一趾在后，有长爪，受困时可用于反击，但它们更倾向于溜之大吉。大斑几维鸟身高约 2 英尺（60.96 厘米），此外还有三种几维鸟，体形与鸡一般大小。它们白天在地面洞穴或树根中度过，黄昏时才出来捕食蠕虫和昆虫，因此我们对野生几维鸟的特点所知甚少。

第二十二章　爬行动物和两栖动物

爬行动物与鸟类虽外形天差地别，但亲缘关系十分接近，常被归为一类。在整个动物界中，它们上与哺乳动物、下与两栖动物联系起来，因此，在族谱树上，爬行动物和上级的关系可用“Y”字形来表示。其中，竖线下方是爬行动物，上方两个分支分别连接鸟类和哺乳动物。

爬行动物的皮肤覆有鳞片或骨板，有一对或两对肢，也有的肢部完全退化消失，或仅剩两块小骨骼。它们的血液温度低——即比大气温度稍高，卵生，少数情况下由母体孵化。爬行动物不用鳃呼吸。

陆龟和水龟

龟鳖目中，有的生活在陆地上，有的则生活于淡水或海洋。它们均有四肢，身体封闭在盒子形的龟甲中，龟甲呈圆形，上半部称为“背甲”；下半部称为“胸甲”。无牙齿，但颌骨边缘有角鞘，构成尖利的喙，咬合能致重伤。

棱皮龟分布于大西洋和地中海。与龟鳖目中其他物种不同，背甲柔软呈革质。背部皮肤有一道道延伸至头部和尾部的棱，传说希腊人用棱皮龟的空壳制成了里拉琴。成年棱皮龟体长 6 ～ 8 英尺（约 1.83 ～ 2.44 米）。据说肉不可食用，如果误食，可能造成严重后果。曾有棱皮龟被海浪冲上了英国的海岸。

欧洲的陆龟体形较小，其中最著名的是来自欧洲南部地区的普通陆龟，它们以草、叶、根为食，和其他陆龟一样，冬眠时间长，拥有梅花形足，覆有钝甲。

象龟分布于加拉帕戈斯群岛和塞舌尔，如今两地的象龟数量都不断减少。研究加拉帕戈斯象龟的学者丹皮尔（Dampier）道出了在他生活的年代象龟数量减少的原因：“它们体形巨大肥硕，味道鲜美，是任何家禽所无法比拟的。”这些岛屿上的捕鲸人带着象龟出征，供船员食用。除食用外，获取龟油也是人类捕杀象龟的另一原因。

陆龟依然大量存在，但极少有人看到，因为它们更喜欢人迹罕至之处。看到如此庞然大物，人们完全有理由相信，阿尔达布拉群岛出现之初，岛上一定生活着真正的巨兽。在阿尔达布拉的一位工头告诉我，许多年前，他在岛南端的灌木丛中见到两只近 7 英尺（约 2.13 米）长的大龟，旁边的几只龟也比它们小不了太多。已故的戈登将军最后一次访问喀土穆之前，在这里生活过几周，对陆龟进行了深入的研究，发现了塞舌尔象龟的一个有趣特点。他说，一只十分聪明的陆龟“压扁了”一只总来打扰它的乳猪。龟用力举高身体，默默观察，果然不久后小猪又来玩耍，就在这一瞬间，龟像大锤一样重重地压下来。后来人们发现，小猪的每一块骨骼几乎都被压断了。肯尼迪总统曾收到贝蒂上将送给动物学会的两只象龟样本。

加拉帕戈斯象龟

海龟的四肢进化为桨形游泳器官。海龟分布于温暖的海域，只在繁殖期上岸，将卵埋进沙里。

海龟汤是国宴的一道名菜，这种汤就是用绿海龟熬制而成。绿海龟主要以小型海洋生物、鱼、海藻和海洋中唯一的开花植物——大叶藻为食，体长 5 ～ 6 英尺（约 1.52 ～ 1.83 米）。英国将阿尔达布拉群岛设为殖民地以来，海龟黄脂的制作与出口业务极大增长。

绿海龟

玳瑁的玳瑁壳具有商业价值。这种动物体长极少超过 3 英尺（约 0.91 米），其肉难以下咽。达尔文谈到了在麒麟岛捕捉玳瑁的方法：“海水较浅，水质清澈，尽管海龟迅速下潜，逃离了捕龟人的视线，但捕龟人乘独木舟或小船扬帆起航，不久便能追上它。此时，一名捕龟人弯腰站好，猛冲下水抓住海龟的背，然后双手抱住它的脖子。海龟只得拖着他游动，直到精疲力竭，束手就擒。”玳瑁壳是背甲上覆盖的一层薄壳，取玳瑁壳的过程十分残忍。

蠵龟也是一种海龟，一些低等民族才会食用其肉；龟壳太薄，无商业价值。

泽龟一般为水陆两栖，而不仅仅在水中生活，大多数分布于南美洲，非洲和澳大利亚也有一些。它们主要以鱼类为食，足部有利爪。欧洲南部有一种泽龟。美洲的钻纹龟食用价值极高。南美缨毛龟体长约 3 英尺（约 0.91 米），头颈部皮肤有赘疣，可当作诱饵。有些鱼类误把赘疣当作蠕虫，猛然扑过去，自己却丧命于龟口。鳄龟也是一种泽龟，尾长而有棱。伦敦摄政公园动物园的爬行区中，有一只大鳄龟在水箱中已生活了数年。

有些泽龟极具商业重要性：龟肉营养丰富，可食用；龟蛋可提炼油脂。华莱士说，一种泽龟每年就有上百万枚龟蛋用于提取油脂，因此这些爬行动物的数量急剧减少。

鳖的趾间有蹼，趾上有爪，生活在东西半球的热带或亚热带地区，肉食性。它们的吻部突出呈管状，便于呼吸，无须将头伸出水面。蛇鳄龟分布于北美洲，捕食小短吻鳄，所以只要成年短吻鳄遇到蛇鳄龟，就不会放过它。据说其另一个亲缘物种喜欢吃小鳄鱼。

鳄目

它们是大型肉食爬行动物，生活在淡水中，身披骨质甲片，有四肢，尾长而扁平，是得力的游泳器官，在陆地上行动迟缓笨拙。鼻孔位于吻部末端，眼和耳靠近头顶，无须将头伸出水面便可观察周围的环境。此外，鼻孔、眼睛和耳朵可自由开合，在水下时可避免水渗入。小鳄主要以鱼类为食，成年鳄潜伏在水边，捕捉前来饮水的大型动物，将其拖入水中溺亡，再撕碎吞食。它们同样不会拒绝腐肉。

鳄鱼和短吻鳄在外形上没有太大区别，但鳄鱼的头部比短吻鳄的更长、更窄，尾部的棱甲更大。

短吻鳄分布于美国，中国也有一种，伦敦摄政公园动物园中有中国短吻鳄的样本。短吻鳄下颌两侧第四颗牙齿对应的上颌处凹陷，后肢不完全有蹼。短吻鳄中最著名的是美国短吻鳄。用鳄鱼皮制作旅行箱和小物件的时尚潮流为短吻鳄带来了一场灾难。短吻鳄能抑制田鼠数量，因此农民们对猎杀短吻鳄的行为提出了强烈抗议，美国至少有一个州是禁止捕杀这种动物的。其吻部似矛，因此常被人称为“矛头鳄”。南美洲也有几种短吻鳄。

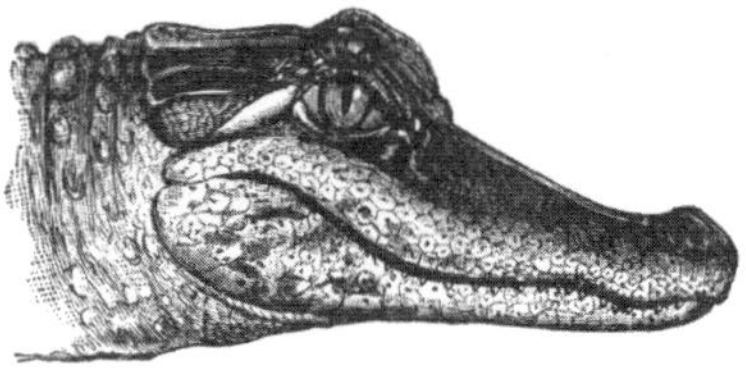

短吻鳄的头部

如果人类保持警惕，就绝不会受到短吻鳄的攻击。根据贝茨的说法，它们非常狡猾，知道何时进攻是最划算的。他告诉我们，有一条河水很浅，有一天甚至能看到一条大短吻鳄趴在水中。大多数人下河洗澡时都会非常谨慎，但那时正值一天中最热的时候，几乎所有人都正享受着午后的小憩，一位喝醉的印度水手独自一人蹚过河去。一个瘦老头躺在吊床里看到了这名印度水手，大叫着让他小心短吻鳄。老人还没来得及说完，只见印度水手踉跄着落了水，“一双沟壑纵横的利爪忽然伸出水面，抓住他的腰，将他拖入水中。村民们都被唤醒，年轻人抓起鱼叉，匆忙赶到河岸边，不过，一切为时已晚，只剩下水面漂浮着的一缕血迹。但是，村民们登上独木舟打算复仇，他们发现了这只猛兽的痕迹，它没过多久就冒出水面呼吸——嘴里还叼着囫囵的一条人腿。”

鳄分布于非洲、南亚、大洋洲、中美洲和西印度群岛的河流中，有的常出没于河口地带，偶尔也出现在入海一两英里的范围内。下颌两侧第四颗牙对应的上颌为一凹槽，嘴闭合时可见。鳄有十多种。尼罗河鳄体长达 18 ～ 20 英尺（约 5.49 ～ 6.1 米），远古时期就已进入人类的视线。古埃及人视其为圣物，希罗多德（Herodotus）讲述过神父饲养和驯化鳄鱼的事迹。无独有偶，印度某些地区至今仍有行者驯养和崇拜沼泽鳄。希罗多德曾说过这样一个事例，一只鸟飞入尼罗河鳄的口中，帮这只巨大的爬行动物啄食口中的水蛭。长久以来都有人怀疑这个故事的真实性，但这位“历史之父”一定有他的根据。

鳄的习性与短吻鳄十分相似，没有动物是它们不吃的。女性和儿童常成为它们的受害者，就算是壮汉落入它们那可怕的颌中，也根本无力挣脱。

鳄具有一定的商业价值。鳄鱼皮可鞣制成革，下颌的腺体能分泌一种具有麝香味的物质，脂肪可炼油。

恒河鳄分布于恒河以及婆罗洲和澳大利亚北部的一些河流中。它们的吻部极长，鼻孔呈瘤状，位于吻部末端。它们主要捕食鱼类。恒河中的恒河鳄据说体长能达到 20 英尺（约 6.1 米）。

喙头蜥

喙头蜥是喙头蜥目仅剩的一种动物，形似蜥蜴，体长从 1 英尺(30.48 厘米)至 2 英尺(60.96 厘米)不等，上表皮呈暗淡的橄榄绿色，上有黄色斑点，腹部呈白色。它们分布于新西兰沿岸一些裸露的岩石小岛上，在岩石间掘洞，以小型动物为食。伦敦摄政公园动物园爬行区外封闭的假山上能见到它们的身影，它们的颜色与周围环境十分相称，可能仔细观察一段时间，才能发现躲在石缝中的它们。新西兰人十分惧怕这种小爬行动物，如果不幸遇到，一定会头也不回地逃走。其实它们是无害的，根本没有攻击或自卫的武器；就算有，也柔弱到根本无力使用这个武器。喙头蜥的头顶有第三只眼，也是首次发现有三只眼的物种；现代人类也具有这一结构，即松果体。

喙头蜥

第二十二章　爬行动物和两栖动物

蜥蜴

蜥蜴目多分布于气候温暖的地区，北极地区无分布。身体多覆有鳞片，通常为四肢，指（趾）有爪，有些蜥蜴为两肢或无肢。尾部脆弱，断肢可再生。它们大部分以动物为食，有些也吃植物。绝大多数蜥蜴在地面生活，有的也在树上活动，极少数具有水栖特性，海洋里只有一种。

变色龙主要分布于非洲，其中，地中海变色龙的活动范围东至锡兰（今斯里兰卡），北达西班牙。变色龙行动缓慢，树栖，通过突然弹出舌头来捕食昆虫，舌头上覆有黏液。眼大，两只眼可朝不同的方向转动。尾部具有缠绕性，指（趾）可分为两种，与啄木鸟或鹦鹉的趾的形态相似。身体可变色。

石龙子科种群数量庞大，只有北极和南极地区看不到它们的身影。它们的鳞片光滑，常出没于干燥的沙地，有些为蛇形，有些有一对足，典型的石龙子则有两对足。蜓蜥属体长 6 ～ 8 英寸（15.24 ～ 20.32 厘米），身体呈暗红褐色，饰有暗色条纹，分布于非洲，曾用于制药。

真正的蜥蜴仅分布于旧世界，英国也有几种。每只足均有 5 趾，尾一般较长，舌尖分裂，可延展。捷蜥蜴长约 7 英寸（17.78 厘米），但也发现过更大的个体，身体可变色。贝尔教授在普尔附近发现了许多蜥蜴，在伯恩茅斯附近的荒野中也有很多。它们以昆虫为食，蛇和蝰蛇是它们的天敌。自然历史博物馆中有一只捷蜥蜴曾被一条蝰蛇食入腹中，这条蛇后来被人所杀，置于瓶中，蛇的捕获者当时并不清楚它的胃里有什么。第二天，捕获者将烈酒倒入瓶中，想将蛇的尸体保存起来，这时，那只蜥蜴从它的嘴里爬了出来，差点在烈酒中溺亡。胎生蜥蜴的幼蜥直接从母体内产出，在英国也有分布，并延伸至爱尔兰。贝尔教授说，它们的主要食物是苍蝇，也捕食甲虫、蟋蟀和蚱蜢。

绿蜥蜴在欧洲大陆较为常见，在海峡群岛也有它们的踪影。

辛氏蜥分布于费鲁岛东端的左尔摩岩石上，习性十分有趣。1891 年，伦敦摄政公园动物园第一次展出这种蜥蜴。当地人说，这种蜥蜴以螃蟹为食，但在伦敦展出的这只蜥蜴对螃蟹不感兴趣，而是更喜欢吃生肉和鱼，饭后甜点则是葡萄和香蕉。双领蜥分布于新世界。它们有些生活在沼泽地带，水性好。普通双领蜥体形较大，广泛分布于南美洲。它们常在河畔出没，尽管一般不主动下水，但细长的尾巴可作为重要的游泳器官。水果、昆虫、小型爬行动物、鸟和鸟蛋是它们的食物，人工饲养时主要喂肉食类。人们曾普遍认为猛兽靠近时，它们就会发出警报声，但巨蜥也有类似的传说，所以这一说法的真实性有待考证。贝茨说，当地人认为这种蜥蜴的脂肪“极具价值，湿敷可拔出掌中棘刺，甚至能治疗皮肤上的枪伤”。

美洲鬣蜥属在新世界极为常见。背部和尾部有冠状突起，喉部有囊，可随意膨胀。它们主要在树上生活，但也擅长游泳。许多美洲鬣蜥和变色龙一样，皮肤可变色。美洲鬣蜥广泛分布于南美洲。它们主要以植物和昆虫为食，因其肉可食用而遭到人类的猎捕。它们性情温顺，但如果遭到围困，也会疯狂撕咬敌人，长鞭状的尾巴是它们的有力武器。

冠蜥因形似西方传说中的蛇王巴西利斯克而又名“王蜥”，但其实并不像传说的那样可怕。它们是一种无害的树蜥，以家庭为单位生活。

鬣蜥科在加拉帕戈斯群岛有两个奇怪的成员：一个常出没于岩滩，也可游入海中，但它们一般会避免下水，食海藻；另一个掘洞而居，大量分布于詹姆斯岛，那里满地都是这种蜥蜴，达尔文先生的团队根本无法找到能远离它们的空地来搭建帐篷。

角蜥

角蜥常被误认为角蟾，分布于得克萨斯州，眼周围可喷射血一样的红色液体。它们将自己埋于沙中，头部的棘刺与沙漠中干燥多刺的植物十分相似，这种多刺的盔甲可躲过猛兽和猛禽的眼睛。

魔蜥体长 6 英寸（15.24 厘米），身体覆密刺，头部有两根犀牛角状的长棘刺。它们不具伤害性，仅分布于澳大利亚。

毒蜥是墨西哥的一种蜥蜴，体长约 2 英尺（60.96 厘米），相貌丑陋，皮肤覆有小突起，浅鲑肉色皮肤上饰以黑色斑点。牙齿表面有沟槽，小型哺乳动物被咬后可能因此丧命。

飞蜥仅分布于旧世界，其中包括东方飞蜥，树栖，肋骨下部、头部和咽喉部的皮肤褶皱可延展成滑翔伞，让它们得以在树枝间跳跃。许多飞蜥的颜色鲜艳夺目。普通飞蜥或许是最著名的一种，分布于东部群岛。它们常一动不动地趴在树枝上，等到昆虫闯入，便展开“翅膀”，忽然弹起将其捉住，然后落到下方的树枝上。

澳洲的伞蜥喉部有一圈巨大的伞状领圈皮膜，可自如开合。

巨蜥仅分布于非洲、亚洲和大洋洲，据说在鳄鱼靠近人类时，会向人类发出警报。这个说法唯一的根据就是它们常和鳄鱼分布在同一片水域，尼罗河巨蜥是这个故事最早的主人公，会吃下途中遇到的鳄鱼蛋。这种蜥蜴能长到 6 英尺（约 1.83 米），尾巴从根部逐渐变细，长度竟达到总体长的一半。它们常出没于河岸和湖畔边，受到惊扰后躲入水中。多种巨蜥的肉和蛋可食用。

壁虎

壁虎遍布于全球的温暖地带，身体壮硕，趾部有叶状扩展，可黏附和行走于直立的表面。它们常在房屋的墙面和天花板上奔跑，搜寻蜘蛛和昆虫的身影。其英文名模仿的是有些壁虎发出的叫声。守宫在欧洲南部比较常见。

蚓蜥又被马戏团称为“两头蛇”，分布于小亚细亚（今安纳托利亚半岛）和南美洲，西班牙有一种非洲蚓蜥。它们形似蠕虫，身体有鳞，呈环状分布，长度最大不超过 18 英寸（45.72 厘米）。贝茨在帕拉发现过几种蚓蜥，他说它们造型奇特，总是向前或向后蠕行，因此传说它们的身体两端各有一个头。南美洲有几种蚓蜥生活在切叶蚁的巢穴中，正如响尾蛇住在草原犬鼠的洞穴中一样——那里有充足的食物来源。当地人说，蚂蚁们十分喜爱这种蜥蜴，如果蚓蜥被捕，它们也将放弃这个巢穴。

蛇蜥的外形似蛇，其中以普通蛇蜥最为典型。大家十分熟悉这种生物，尽管不断发展的文明将它们从我们身边驱走，但春夏时节去乡下仍能轻易找到它们的踪影。在我看来，它们十分美丽，而它们对人类的贡献也很大——能消灭大量对农田果园造成破坏的毛虫、蛞蝓和昆虫。人们对它们有一些误解。首先，它们并没有害处，但人们对这种小爬行动物有些偏见，许多地区会误以为蛇蜥有毒而将其杀死。其次，它们并不瞎。它们拥有一双十分明亮的眼睛。和许多有足蜥蜴一样，蛇蜥也会断尾自救，断尾可跳起或扭动，它们曾经的主人则趁机全速逃往安全之处。

所谓的脆蛇也没有四肢，与蛇蜥关系亲近。

蛇

在大家心目中，蛇身体纤长，无足，覆有鳞片。但也有一些蛇的体内有后肢的痕迹，甚至身体外部有钩或“爪”。颌可膨胀，因此能吞下比喉咙直径大得多的猎物。这才是蛇的典型特征。至于“无足”，有些蜥蜴、两栖动物和鱼也没有足。蛇的体表不分泌黏液。

蝰蛇科的蛇均有毒性，大部分蝰蛇为卵胎生，即卵在母体内发育成熟后，幼体才从母体中产出。头部多呈三角形，就像扑克牌中的梅花 A。上下颌侧边各有一颗巨大的、可伸缩的空心毒牙，牙侧有一小孔可将毒液注入伤口。狭义上的蝰蛇仅分布于旧世界，非洲的蝰蛇数量最多、毒性最强。

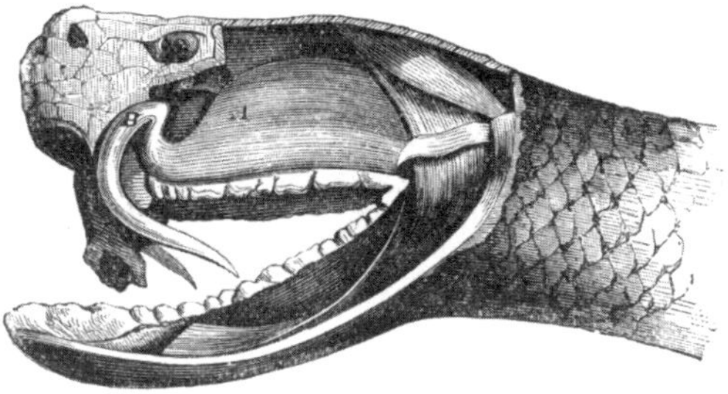

响尾蛇的颌部

A. 毒腺　　B.管状毒牙

极北蝰遍布欧洲，在英国十分常见，常出没于干旱的荒野和沙地。体长不足 2 英尺（60.96 厘米）。身体颜色差异较大，但背部均有从头部延伸至尾部的锯齿形花纹，根据这一特点可轻松地将它们与英国其他无毒的蛇及蛇蜥区分开来。据说危险来临时，小蛇会躲入父母的口中，这一说法似乎可行，但未被证实。发现危险后，小蛇的确很快消失不见，但除了父母的大口外，它们还能轻松躲进土地的裂缝中或石头下。蝰蛇油用于被它们咬伤后的急救，但橄榄油似乎也具有同样的效果。

有的蝰蛇头部有角状突起。其中最著名的是来自非洲的角蝰，据说它们像恶犬一样咬住敌人不放，瞬间将毒液注入伤口。鼓腹咝蝰也来自非洲，受到刺激后会将身体膨胀，除鼓腹咝蝰外，还有一些物种也具有这一特点。亚洲蝰蛇中，山蝰常被人类饲养。

蝮蛇的眼睛和吻部之间两侧各有一处颊窝，仅分布于亚洲和美洲，其中最著名的是响尾蛇。普通响尾蛇广泛分布于美国。此外还有其他几种响尾蛇，其中一种分布于巴西。响尾蛇不定期（而非通常认为的每年）蜕皮后，尾部残留的皮肤硬化，从而发出响尾声。响尾蛇为夜行性爬行动物，除非先被挑衅，否则很少主动攻击。响尾蛇有剧毒，常致人死亡。

角蝰

马提尼克岛的三色矛头蝮长可达 6 英尺（约 1.83 米）。关于美洲大陆和特立尼达拉岛的同源物种，摩尔(Mole)先生和乌里奇(Urich)先生记录了这样一件事，有人用小棒激怒了一条矛头蝮，它喷出的毒液竟落在了距离 12 英尺（约 3.66 米）远的一位女性脸上。

亚洲蝮蛇的体形虽比新世界的小，但同样有剧毒，其中有许多在树上生活，被激怒后会猛烈反击。尾部具有缠绕性，是树栖生活的好帮手。

有毒的游蛇形似普通英国蝰蛇，但没有蝰蛇特有的三角形头部。毒牙固定于下颌，毒液通过沟槽（而非管道）排出。它们分布于全球气候温暖的地带，在欧洲没有发现这种蛇的踪迹。

所有游蛇中，第一类可将背部的皮肤扩张成罩状，以广泛分布于印度的印度眼镜蛇最为典型。它们长达 5 英尺（约 1.52 米）以上，有许多亚种。有的眼镜蛇鼓起颈部皮褶后呈现出眼镜状花纹，像连衣裙上的环形衣扣。它们夜行，除非发怒或不安，否则不会主动攻击人类。眼镜蛇可抬起头部和身体的前部，但身体大部分仍紧贴地面。

印度眼镜蛇毒非常致命，如果被毒腺充盈的眼镜蛇咬伤，任何治疗都将无济于事。印度每年被眼镜蛇咬伤致死的人数众多，但欧洲人想采取措施减少眼镜蛇数量时，却遭到当地人的反对，他们视眼镜蛇为圣物。据说从前政府鼓励人们捕杀眼镜蛇，蛇头可换取报酬。当地人为了获取报酬而开始饲养眼镜蛇。这种说法看似荒诞，但吉尔马博士讲述了马来群岛一名荷兰人的故事。他开设了一个鳄鱼养殖场，在一小段河流上打桩标出界线，鳄鱼们在此迅速繁殖，每只鳄鱼头就能赚两美元。

印度弄蛇人常随身带着眼镜蛇，他们似乎具有指挥它们的神奇魔力。关于这些表演者，加尔各答印度博物馆的 E.C. 科茨（E.C.Cotes）先生在《麦克卢尔杂志》中说："别以为拔掉眼镜蛇的毒牙就万事大吉了，即使这样做，也不是绝对安全的。给毒蛇拔牙很简单，但一般情况下，毒蛇过不了多久就会长出新的毒牙来。即便没有毒牙，毒腺里的分泌物依然能释放到蛇的嘴里。只要有伤口，毒液就能进入人的体内，况且它除了毒牙外，还有许多微小的牙齿。"

埃及眼镜蛇是印度眼镜蛇的近亲，和南非的唾蛇一样，颈部没有眼镜形花纹。埃及的弄蛇人认为用拇指和食指捏住埃及眼镜蛇的后颈处，蛇就会变得像棍棒一样坚硬。

印度的眼镜王蛇是本科体形最大的一种，比普通眼镜蛇更为凶猛，所幸它们并不常见，当地人说它们被激怒后不仅会攻击人类，而且还穷追不舍。眼镜王蛇主要以其他蛇类为食，无论是否有毒，一律纳入口中。伦敦摄政公园动物园中的几条眼镜王蛇就是很好的例子。

印度的其他眼镜蛇同样致命，澳大利亚也有一些，但毒性差异很大，有的伤口几乎和蜜蜂蜇伤差不多。南美洲也有一些发现，这种蛇拥有红黑或黄黑色花纹，几种无毒的蛇也长着这种花纹，二者难以分辨。这种鲜艳的色彩是珊瑚蛇的一种警告，无毒蛇便假借相似的外表来伪装自己。

热带地区的海蛇也是眼镜蛇科的一种，体长可达10～12英尺（约3.05～3.66米）。海蛇的尾部侧扁如桨，是游泳器官。它们生活在海洋中，若被海浪抛到岸边，就几乎无法动弹了。但有一种海蛇在沼泽中生活。所有海蛇都有剧毒。

接下来介绍所谓“无害”的蛇。它们大都牙齿坚固、无沟槽，无毒腺，但有些树蛇和沙蛇，以及亚洲的淡水蛇，同样拥有和毒蛇一样的后沟牙，但牙齿位置靠后，此外，由于分泌的毒液极少，被它们咬伤对人类而言不会致命。但是肯定的是，它们几乎都能麻痹或杀死小型哺乳动物、鸟类和蜥蜴，并以此为食。

藤蛇身材细长如鞭，因此也叫“鞭蛇”。它们通常为绿色，分布于美洲热带地区、西非和亚洲。

眼镜王蛇

树蛇分布于所有热带地区。昼行性树蛇通常颜色艳丽，而夜行性树蛇则归为另一科，它们的肤色十分暗淡。

沙蛇在非洲数量最多，分布于非洲至马来群岛一带。它们在地面上生活，曾有人见过一种沙蛇吞下了一条蝰蛇。然而，我们并不清楚这种同类相残的现象是习惯还是偶然。

淡水蛇较少在地面上出现，生活于热带和亚热带地区，以鱼和甲壳动物为食。暹罗（今泰国）的触角水蛇，样貌十分奇特，吻部有两只柔软的突起，覆有鳞片，或许和龙虾或昆虫的触角一样，是一种触觉器官。

食卵蛇分布于非洲南部。动物学会于1894年收到一条食卵蛇，它在他们的爬行箱内生活了一段时间，以鸽子蛋为食。口中几乎无牙，鸟蛋被吞入食道，用“食道牙”——第一脊椎上的八九个骨质突起——将蛋壳分解。流质营养物质向下传入胃中，蛋壳分解为丸状，从口中排出。安德鲁·史密斯（Andrew Smith）博士饲养了几条食卵蛇，他观察发现，它们总是将蛋吞至头下2英寸（5.08厘米）左右，然后用力将蛋壳切碎。

水游蛇在英国十分普遍，比蝰蛇大得多，头后有黄色花纹，不具备蝰蛇的菱形标记。这些爬行动物常出没于气候温暖、阳光充足的水滨地带，擅长游泳。它们主要捕食小鼠、大鼠、蛙、蜥蜴、鸟及鸟蛋，也不会拒绝小型鱼类。雌性比雄性大，平均体长小于3～4英尺（91.44～121.92厘米）。

滑蛇体形比水游蛇小，常出没于干燥的沙地，主要以蜥蜴为食。滑蛇被激怒后会下口反击，不喜欢被人触摸。英国人于1859年在伯恩茅斯发现了第一条滑蛇，此后又有许多人在附近地区捉住这种蛇，它们似乎仅分布于伯恩茅斯至汉普郡和多塞特郡一带。

滑鼠蛇也属于这一类，广泛分布于亚洲地区，它们可自由进入房屋，挑起与老鼠之间的战争；美洲黑王蛇常以响尾蛇为食。

蚺和蟒捕猎时，将猎物缠绕挤压致死。许多神话传说夸大了这些爬行动物的长度，其实最长记录大概是30英尺（约9.14米），并且这种尺寸的样本也是非常罕见的。它们生活于热带地区——西半球为蚺蛇；东半球为蟒蛇。

红尾蚺最为常见，在任何动物园或移动的动物展览中都可以见到。它们是南美洲的一种常见物种，当地人似乎并不惧怕它们。贝茨在帕拉州生活时，一天夜里被灯夫吵醒，那位灯夫在街上捉到一条红尾蚺，迫不及待地想要展示给这位英国博物学者看。

蚺蛇缠住了美洲豹

《田野》杂志中记录了在新加坡发生的一件离奇的事。5条蟒蛇被放在一个封闭的大箱子里。其中新来的一条蟒蛇长约18英尺（约5.49米），体形壮硕。其他几条蟒蛇已一起生活了一段时间，相处十分融洽。但那条大蟒蛇到来之后的一天夜里，它吞掉了3条小一些的蟒蛇，它们平均体长有 15 英尺（约 4.57 米）。幸存的那条蟒蛇，体形比被吃掉的那 3 条都大，而且身上也有一些轻伤，似乎两者发生过激烈的打斗。

人们一度以为只有眼镜王蛇才会吞食同类，但现在看来，同类相残的恶习似乎比想象的更普遍。

水蚺是体形最大的蚺蛇。贝茨在《亚马孙的博物学者》(*Naturalist on the Amazons*）中说，这些蛇寿命极长，体形极大。他见过长度超过 20 英尺（约 6.1 米）的蚺蛇皮，听说有的样本体长是它的两倍，然而 30 英尺（约 9.14 米）可能已是极限。尽管有许多报告称发现了长度超过 30 英尺的水蚺，但并无真凭实据。

蟒与其在新世界的亲戚，习性并无差别。它们遍布亚洲，甚至远至马来群岛，以及非洲西部和南部。最大的蟒几乎与水蚺同等大小。这些巨蛇当中，有的会孵卵，它们会将卵堆叠起来，缠绕在周围。位于伦敦摄政公园的动物园内发生过一例类似事件；1894 年，莱比锡的动物园中也上演了这一情节。

澳大利亚也有几种蟒蛇，如钻石蟒和地毯蟒，它们是近亲。

两栖动物

两栖动物与鱼类的关系甚至比爬行动物与鸟类的关系更为亲近。爬行类和两栖类一度被归为同一个纲，但其实二者有显著差异：前者始终用肺呼吸；后者年幼时用鳃呼吸，有些两栖类动物成年后仍保留这一呼吸方式，而有些两栖类则像高一等的爬行动物一样用肺呼吸。两栖动物常经历变态发育的过程，幼体被称为“蝌蚪”。它们大都擅游泳，温带的两栖动物冬季常在塘底冬眠；热带两栖动物旱季时会钻进泥土中。

蝌蚪阶段结束后，蛙和蟾蜍的尾部消失，它们在全球广泛分布，主要以昆虫、蛞蝓和蠕虫为食，大一些的物种也吃小鼠和小型鸟类。捕食小型猎物时，大部分蛙和蟾蜍的舌头前侧固定，后侧可自由地向前射出，自由活动的一端覆有黏液，接触猎物后收回口中，将猎物一口吞掉。

蛙类头部

（可看到舌头固定在嘴前侧）

林蛙在英国十分常见，它们的前趾根根分明，后趾有蹼相连。大家都见过它们潜伏在河流或池塘边的阴凉处，趁猎物不备，突然出击，此处无须赘述。大多数人也都听过它们在春天里求爱的歌曲，不过声音不堪入耳，或许并不能称之为“歌曲”。它们消灭了大量害虫，是当之无愧的农民的朋友。春季，可看到蛙类的卵漂浮在池塘的水面上。那些微小的黑色颗粒就是未来的蝌蚪，外面包裹着一层球状物，吸水后变得膨胀且透明，而蛙类总是在水下产卵。

有尾的蝌蚪发育为无尾的青蛙的过程在各种文章中都有描述，这里只想提醒大家可亲眼观察。大家只需要收集一堆蛙卵，放入一个注满塘水的容器里。光线可采用顶部照射的方式，比侧边照射更为均匀自然，容器（盆或者蛋糕盘均可）应存放在阴凉处。一段时间后，蝌蚪就会出现，经过四个发育阶段，最终变成蛙。

欧洲水蛙在欧洲大陆、北非和亚洲十分常见，现已被引入英国，不过仅在一个郡有分布，由于叫声喧闹而被当地人称为“舰桥夜莺”。这种蛙的后半身可食用，味道似童子鸡，价格昂贵。

美国的牛蛙体形较大，也可食用，半英里远处都能听到它们的叫声。

大蟾蜍比蛙类体形更壮硕，皮肤呈疣状，常出没于潮湿地带，夜间出来捕食昆虫和蛞蝓。皮肤可渗出一种辛辣的分泌物，渗入伤口后有害。正因如此，狗几乎不会去咬蟾蜍。然而，蟾蜍会喷射毒液的旧观念是毫无事实根据的。黄条背蟾蜍也是一个英国品种，其背部有黄色条纹，比较罕见，喜欢出没于干燥地带。

树蛙

许多奇异传说中，蟾蜍是在树心或石块的中心被发现的。然而，这些故事根本经不起推敲。它们虽可长时间不进食，但实验证明，如果将它们关在石洞中，洞口覆盖一层玻璃，它们不到两年就死去了。

树蛙与蟾蜍有亲属关系，各趾有吸盘，能黏附在树叶表面。它们多为鲜绿色，一些热带树蛙的颜色更加鲜艳。普通树蛙在欧洲分布广泛。

一些美国树蛙（美国人称为“树蟾蜍”）不经历蝌蚪阶段，冬天在地下、树桩或空树洞中进入蛰伏状态，并非像真正的蛙类一样在池塘或沼泽里产卵。

角蛙是来自南美洲的大型蛙类。赫德森先生认为它们能分泌毒液，在作品《拉普拉塔的博物学者》中记载了它们杀害两匹马的事例。

产婆蟾

产婆蟾在法国某些地区比较常见，雄性产婆蟾将卵带缠在腿上，在潮湿的地面掘洞。蝌蚪将要出世时，它们就会前往死水潭，蝌蚪突破果冻状外壳，下水游走。

袋蟾分布于墨西哥，雌性袋蟾的背部皮肤下有囊，可由雌性自己将卵传送其中。蝌蚪在这个育儿袋中变态，成为成蛙后离开。

负子蟾成蛙体长近1英尺(30.48厘米)，既没有舌头，也没有牙齿。水栖，样貌丑陋。卵经过输卵管的延长管道，到达雌性背后不同的小窝状育儿囊中，突出于皮肤表面，并在此发育。1894年，伦敦摄政公园动物园收到了几只负子蟾样本，其中一只雌性负子蟾曾“负子”了一段时间，但那些卵最终并没有变成蝌蚪。

蝾螈亚目动物的尾部终身保留，外形似蜥蜴。蝾螈为水栖，尾部扁平，构成游泳器官。

英国有三种蝾螈——乡下男孩们叫它们“咿喂”，以为它们有毒就毫无怜悯地朝它们扔石头。春夏两季，雄性的颈部到尾部长出肉冠，与雌性大不相同。

负子蟾

冠欧螈体形最大，样貌十分神气，可用蚯蚓和肉饲养，和小一些的蝾螈一样，可置于带水的容器中。容器中应有水生植物，水面漂浮一块软木或者安置一座假山，可让蝾螈出水待一段时间。雌性蝾螈常将卵产于水生植物的叶片上，用后腿为每一颗卵裹上叶子。蝾螈幼体非常漂亮，我们也可轻易观察到它们的变态过程，与蛙的变态过程情况十分相似。蝾螈最先出现的是前腿，而蛙最先出现的是后腿。

大蝾螈的身体呈疣状；体形较小的平滑蝾螈无疣状突起；平滑蝾螈雄性后脚有蹼。

蝾螈亚目动物成年后在陆地上生活，喜欢在凉爽、潮湿的地方生活，但在水中产卵。斑点钝口螈分布于欧洲中部和南部，皮肤为黑底黄点，或许想告诉鸟类它们的肉“并不好吃”。曾经有人以为这种动物不怕火烧。

美西钝口螈幼体为钝口螈属动物，生活于墨西哥城附近的湖泊中，南卡罗来纳州发现一种它的亲缘物种。幼体和成体均可在水族箱中生活。幼体也具有繁殖能力，如果食物充足，小蝾螈会迅速长大。墨西哥钝口螈幼体可长到 9 ～ 10 英寸（22.86 ～ 25.4 厘米），体态肥硕，皮肤为暗石板色，饰以黑色斑点。鳃消失后，尾变得圆润。

大鲵，长约 3 英尺（91.44 厘米），分布于中国和日本，是最大的两栖动物。

美国南部的几种两栖动物成年后鳃虽消失，但鳃裂依然保留。也有的两栖动物终身有鳃。人们在卡尼奥拉和达尔马提亚的地下湖泊和溪流中发现了洞螈。它们长约 1 英尺（30.48 厘米），和手指一般厚。眼部退化，隐匿于皮肤之中。鳗螈体形较大，与洞螈外形相似，但皮肤颜色更深，生活于南卡罗来纳州的沼泽和死水潭里，无后肢。

无足两栖动物体形较小，穴居，外形像一条大蚯蚓，多居于全球热带地区，幼体直接从母体中产出。

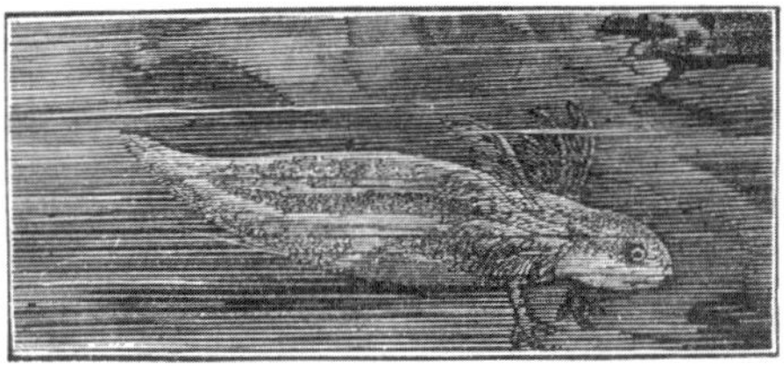

蝾螈幼体

第二十三章 鱼类

鱼是最低级的有颌脊椎动物。血液温度低，呈红色，用鳃呼吸水中的氧气。大多数鱼类均有鱼鳔，位于脊柱下方，通过鱼鳔的压缩或膨胀，可沉入水底或浮上水面，这一过程无须鱼鳍协助。圆口纲动物的鱼鳔兼具肺的功能，正因如此，有人也将它们归为两栖动物。鱼的身体通常呈纺锤形，覆有鳞片。鱼的胸鳍相当于我们的手臂，腹鳍相当于我们的腿，但有些鱼的腹鳍位于胸鳍之前，比如鲈鱼。胸鳍和腹鳍通常成对分布，因此也称为“偶鳍”。背部的背鳍和肛门附近的臀鳍为单鳍。尾是主要的游泳器官，背鳍和臀鳍起到辅助作用，根据所处的位置也称“垂直鳍”。偶鳍在水中用于保持平衡、确定行进方向。鱼类为卵生繁殖，但也有些鱼卵在母体内孵化后才产出。

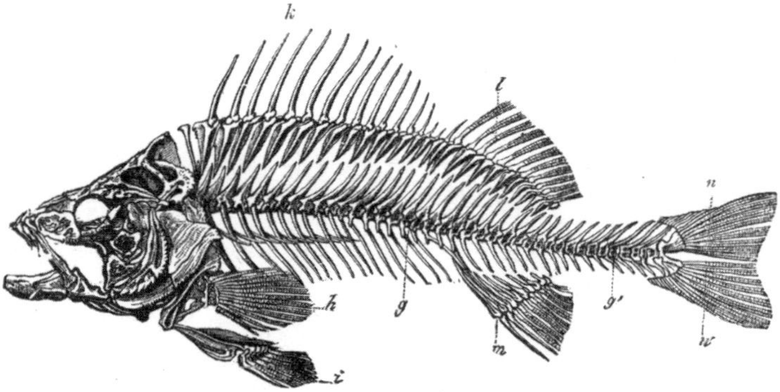

鲈鱼的骨骼

g、*g'*, 脊柱；*h*, 胸鳍；*i*, 腹鳍；*k*、*l*, 背鳍；*m*, 臀鳍；*n*、*n'*, 尾鳍

除硬骨鱼外，所有鱼类的骨骼都较为柔软，即便高等一些的鱼类，其内部结构也并不是那么坚固。

非洲肺鱼

圆口纲动物分布于非洲、南美洲和澳大利亚，也被称为“泥鱼”。非洲肺鱼长达 6 英尺（约 1.83 米），分布于非洲热带地区的河流之中，以其他鱼类、蛙和水生昆虫为食。它们外形似鳗鱼，身体侧扁，肢如细丝。旱季时，它们钻进土里，留下小孔呼吸，当地人能通过这种呼吸孔准确找到它们的藏身之处，挖出食用。非洲肺鱼样本就是被装进黏土中带到欧洲的。伦敦摄政公园动物园的昆虫馆中有几条泥鱼。亚马孙河中的美洲肺鱼是非洲肺鱼的近亲。克氏新南乳鱼全身覆有巨大的鳞片，四肢如桨。斯宾塞（Spencer）教授说，这种鱼只分布于昆士兰州的伯内特河和玛丽河，不会钻进黏土包裹成茧，或许从不上岸。它们会不时地浮出水面呼吸，发出微弱的喷气声。炎热的雨季，河水上涨，雨水裹挟着岸上的大量泥沙，汇入河里，此时，肺就成为了它们最大的优势。克氏新南乳鱼极大程度上以植物为食，比如落入水中的桉树种子。鱼卵外包裹凝胶状物质，呈带状产出。

硬骨鱼前侧的喉部骨骼与身体分离，全身臀鳍、背鳍和腹鳍由棘鳍条支撑。

蝴蝶鱼科

鲈形目鱼类广泛分布于温带和热带地区的溪流与海岸边。黄鲈就是鲈形目的一个极好的例子。它们被发现于东西半球北部。英国的黄鲈资源也相当丰富，多在滩涂游动。它们色彩亮丽，常被人类饲养在水族缸中，人工饲养的黄鲈性情十分温顺，可用手喂食。不过它们生性贪婪，常吞食小鱼。美洲的一种小鲈鱼会与配偶共同筑巢、养育后代。鮨在英国比较常见。

蝴蝶鱼主要分布于热带海域，色彩鲜艳，饰有斑点或条纹。东印度群岛的射水鱼就属于这一类，它们会用嘴喷水，将昆虫射入水中捕食。马来人饲养射水鱼，欣赏其捕食猎物的曼妙身姿。同科还有其他几个物种，吻部呈管状，习性相同。巩特尔（Gunther）博士认为它们用吻部捕捉躲在洞穴和缝隙中的小动物。

羊鱼是热带海鱼，下颌有两条肉质触须，是它们的触觉器官。罗马人认为羊鱼是最上等的鱼，英国也有一种。它们与鲯鳅一样，死后会变色。罗马人曾在晚宴上现场杀鱼，供客人欣赏其灿烂的红色，在与死神的搏斗中，这种颜色变得更加鲜艳。纵带羊鱼通常为雌性羊鱼。

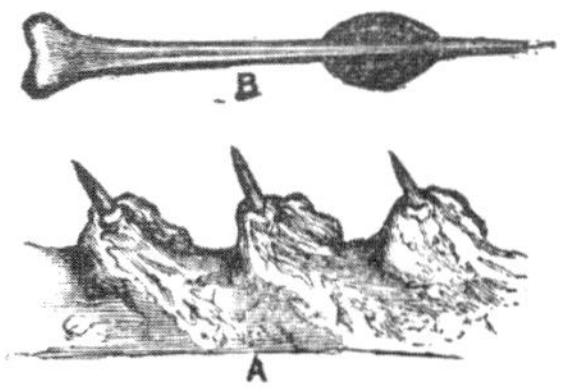

鲉的有毒器官

A. 背部棘刺
B. 脊柱和毒囊

鲷科中大多数为人类食用，是颜色朴素的近海鱼类，分布于热带和温带海域。英国的海岸边也有一些。金头鲷分布于地中海，有时也游至英国的南部海岸，据说它们用尾巴搅起沙子，寻找藏在其中的贝壳。

鲉为肉食性海鱼，其头或（和）鳍上长有棘刺。有的鲉生活在海底，有形似海藻的附器，可用于伪装，也可作为捕猎的诱饵。它们的颜色与周围环境融为一体。印度洋—太平洋中有一属，背部棘刺有小孔，且附有毒囊。它们隐藏在海岸附近的沙滩上，若当地人涉水时不幸踩到，它们的背脊便会刺入人的脚底，毒囊中的毒液渗入伤口中，常造成涉水人死亡。

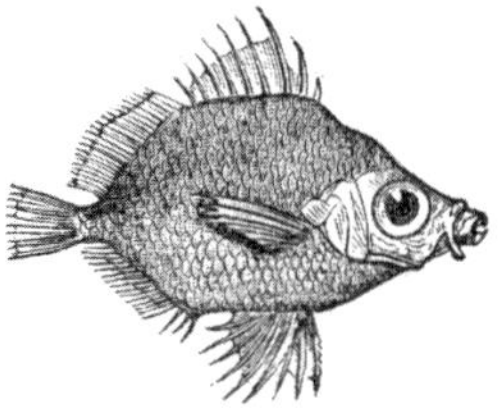

方鲷

大西洋白姑鱼分布于大西洋和印度洋的热带及亚热带地区，尤其常聚集于河口附近，种类繁多，有的已经习惯了淡水环境。几乎所有白姑鱼品种都能为人类食用。普通白姑鱼体长近6英尺（约1.83米），数量众多，大多集中在地中海，有的也会游至英国。石首鱼是美国的一个品种，它们的大牙紧闭时，能发出击鼓似的撞击声。它们常用尾巴击打船体，敲出尾巴上生出的寄生虫。

剑鱼

剑鱼常分布于气候温暖的远海。幼体与成体外形差异极大，但幼体很快就能成熟。上颌骨一直向前生长，远远地突出于下颌，构成强大的剑形武器。印度洋和太平洋的剑鱼物种，背鳍极大，据说抬起背鳍就能像帆一样顺风而行。普通剑鱼分布于大西洋和地中海，长度约 12 英尺（约 3.66 米），其中剑长 3 英尺（约 0.91 米），基部直径为 9 英寸（22.86 厘米）。捕金枪鱼的渔民会将它们留在网中，据说剑鱼肉，尤其是幼鱼肉，与金枪鱼的味道十分相像。

剑鱼以小鱼为食，但不知为何会攻击鲸类。它们常把船只误以为是自己不喜欢的生物而发起攻击，许多博物馆中都有被“剑”刺穿的船只木板，那是剑鱼在挣脱时不小心将自己的武器折断，留在了船上。

鲹科鱼类中，许多生活在温带和热带海域，其中细鳞圆鲹最为常见，常有大群细鳞圆鲹出现在康沃尔郡和德文郡的海岸，肉可食用，但不如鲭鱼味道鲜美。方鲷身材粗短，吻部结构独特，偶尔来到英国南部的海岸。

舟鰤

舟鰤可谓是最著名的鲹科鱼类，能带领鲨鱼找到猎物。迈恩（Meyen）博士说："我们用大钩吊了一块腌肉投入海中，鲨鱼离船约 20 步（约 15 米）。舟鰤以迅雷不及掩耳之势冲上来闻了闻美味，又立即回到鲨鱼身后，在鲨鱼的吻部多次绕圈、拍打水花，似乎在告诉它腌肉的确切信息。此时，鲨鱼开始行动，舟鰤为它指明了方向，于是鲨鱼迅速上钩。"这条舟鰤在毫不知情的情况下，将鲨鱼伙伴置于死地。舟鰤与鲨鱼共生，可能希望捡拾鲨鱼吃剩的猎物，此外，它们还以所有大型鱼类身上无法避免的寄生虫为食。

日本的鲷

海鲂目鱼类分布于全球气候温暖的海域，日本的鲷科鱼类味道十分鲜美，食用价值高。日本的鲷的体侧有黑色斑点，罗马天主教的信徒相信，圣彼得就是从它的口中拿走了贡金。

鲯鳅为远洋鱼类，常被当作海豚，体长 6 英尺（约 1.83 米），颜色鲜艳，其肉有食用价值。普通鲯鳅分布于地中海，拜伦（Byron）曾歌颂“海豚”，将其死亡时身体颜色的变化比作美丽的日落。他口中的“海豚”其实就是鲯鳅。大家都注意到它们热切地追随飞鱼，以飞鱼为食。

鲭鱼科有着最具食用价值的鱼类，它们在远洋生活，背鳍和臀鳍后有一排小鳍。血液鲜红，体温高于其他鱼类。它们生性贪婪，在特定季节会靠近岸边寻找猎物。大家十分熟悉普通鲭鱼，它们是英国最美的鱼类之一。其背部呈鲜艳的绿色和蓝色，饰以黑色条纹，腹部呈银色变彩，似珍珠蚌。捕鲭业在各海岸占据举足轻重的地位。

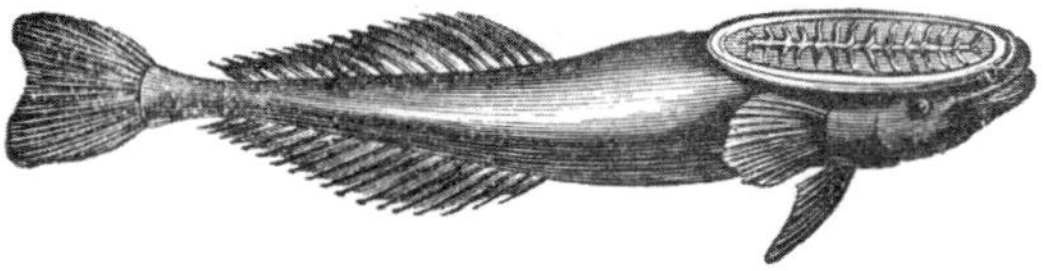

鮣鱼

金枪鱼主要分布于地中海，北至英吉利海峡，南及塔斯马尼亚，平均体长 3 至 4 英尺（约 0.91 米～ 1.22 米），但也发现过两倍大的样本。背部颜色为深蓝色，腹部呈灰色，其肉极具食用价值，干燥且用油处理后出售。

很早以前，地中海的金枪鱼捕捞业就已十分发达。渔民们用网捕鱼，或将鱼群驱赶至用渔网围成的封闭区域，底部也有渔网，鱼群进入后，将网抬起固定在周围的船上。抬起渔网时，鱼被带到海面，此时需用鱼叉和钩竿叉鱼。

鮣科有多个物种，多刺的背鳍进化成位于脑后的吸盘。生活在地中海的普通鮣鱼，体长约 8 英寸（20.32 厘米），有的甚至达到 2 ～ 3 英尺（60.96 ～ 91.44 厘米）。古人就十分熟悉这种鱼，亚里士多德

（Aristotle）就说过它们会吸附在海豚身上。鲫鱼可能也会附着到鲨鱼身上，就像舟師终日与这些巨兽为伴一样。如果有鲫鱼不小心吸附在船上，它可能只是把船当成了鲨鱼。鲫鱼的背部颜色较浅，腹部为巧克力色。

鮟鱇

鲈鱼是一种典型的小型肉食性近海鱼类，所有海域几乎都有分布。人如果被鲈鱼背鳍上带有沟槽的棘刺或鳃盖所伤，首先会感到十分疼痛，随后伤口发炎，而发炎可能是鲈鱼皮肤上分泌的黏液造成的。同科的龙螣体长约 1 英尺（30.48 厘米）；小龙螣体长约为龙螣的一半。这两种鲈鱼在英国都有分布。其中，龙螣的肉质十分鲜美，在法国和西班牙的市场上比较多见，不过渔民一定会先割下它们背部的棘刺。

鮟鱇的头很大，胸鳍进化为手臂样。有些鮟鱇在洋底觅食，有些则跟随浮藻漂到海面上。它们长相怪异，许多鳍条极长，头部饰有细丝。它们半埋在洋底，那些随波飘动的细丝可吸引小鱼，等到它们靠近，鮟鱇便张开血盆大口将其吞入腹中。英国有一种普通鮟鱇，体长 3 英尺（91.44 厘米）的样本并不罕见。巩特尔博士说，它们体长能达到

5 英尺（约 1.52 米）。热带的一种鮟鱇总攀附在漂浮的果囊马尾藻上，手臂状胸鳍和海藻一同随波浪摆动。它们将杂草加固，筑成圆形大巢，在大巢中产卵。

云斑鮰

魴鮄和云斑鮰是小型底栖鱼，分布于各海域的海岸附近，只有少数生活在淡水中。鲄杜父鱼体长 3 ～ 4 英寸（7.62 ～ 10.16 厘米），大量分布于英国的河流中，海岸周围的鲉资源也同样十分丰富。魴鮄的胸鳍上有 3 根可自由活动的鳍刺，因此能在海底自由行走或翻越石块。抚摸魴鮄时，它们会发出嘟囔声，这是鱼鳔排出气体的声音。魴鮄具有食用价值。

大西洋黄魴鮄全身包裹骨质板。英国河口处的八角鱼长达 6 英寸（15.24 厘米）。同科的还有真豹魴鮄，分布于地中海、大西洋热带海域和印度洋，拥有巨大的胸鳍，因而能在水面远跳。莫斯利教授认为，这些鱼在跳跃的过程中挥动“翅膀”，就像蚱蜢从草地上弹跳起来，通过拍动翅膀来竭力延长跳跃的距离，短暂地“飞行”后落地。

攀鲈科鱼类体形较小，分布于热带的河流中，它们的鳃十分特别，可离开水面或在泥地中存活一段时间。攀鲈体长约 7 英寸（17.78 厘米），原产于亚洲，可用鱼鳍和鳃盖上的棘刺在陆地行走一段距离。尽管有人见到水面上方 5 英尺（约 1.52 米）处，一条攀鲈正在棕榈树上攀爬，但这只是个例，并非所有攀鲈都会去爬树。同科的还有盖斑斗鱼，这种鱼的尾鳍刺极长，曾在水族缸交配繁殖。此外，还有由东部群岛引入南美洲的丝足鲈以及暹罗（今泰国）的泰国斗鱼。

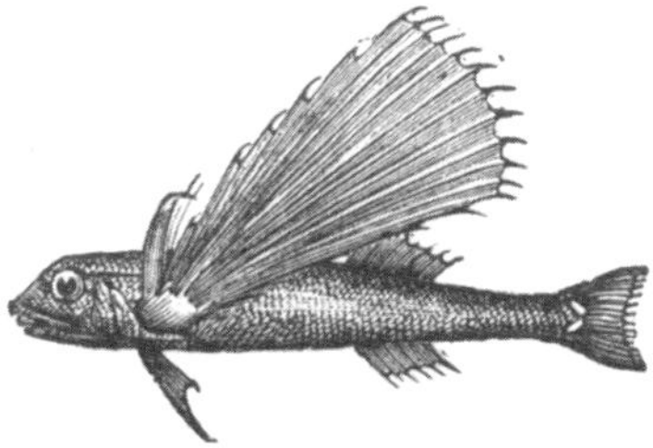

真豹鲂鮄

虾虎鱼为小型近海鱼，大都在海洋中生活，在热带地区比温带地区数量更多。许多品种的腹鳍进化为吸盘，可附着在岩石上，英国的虾虎鱼便是如此。一些种类的雄鱼筑巢储卵，孵化后负责照料幼鱼。印度洋—太平洋有一属（弹涂鱼属），它们在低潮时离开海底的洞穴，进入泥滩寻找食物。

攀鲈

鳚亚目鱼类为近海鱼类，分布广泛，有的生活在海里，有的则在淡水里。英国的鳚鱼均体形小巧，其中最值得注意的是绵鳚，为卵胎生。蝶鳚的身体呈浅棕色，饰有深色斑块，分布于海岸附近和潮池中，背鳍上有一个眼睛似的黑底白框的斑点。来自北海的狼鳚是体形最大的鳚鱼，有的长达 7 英尺（约 2.13 米）。它们以软体动物为食，巨大的臼齿状牙能够磨碎食物的外壳。冰岛人和格陵兰岛人食其肉。

蝶鳚

鲻鱼生活在温带和热带海域，有些在英国比较常见。它们具有食用价值，巩特尔博士提倡在岸边的回水中饲养鲻鱼，供给市场。

刺鱼科鱼类体形较小。许多人曾在溪流或池塘里捉到过它们，也常有人在水族缸中饲养。大多数刺鱼在淡水或陆源低盐水中生活，但海刺鱼是个例外。海刺鱼是一种海鱼，是刺鱼科中的大块头，体长约 7 英寸（17.78 厘米）。刺鱼科所有雄性都会筑巢，供雌性产卵，雄性负责看守鱼卵，幼鱼出生后也由雄性成鱼照顾，直到小鱼完全自立。三刺鱼在地面筑巢，九刺鱼在草叶上或者草叶间筑巢。只要有充足的水生植物和供食用的小生物，这两种刺鱼就可在水族箱中自由繁殖。可在适当大小的水族箱内饲养四条雌性和一条雄性刺鱼，因为刺鱼生性贪吃，所以不可再同时饲养其他种类的鱼了。

刺鱼和巢穴

至于硬骨鱼的第二个目，有人说它们的喉咙中有一副颌骨，其实那是食道上的锯齿，这些锯齿相互连结，形成一整块骨骼。它们大都生活在温暖的海域，色彩艳丽。

鹦嘴鱼头

一些隆头鱼从欧洲的地中海沿岸来到英国的海岸边，其中最常见的有贝氏隆头鱼，其色彩华丽，红色和橙色的皮肤上饰有蓝绿色斑点；还有库氏隆头鱼，其雄性和雌性的颜色截然不同，因此人们为雌性库氏隆头鱼起了另一个名字。雄性隆头鱼为深绿色，饰以蓝黑色条纹；雌性为红色，尾巴上有黑点。杂斑盔鱼也常出现在英国的海边。隆头鱼科的特点是嘴唇肥厚，牙齿坚固，适于磨碎软体动物和珊瑚，而这些构成了它们的主食。

鹦嘴鱼分布于大西洋热带海域和印度洋—太平洋一带，颌骨前突，形成强有力的喙。H.O.福布斯先生见到“这些鱼随波逐流，以活体珊瑚为食。它们的头部前端有软垫，可在碎浪中保持姿势，避免猛烈撞击参差不平的珊瑚壁，同时还可咬下顶端的活珊瑚虫。有一种鹦嘴鱼必须经过精心处理才可食用，否则如果胆囊破裂，胆汁渗入身体，鱼肉就变为剧毒”。本目下有一科为卵胎生，还有一科均为淡水鱼。

接下来介绍的一目，垂直鳍和腹鳍不具鳍刺，而且如果有鱼鳔的话，鱼鳔不与喉咙连通。本目鱼类极具商业价值，其中的两科为人类提供了十分丰富的食物资源。

鳕科有近50个物种，主要分布于温带及以北海域。鳕鱼来自北大西洋。冰岛的鳕鱼业一度非常发达，而现在主要的渔场都迁至北海和纽芬兰海岸了。大家对鳕鱼的样子十分熟悉：体长2～4英尺（60.96～121.92厘米），呈橄榄绿色，饰以暗色斑点。大量鳕鱼被腌制后运往美国，大斋节期间出口至天主教国家以供消费。鳕鱼身上几乎任何部位均有利用价值，可供人类或低等动物食用。鱼鳔可制成明胶，与鲟鱼所制成的明胶几乎没有差别，也可腌制后食用；肝脏可入药；鱼卵熏制后出售，十分美味；冰岛人用鳕鱼骨喂养家畜。挪威是鳕鱼肝油的制造中心，鱼头与海藻混合后喂牛，可提高牛奶的产量。捕捞鳕鱼需要放长线，用配备养鱼舱的船只送至大型鱼类市场。

黑线鳕在英国海岸附近十分常见，冬季它们会靠近岸边产卵，此时捕捞量巨大，体长多为18英寸(45.72厘米)～2英尺(60.96厘米)。黑线鳕和鳕科其他物种一样，为掠食性鱼。有人从一条17英寸（43.18厘米）长的黑线鳕的肚子里发现了14条4～5英寸（10.16～12.7厘米）长的小牙鳕和一只背部直径1英寸的螃蟹。黑线鳕体重26盎司（约737克），其中胃中内容重6.5盎司（约184克），相当于人类一顿要吃下30～35磅（约13.6～15.8千克）的食物。

本科中，呈象牙色的牙鳕以及东海岸河流中的鲟鳕、欧洲无须鳕、黑鳕和江鳕都是人类重要的食物。大一些的品种和普通鳕鱼一样须干燥处理后保存。

鼬鱼科鱼类形态千奇百怪，有的生活在古巴洞穴里的溪流和池塘中。来自南部水域的一属，新西兰人称之为“鲟鳕”和“云湾鳕鱼”。生活于地中海、大西洋和印度洋海域的潜鱼，体形小，似鳗鱼，生活在水母、海星和海参当中。那些生物为它们提供庇护所，与它们和谐共生，并以冲入寄主体腔内的微生物为食。欧洲和北美洲沙滩上常见的玉筋鱼也属于这一类。鼠海豚以它们为食，并阻止它们潜入沙滩下寻求庇护。渔民用它们做诱饵。

鲽科鱼类又称为“比目鱼”，它们与鳕鱼同样重要。成鱼生活于大洋底部，靠身体做波浪形运动前进。人们在远洋常见到年幼的比目鱼，身体构造与游泳的方式与其他鱼类无异，但随着时间的推移，身体结构逐渐发生变化，无法继续直立前进，只能侧身移动。朝上的部位（可能是身体的左侧或右侧）色彩鲜艳，眼睛就长在这一侧；朝下的部分为白色，人们称为“盲侧”。它们均以其他鱼类为食，大部分生活在海洋之中，也有一些进入陆源低盐水和淡水中生活。

庸鲽是体形最大的鲽鱼，分布于欧洲和北美的北部海岸。伦敦市场上的庸鲽大都为 4 ～ 5 英尺（约 1.22 ～ 1.52 米），也有体形更大的记录。其肉质鲜嫩味美，但比大菱鲆稍逊。温哥华岛的印第安人用手钓渔具钓庸鲽。鱼上钩后不久就浮到海面，这时将绑有气囊的长矛向它刺去。鱼试着向下游，但漂浮在水面的气囊让它难以下沉，因此只得再次浮到海面，等待它的是第二根长矛和第二只浮球。此过程不断重复，最终印第安人得以成功地将鱼拖上岸。

大菱鲆尽管体形比庸鲽小，但是无愧的鲽科之王，它们身体朝上的一面为棕色，饰有小而坚硬的球形突起。每年 3 月至 8 月，英国海岸和北海岸边都会进行大菱鲆的捕捞活动，法国人、荷兰人与英国本土渔民激烈竞争，争相供给英国市场。英国大菱鲆的平均体重为 5 ～ 10 磅（约 2.27 ～ 4.54 千克），但也有体形更大的记录。据说有人在惠特比附近捕捞到一条近200磅（约90.72千克）的大菱鲆。菱鲆外形与大菱鲆十分相似，但其肉的价值不如大菱鲆。两者均是用手钓渔具进行捕捉。

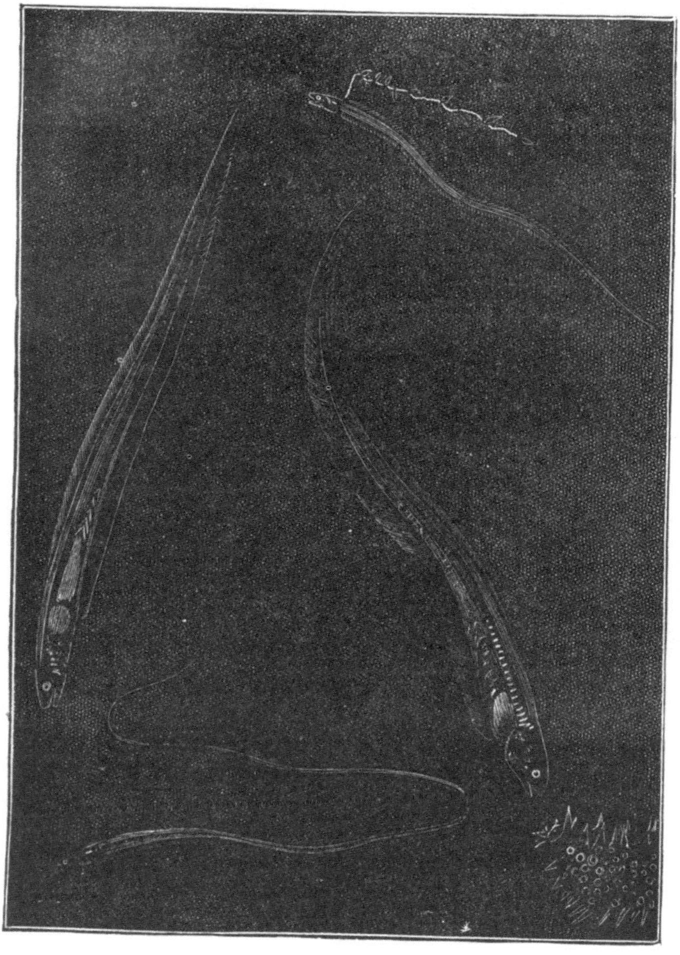

潜鱼和海参

鲽鱼是英国常见的一种海鱼，身体朝上的一侧有红色或橙色斑点。

拟鲽是它们的近亲，体侧无斑点，并自由进入淡水。它们进入泰晤士河，逆流来到帕丁顿，甚至在距巴斯3英里的埃文河也有它们的踪迹。泥鲽与拟鲽外形相似，但体形较小，在海岸的沙滩上十分常见。

在小型比目鱼中，鳎鱼的味道最为鲜美，因此受到人们的喜爱。它们生活于沙质海床上，以软体动物和甲壳动物为食。有些物种和拟鲽一样，可进入淡水，甚至终身在淡水中生活。小型比目鱼均用拖网进行捕捞。许多小型比目鱼可像变色龙一样，根据周围环境改变身体颜色。泽西水族馆将鲽鱼放入浅的潮汐池，如果池底颜色剧烈变化，就会看到原本为深灰色的一小块鲽鱼在几秒钟之内变成了暗色斑点。

龙睛鱼

鲇形目的鱼鳔在喉咙下部由管道相连。

鲇形目数量庞大、种类繁多，在体形和鱼鳍结构上表现出巨大的多样性。与其他鱼类全身覆盖鳞片不同，它们的皮肤裸露无鳞或覆盖骨板，嘴边多有肉质触须，这是它们的触觉器官。它们大多为淡水鱼，少数几种海鱼也在海岸附近生活。欧洲以欧鲇为代表，它们是欧洲体形第二大的淡水鱼类，而体形最大的是鲟鱼。欧鲇分布于莱茵河以东的河流中。巩特尔博士说，在比较利于欧鲇生长的地方，如多瑙河的中下游，常能捕捉到 400 ～ 500 磅（约 181 ～ 227 千克）的欧鲇。鲇鱼肉，尤其是体形较小的鲇鱼肉，是人类非常重要的食物。

灯笼鱼分布于远洋深处，身体发出鲜艳的磷光。巩特尔博士说，灯笼鱼科有一属生活在“远离巴西海岸线、水深 1600 ～ 2500 英寻处，位于西里伯斯岛以北的特里斯坦 - 达库尼亚群岛附近，它们的眼睛似乎已失去了视觉，但身体能发光”。

鲤科在英国也比较普遍。鲤从东方被引入欧洲，17 世纪初又从欧洲大陆被引进英国，常出没于静水中，尤其喜欢泥泞的塘底和漂浮植物资源丰富之处。它们贪婪地捕食小钉螺和水生昆虫的幼虫、蠕虫及植物，但也可长时间不进食，出水后也可存活一段时间，冬季钻进泥土中。鲤鱼为家鱼，饲养于鱼塘之中，可学会接收信号后来水面进食。

饲养在观赏水域和水族箱中的金鱼是鲤科鱼类的变种，其中龙睛鱼的眼球突出，尾部有三片巨大的尾叶。此外，还有其他变种和畸态。日本金鱼为双尾，据说通过不断摇晃鱼卵培育而成，将拥有双尾的个体进行繁殖，最终形成了一个独立的品种。

鲃也是鲤科的一属，同属的大部分物种嘴上有触须。它们是淡水鱼，分布于旧世界温带和热带的河流中。英国鲃鱼在欧洲大陆也十分常见，体长约 15 英寸（38.1 厘米），但也捕捞过大一倍的个体。鲃属中体形最大的物种是结鱼，有的鳞片如手掌一般大，分布于印度的河流中。斯滕代尔曾捕捞过重达 65 磅（约 29.48 千克）的一条，但平时能收获 15 ～ 25 磅（约 7 ～ 11 千克）就已经是很好的成绩了。它们多为肉食性鱼类。

蛇塘鳢仅分布于欧洲的河流之中，喜欢清澈流动的、底部铺满碎石的水域。它们的食谱与鲃鱼相同。普通蛇塘鳢体形较小，呈橄榄棕色，有两根触须，常在水族缸中饲养，容易驯化。

英国的拟鲤同属鲤科，在欧洲大陆也十分常见，身体下部鱼鳍上有鲜红色花纹，极易与其他物种区分。此外还有雅罗鱼，身体下侧的鱼鳍为浅红色；圆鳍雅罗鱼与雅罗鱼外形相似，但臀鳍后侧呈圆形；红眼鱼外形似拟鲤；米诺鱼几乎会捕食其他所有淡水鱼类；丁鱥的身体黏滑，喜欢泥泞浑浊的水域。金丁鱥为丁鱥的白化变种。

狗鱼分布于全球温暖地区的池塘和溪流之中。白斑狗鱼是英国一种十分常见的鱼类，狗鱼科的分布范围极广。它们为掠食性鱼类，对鳟鱼群造成极大破坏。

鳉科鱼类体形较小，广泛分布于淡水、陆源低盐水和咸水中。大多数为卵胎生，雄性鱼鳍大都比雌性发达，且颜色鲜艳。伦敦摄政公园动物园的昆虫馆中，几只鳉鱼拥有孔雀般长长的尾鳍。洞鲈是鳉的近亲，分布于美国中部地下河流和肯塔基州的猛犸洞穴中。它们没有外眼，另一个近亲物种却有视觉器官，虽然尺寸较小。目前仅有的一个近亲物种的样本在南卡罗来纳州的稻田中发现。

秋刀鱼属于颌针鱼，颌针鱼亚目下有多个物种，身体细长，颌部构成细长的喙。普通颌针鱼生活在英国的海岸边，除此之外均分布于热带海域。

飞鱼也是颌针鱼的一科，有时也称为“飞鲱鱼”，与“会飞的真豹魴鮄”作区分。飞鱼科下物种繁多，几乎都分布在热带海域，但是普通飞鱼有时会游到英吉利海峡。默多克（Murdoch）先生在《从爱丁堡到南极》（*From Edinburgh to the Antarctic*）中说：“它的颜色和外形让我想起英国的蓝蜻蜓：它们的身体都呈深蓝色，侧边为银色，薄纱似的翅膀像玻璃。有些飞鱼与鲱鱼一般大，而飞行距离很短的那些只有米诺鱼大小。”掠食性鱼类疯狂地捕食它们，飞鱼和真豹魴鮄能够跳出水面飞行，也许是逃避捕食者的一种手段。

鲑科鱼多分布于北半球的河流中，许多物种产卵后入海，也有一些终年在海中生活。它们都可供人类食用，大部分鲑鱼味道鲜美，极具食用价值。幼鲑的身体有暗色条纹，称为“幼鲑纹”。

幼鲑和它特有的花纹

鲑鱼分布于北大西洋两岸和入海的河流中，最南部东至卢瓦尔河，西至哈得孙河。鱼群秋季进入淡水河中产卵，春季返回海洋。鱼卵孵化需要3个月以上，具体时间根据水温决定，有些幼鲑在出生的第一年就回到了海洋。雄性鲑鱼的下颌在繁殖季节会发育成钩状，用于与对手决斗，结果常是你死我活。鲑鱼在逆流而上的过程中会遇到重重阻碍。它们必须跨越激流，攀登瀑布，才能最终到达河流上游的砾质水潭。人们在瀑布上安置了鱼梯，为它们提供跳跃的平台。尽管有了这些帮助，许多鲑鱼还是无法爬上瀑布，坠落在碎波或岩石上。产卵后的回程，这些鲑鱼就被称为“废鱼”，不再适合食用了。体重30～40磅（约14～18千克）的鲑鱼十分常见，也出现过两倍大的鱼。英国的鲑鱼捕捞业利润丰厚，每年捕捞价值约100万英镑。美国也有一些鲑科鱼，其中最著名的是哥伦比亚河的帝王鲑，年平均捕捞量近14000吨，其中很大一部分销往了欧洲市场。

普通鳟鱼花纹十分精美，在英国大多数河流和湖泊以及爱尔兰许多水域中十分常见，是钓鱼爱好者的完美猎物。一条1.5磅（约0.68千克）至2磅（约0.91千克）的鳟鱼就已经是极好的了，但1894年7月，有人从恩纳尔湖钓上一条重达26磅2盎司（约11.85千克）的鳟鱼。同属还有其他几个物种。红点鲑与鲑鱼和鳟鱼在外形和习性上十分相似，但牙齿排列不同。英国的胡瓜鱼和茴鱼，以及北太平洋海岸的太平洋细齿鲑同属鲑亚目。太平洋细齿鲑脂肪含量高，“可食用，也可燃烛”，因此又称为“蜡鱼”。

鲑鱼跃瀑布

（因弗内斯郡吉尔莫拉克）

巨骨舌鱼是最大的淡水硬骨鱼，长度超过15英尺（约4.57米），体重500磅（约226.8千克），分布于巴西和圭亚那的河流中，其肉可食用，由内地渔场腌制后运往海港。

鲱科鱼类是人类极其重要的食物来源。鲱鱼在德国海域和北大西洋资源极为丰富，它们成群靠向岸边产卵，于是人类开始大量捕捞，因为此时的鱼味道最为肥美。大量鲱鱼被捕捞上岸，送往市场，绝大多数经过干燥处理，制成腌熏鲱鱼和红鲱鱼出售。

沙丁鱼与鲱鱼十分相像，但沙丁鱼体形较小，经济价值较低，其捕鱼业仅在西南各郡有所发展。沙丁鱼经油浸处理之后在市场上出售，名为“康沃尔沙丁鱼”。从葡萄牙和地中海沿岸送往英国的小沙丁鱼其实是这种鱼的幼鱼。此外，同科的还有黍鲱，它们在英国十分常见，和沙丁鱼一样，也常在肯特郡的迪尔制成罐头销往各地。鳀科在英国海岸比较罕见。

海龙和幼崽

电鳗是南美的一种淡水鱼类，拥有电击的特殊技能。它们一般背部呈深色，腹部为红色，无鳞片，据说长度能达到6英尺(约1.83米)。伦敦摄政公园动物园昆虫馆的水箱中有两条电鳗，游客只需支付一小笔费用便可体验被它们电击的感受。

鳗鲡目鱼类拥有狭长的蛇形身体，英国有两种鳗鲡——尖吻鳗和体形较小的宽吻鳗。虽然鳗鱼为淡水鱼，但会进入海水或陆源低盐水中繁殖，在海里出生的小鳗鱼，即“鳗线”，会逆流而上从河流底部或从河岸潮湿的植被上进入内陆河道。康吉鳗是英国的一种海鱼，其肉是制作佳肴“乌龟汤”的主要原料。它们以鱼、乌贼和海螯虾为食，控制猎物后，绕着中轴线快速旋转便可将猎物带走。海鳝也属于鳗鲡目，罗马人认为它们极具价值。

海马

总鳃类生物颌部突出呈管状，鳃由簇状物质组成。大多数物种的雄性将卵置于育儿袋内孵化。海龙因身体细长似龙而得名。英国有尖海龙，生活于洋底，水族馆中常能看到它们的身影。在许多地方，渔民将它们晒干后卖给猎奇的游客。海龙尾部不具缠绕性，有尾鳍。海马是一种小型鱼类，尾巴具有缠绕性，无尾鳍。它们生活在温暖的海域，大多数海马的头部和上身十分怪异，活像一匹匹小马。管海马多分布于地中海，极少出现在英国海域。它们体形较小，身体呈橄榄棕色，饰以白绿色斑点。常有人饲养这种海马，尾巴缠住一片海藻直立在水中的模样十分滑稽。大洋洲海马样貌十分奇特，身上遍布棘刺和细丝。它们藏身于海藻中，身体颜色几乎与海藻如出一辙，身上的细丝也容易被误认为是一片海藻。

愈颌类生物主要生活在热带海域，上颌骨牢固联结，外皮覆有粗糙的鳞片或骨板，不过也有光滑无鳞的物种。单棘鲀牙齿坚硬，足以咬碎珊瑚，或将珍珠蚌壳咬开一个小孔。箱鲀的身体封闭在六角形盒子状的骨板中。四齿鲀可充气鼓胀呈球形，皮肤中的棘刺伸出，因此也被称为“海刺猬”。人们常在鲨鱼腹中发现充气的活四齿鲀，它们不仅啃穿了鲨鱼的胃，甚至穿透了它的腹部，以此进行报复。

箱鲀

翻车鲀身体短小侧扁。普通翻车鲀体长为7～8英尺（约2.13～2.43米），天气晴朗时，常见到它们在南部海岸和爱尔兰海岸附近晒太阳。

硬鳞总目鱼类的鳞片极大，有的皮肤上有排列整齐的骨板。其中，鲟鱼仅分布于北温带的河流中，吻部长，腹部有4根触须，从头到尾有5排骨板，以底栖动物为食，主要生活于淡水中，也有的像鲑鱼一样从海洋回到淡水中产卵。鲟鱼的鱼卵可制成鱼子酱，鱼鳔内层可制成鳔胶。鲟科有多个物种，英国的海边常能捕获欧洲鲟。据说其肉味道似小牛肉，人们常将鲟鱼肉腌制留作他用。欧洲市场上的鲟鱼比英国更值钱。俄罗斯的鲟鱼捕捞业最为发达。与鲟鱼亲属关系较近的有密西西比河的匙吻鲟，它们的吻部扁平呈铲状。同属鲟形目的还有尼罗河及非洲其他河流中的多鳍鱼（背鳍分裂为了几片小鱼鳍）、颌针鱼，以及美洲的弓鳍鱼。弓鳍鱼的鱼鳔具有类似肺部的功能。

软骨鱼有鲨、鳐和银鲛。骨架由软骨构成，嘴位于身体下表面，鳃有裂口，无鳃盖。有的软骨鱼为卵生，有的鱼卵在母体内发育后产出。鱼卵外包裹椭圆形囊，各角的纤维能将卵附着在海洋植物上。海滩上常见到它们的卵鞘，称为“硬壳卵”、“屠夫的托盘”和“美人鱼的钱包”。几乎所有的软骨鱼都是海洋生物，它们都是肉食性鱼类。

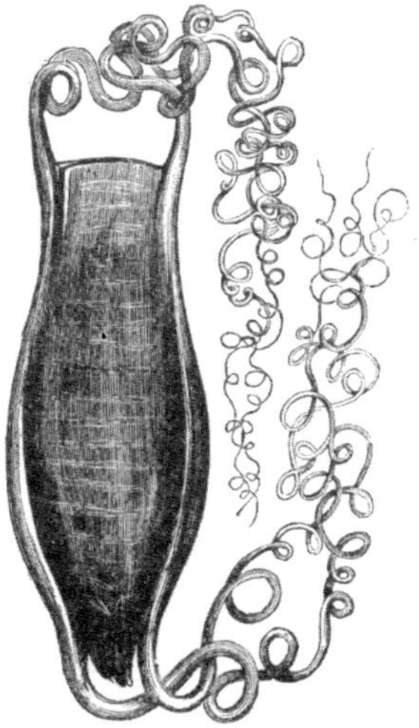

角鲨的卵鞘

鲨凶猛残暴，嘴里有两排尖锐的锯齿状牙齿，所幸它们总是会掉转方向进攻其他猎物，原本的受害者才因此得以逃脱。鲨鱼是凶猛的动物。大白鲨遍布热带海域，是不折不扣的杀人狂魔，尽管其他物种也会攻击游泳者和潜水者，但大白鲨仍然是水手们痛恨的目标。它们体形庞大，一口就能咬断人类的四肢，甚至将人拦腰截断。鲨鱼们常一连几日跟着船只，捕食从船上抛下的动物内脏。远航时，钓鲨鱼是一项备受欢迎的娱乐活动，虽然付出总是得不到回报。

双髻鲨因头部呈“T”形而得名。英国曾捕获过这种鲨鱼。翅鲨是英国的一种小型鲨鱼，它们会扯下鱼饵，赶走鱼群，因而被渔民们所憎恶。长尾鲨偶尔出现于英国的海岸附近，以捕食小鱼为生，据说会攻击鲸类，但巩特尔博士认为这种说法不符实。姥鲨能生长到 30 英尺（约 9.14 米），它们的油脂十分值钱。角鲨生活在近海的洋底，以死鱼、软体动物等为食。它们和翅鲨一样深受渔民的痛恨。公海中也生活着许多鲨鱼，比如印度洋里的居氏鼬鲨，体长能达到 10 ～ 15 英尺（约 3.05 ～ 4.57 米）。睡鲨较少从北方漫游到英国，它们是鲸类的杀手，会先将活鲸鱼撕成碎片，等死亡后再进食。

捕鲨

扁鲨长约5英尺（约1.52米），常出没于温带和热带海域，巨大的胸鳍向外突出，因此也被称为“天使鲨”。

澳大利亚锯鳐与真锯鳐的主要区别在于其体形较小，鳃裂位于体侧，触须位于下颌较低的位置。

鳐形总目鱼类的身体（大多）扁平，尾细长，鳃裂位于身体下侧。大部分为底栖鱼类，用胸鳍游泳，尾如方向盘，用于控制前进方向。

锯鳐目鱼类上颌突出，呈长而扁平的板状，两侧有锯齿，可切碎猎物的身体，它们本身的牙齿太小，根本无法咬住猎物。

电鳐目下有六七个物种，其中，普通电鳐偶尔会来到英国的南方海岸。一只体形较大的电鳐释放的电流可将一名成年男性致残，因此成为海滨游泳者的安全隐患。

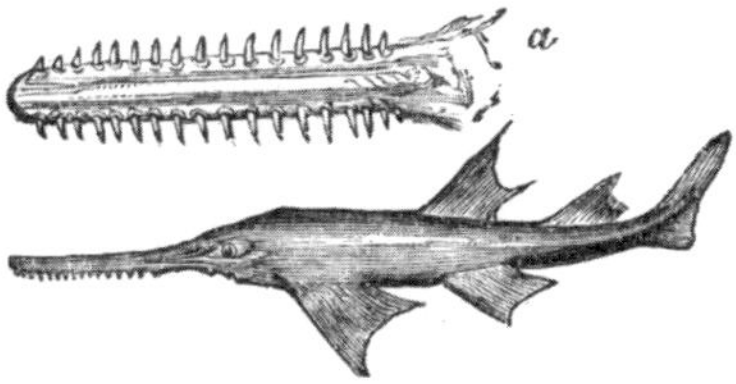

锯鳐

a.大多数锯鳐的锯齿

鳐形目的背部布满棘刺，它们在北半球比南半球分布更广，英国海域里也有几种鳐。背棘鳐在英国十分常见，体形通常较大。其肉可食用，但食用价值不如鳐鱼，尽管两种鱼的价格都不高。鲼亚目鱼类的尾部有齿状棘刺，可重伤对手，皮肤上分泌的毒液更是能让对手伤上加伤。鲼科鱼类主要分布于热带海域，体形庞大。体形最大的几个物种常出双入对。

银鲛样貌十分怪异，身体似鲨，鞭状长尾却似鳐。大西洋银鲛是其中一种，常跟随迁徙的鲱鱼群，因此有人称之为“鲱鱼之王”。

圆口纲

此纲包括七鳃鳗目和盲鳗目——它们外形似鳗，但无颌部，嘴似水蛭。无偶鳍，鳃封闭于小囊内。七鳃鳗幼体有变态过程。

英国有三种七鳃鳗，其中海七鳃鳗常在英国的海岸边出没，甚至溯流至塞文河和泰晤士河，又名“九目鳗”，当然，事实上它们只有两只眼。不过，我们从插图中可看出这一名称的由来——它们的身体两侧各有一只鼻孔、一只眼睛和七个鳃孔，共九孔。海七鳃鳗可长到2～3英尺（60.96～91.44厘米），与体形较小的溪七鳃鳗和幼七鳃鳗一样，均可食用。它们都以鱼类为食，水蛭状的口吸附在鱼类身上，用嘴唇和舌头上的锯齿刮下鱼肉。

人们对盲鳗了解较少。它们的皮肤能分泌大量黏液，因此德国人也称之为“黏鱼”。很久以前，古人曾十分了解这种鱼类，说普通盲鳗“变水为胶”。英国的海域中有一种盲鳗，和其他盲鳗一样，喜欢钻入活鱼体内。

九目鳗

第二十四章　模糊分类

在认识无脊椎动物的各个亚纲之前，应先了解介于脊椎动物和无脊椎动物之间的物种，它们是连接这两大类动物的纽带。或者更确切地说，它们是低等动物向高等动物进化的必经阶段。虽然我们对这一过程并不了解，但这是一种高概率的推断。然而，无论从脊椎动物还是从无脊椎动物方面来看，这些介于模糊地带的动物与高等动物亲戚和低等动物邻居必然有着千丝万缕的联系。

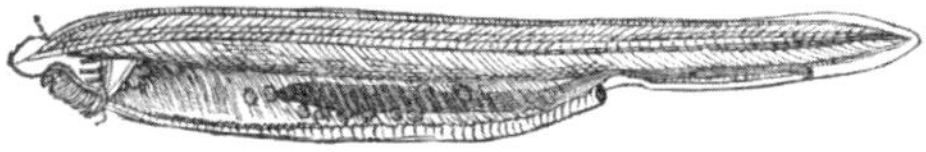

文昌鱼

文昌鱼有多个物种或亚种，分布于全球最温暖的海域。在英吉利海峡可用拖捞网捕捞普通文昌鱼；在泽西的海岸边，从沙子中就能挖出文昌鱼。它们的体长约 2 英寸（5.08 厘米），白色，几乎透明，两端较尖。文昌鱼行动迟缓，藏在沙砾之中，口向前突出，边缘有口须，以水中的微生物为食。它们将食物吸入口中，水从肛门前侧的小孔排出。据说文昌鱼在夜间出来游动，幼体比成体活跃。

早在亚里士多德时期，人们就认识了海鞘这种生物，亚里士多德曾详细剖析与描述了一些物种，然而直到 19 世纪中叶，它们在分类学上所处的位置才最终得以确定。它们都属于尾索动物，这种动物身体外部包裹封闭的革质管囊，因此也称为“被囊动物”，以海鞘为代表。受到惊扰时，它们的两侧管孔均可喷出水柱。身体形似两端开口的烧瓶，一端进水，海鞘吸收海水中的微生物，然后将水从另一端排出，通过管囊表面纤毛的前后挥动来促进海水的流动。幼体形似蝌蚪，有一只眼、一张嘴、脑、长有脊索的尾和鳃裂。海鞘的成长过程极似蛙类。尽管有些海鞘将终身保持幼体的高级形式，但吸附于物体后，长有脊索的尾部逐渐萎缩，眼和嘴消失，是典型的退化过程。海鞘在英国的海岸边十分常见。

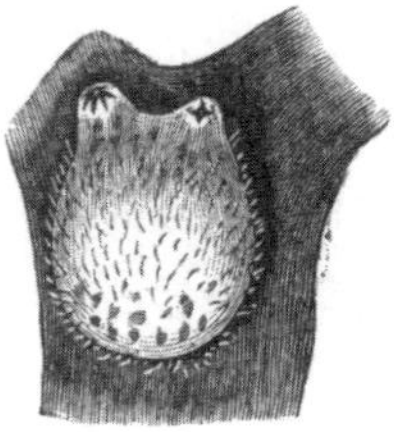

普通海鞘

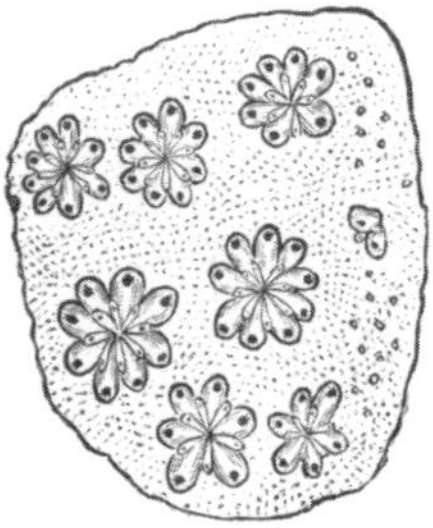

菊海鞘

海鞘分为三类。最低级的一类海鞘体形较小，终身保持幼体形态。其次是普通海鞘，它们通过繁殖芽进行繁殖。有些是复海鞘，在英国海岸附近的墨角藻叶上十分常见。一个复海鞘中，每个个体均有一个入水口，但整个复海鞘只有一个出水口，位于复海鞘的中心。磷海鞘属动物也称为“火体虫”，能发出炫丽的磷光，群居的磷海鞘结构十分紧密，就像一个单一的生物体在水中游动。第三种呈樽状结构，海水从一端流入，另一端流出。这种海鞘在公海中游动，呈链条状相互连接，夜里发出磷光。诗人、博物学者沙米索（Chamisso）在樽海鞘身上发现了世代交替现象——个体无性别之分，能长出雄性和雌性繁殖芽，繁殖芽脱落，重新成为无性别的个体，周而复始。

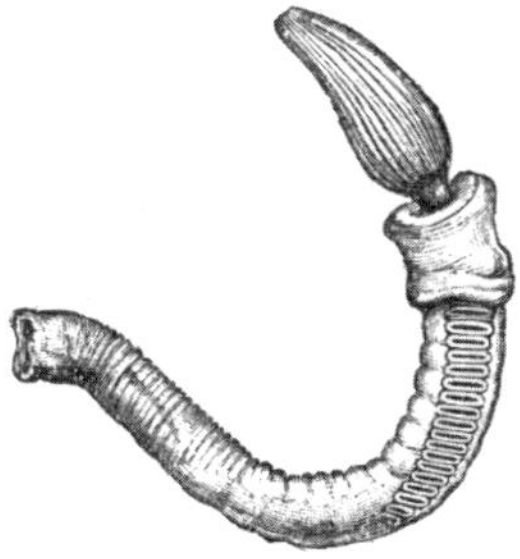

柱头虫

柱头虫在英吉利海峡、地中海和北美洲东海岸的沙质或泥质浅滩上生活，长度从 1 英寸（2.54 厘米）到 6 英寸（15.24 厘米）不等。它们生活在 8 英寸（20.32 厘米）左右深的地底，身体常缠绕成螺旋形，吻部和躯干通常保持直立姿势，躯干在沙中上下伸缩，向地表打开，抛出蚯蚓粪便似的排泄物。

第二十五章　软体动物

无脊椎动物的分类比脊椎动物困难得多，因为脊椎动物拥有许多共同特征，纲与纲之间可进行比较。但我们研究无脊椎动物时，这样的比较就几乎不太可能。我们的知识太过局限，无法准确列出各门（软体动物、节肢动物、棘皮动物、“蠕虫”、刺胞动物、海绵和单细胞动物）之间的关系，而它们都被笼统地归为“无脊椎动物”。比“蠕虫”更低等的生物将完全不同。从人类到“蠕虫”，消化道与体壁之间为体腔，这就相当于一根小试管插入了另一根较大的试管之中。刺胞动物与海绵只有一个腔——消化道。所有最低等的动物均由单细胞或彼此独立的多个单细胞构成。

我们先从以上提到的第一个门开始。

软体动物的身体柔软而不分节，全身或裸露无毛，或覆有皮肤褶皱所分泌的硬壳，即外套膜。高级一些的软体动物的体内有硬壳，也称为“软骨”。它们可分为三类，分别是头足类、腹足类和双壳类，分别以我们熟悉的章鱼和乌贼、蛾螺、蜗牛和蛞蝓，以及牡蛎、扇贝和贻贝为代表。

头足纲动物的脚（称为“腕”或“触手”更贴切）围绕着头部，头部有一对颌，就像鹦鹉的喙。这些腕很长，除鹦鹉螺外，身体的一侧有吸盘，能够使这些软体动物稳稳地吸附于任何物体。在触手的帮助下，它们得以行走、黏附于岩石，以及抓捕猎物。游泳时，鳃腔从漏斗状结构中喷射水柱，从而推动身体，因此它们只能向后移动。它们的脑质均在软骨的保护之中。鳃位于体两侧：大多数头足动物有两个鳃，但鹦鹉螺有 4 个。拥有两个鳃的头足动物中，有的有 8 只触手，有的有 10 只。船蛸和鹦鹉螺拥有外壳，除此以外，其他头足纲动物被称为“无壳头足类”。除鹦鹉螺外，其他物种均可分泌一种墨汁状液体，可随意从漏斗中排出，使水变得浑浊，以迷惑敌人。其中第一类是船蛸和真蛸。

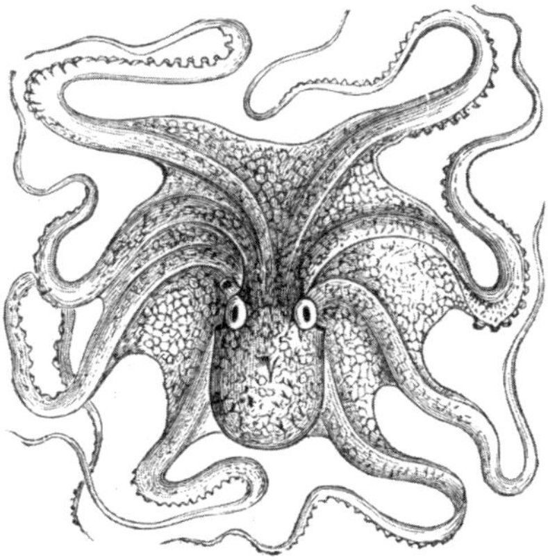

真蛸

船蛸有4个物种，分布于全球气候温暖的公海。现在我们知道，只有雌性才有“壳”，呈蛋壳形，由最大的腕分泌而成，壳并非黏附在身体之上，而是由最大的腕部抱持。雄性船蛸体长约1英寸（2.54厘米）。

真蛸是章鱼科的典型代表，各腕于基部由浅膜相连，内壳基本退化。章鱼属动物均分布于热带和温带地区的岩石质海岸。它们活跃贪婪，以动物活体为食，有些体形极大，甚至威胁到人类的安全。

第二类头足动物在第一类八只腕的基础上，多了两根长一些的腕，大多在末端变粗。大部分情况下，这两根腕可全部或部分缩回囊中。管鱿目动物的内壳称为“鱿鱼骨”，形似未经修剪的羽毛。身体两侧向外突出，构成鳍状结构。

英国的海岸上普通鱿鱼资源十分丰富，它们被当作底栖鱼类的诱饵。它们随时能喷出墨汁，因此渔民们称之为“笔乌贼”。管鱿目中包含着一些体形最大的头足类动物，它们在海洋中部活动，由此诞生了“海洋巨蛇”的奇幻传说。一些体形较大的鱿鱼常攻击采珠人。鱿鱼常跳出水面，有时甚至会落到船的甲板上。

普通乌贼在英国的海岸十分常见，许多人都见过它们的卵，渔民们称之为“海葡萄”。乌贼是一种美丽活泼的生物，但人工饲养的寿命不长，不过在英国的水族馆里通常也能见到它们的身影。它们生性极为贪婪，在英国的海岸上，乌贼在许多地方泛滥成灾，大量猎捕鱼类，或者挂在浮漂渔网的网眼上，用角质喙将鱼撕碎，因此渔民不得不放弃使用浮漂渔网捕鱼。

旋壳乌贼分布于印度洋和太平洋，它们的壳最特别，在体内并非完整的一块。它们的壳十分常见，但我们并不了解这种生物的习性。

鹦鹉螺来自印度洋，外壳多腔室，它们就生活在最末端、最大的腔室内。两边各 4 个鳃，腕是伸缩自如的触手，也可作为足，让鹦鹉螺在海底爬行，搜寻捕食小螃蟹和软体动物。

被壳翼足类

被壳翼足类生物构成独立的一纲，口两侧有一对鳍状器官，前后扇动可让身体在水中移动。它们有些拥有透明的玻璃状外壳，有些则裸露无壳，在所有公海中数量都极为庞大。北方有一个物种是弓头鲸的主要食物之一。

腹足动物

腹足类软体动物通过交替伸展和收缩身体下腹部爬行或滑行。将滨螺或帽贝放入一罐海水中，或者将蜗牛或蛞蝓放在窗户玻璃上，就能观察它们的前进方式。然而，有些腹足动物也能在水中自由游动。它们头部发达，口腔底部有锉刀状舌头。如果有外壳，则外壳只有一瓣。它们可分为四类：（1）前鳃亚纲，这类动物有外壳，鳃位于头部和心脏之间；（2）后鳃亚纲，鳃位于心脏后，身体裸露无壳，或只有鳃外有一层保护壳；（3）背鳃类，鳃位于下半身的背部，有些物种的鳃具有保护壳；（4）肺螺亚纲，鳃由软膜覆盖的呼吸腔所代替。

前鳃亚纲分为肉食性和植食性两种。肉食性前鳃类以蛾螺为代表，吸水进鳃的虹管很长，固定在贝壳外唇和体螺层之间的水管沟内。植食性前鳃类动物以滨螺为代表，虹管较短，无水管沟。

普通蛾螺

莺蛤是体形最大的腹足类动物，莺蛤科下物种繁多，均分布于温暖的海域。它们是海洋的食腐动物，以跳跃的方式移动。西印度群岛的大凤螺是花园喷泉和假山上常见的装饰物，有时用于浮雕雕刻，是制瓷业的重要原料。莺蛤拥有宽阔的翼状唇，蝎子贝就是其中的一种，其外唇突出，呈棘刺状。

骨螺科许多物种都拥有独特的棘刺，它们主要以其他软体动物为食。它们钻进猎物的壳中，将猎物一点一点地吞食干净。欧洲刺岩螺也拥有这样的坏习惯，恶名远播，在英吉利海峡附近十分常见。泰雅紫这种名贵染料就是从地中海的欧洲刺岩螺品种中提炼而成。笔螺形似主教冠，也是骨螺的一种。它们生活在热带和亚热带海滩。主教笔螺的贝壳常被人拾去收藏。长旋螺也叫红蛾螺，有“苏格兰渔夫螺”之称，与蛾螺十分相似，但水管沟长得多。

英国有几种蛾螺科物种，北蛾螺是大家十分熟悉的一种，几乎每一片海滩上都散落着它们的贝壳。其肉主要用作食物和鱼饵。水族馆中的蛾螺十分美丽，白色的大脚向前延伸，在玻璃缸的角落中缓缓爬行，与颜色较暗的厣对比鲜明。螺缩进壳中时，就是靠厣将螺口关闭。狗岩螺的体形小得多，在英吉利海峡的海岸边十分常见，和欧洲刺岩螺一样臭名昭著。英国的海岸边有大量普通紫螺，给贝壳养殖场带来巨大破坏。它们的卵像小高脚杯，藏在悬石之下。延管螺寄生于珊瑚之中，尽管小延管螺长着螺旋形的壳，但随着时间的推移，外壳逐渐变成管状。棱纹的竖琴螺和形似橄榄的榧螺都属于这一类。它们都分布于热带海域。

唐冠螺科的贝壳有不同的颜色层，可制成精美的贝壳浮雕。太平洋诸岛的原住民能用法螺吹出美妙的乐曲。海螺顶部的孔是乐器的吹嘴，演奏者将手插入海螺的缝隙中变换曲调。

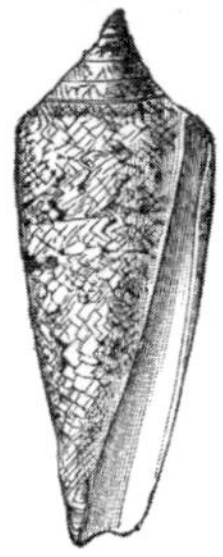

芋螺

芋螺呈锥形，分布于热带海域。它们外形精美，颜色艳丽，花纹多样，因而受到海螺收藏者的追捧，珍稀品种一度价值连城。笋螺外形细长，并非挺立在软体动物的背部，而是被拖在身后。

涡螺也分布于热带海域，顶部呈螺旋形上升，与芋螺一样，也受到了贝壳爱好者的喜爱，不过价格并没有芋螺那么高。履螺和瓜螺的幼体直接从母体内产出。

成年宝贝的体螺层占据了贝壳的全部或大部分。几乎所有宝贝的色彩都十分艳丽，虎斑宝贝是壁炉台上常见的装饰物。货贝在非洲作为货币流通。英国的海岸边也有一种体形很小的宝贝——欧洲宝贝。此外，宝贝科中还有菱角螺，壳的两端各有一条长管，以珊瑚为食。菱角螺有一些体形较小的近亲，它们与珊瑚有着千丝万缕的联系——外形似珊瑚，以珊瑚为食，且藏身于珊瑚之中。

滨螺分布于海岸附近和陆源低盐水中，以海藻为食，尤其喜食覆于岩石上的小型海藻。普通滨螺，又名“厚壳玉黍螺”，它们每年的消耗量十分庞大，据说仅伦敦一地就有价值约15000英镑的厚壳玉黍螺被送往市场。人们将滨螺从海边带回家中，放在养着海藻、装满海水的玻璃罐中，闲暇时可以欣赏它们移动的方式，观察它们用锉刀状的舌头舔舐很快就铺满罐底的水藻，以供消遣。同属一科的还有缀壳螺，它们在外壳上糊满石子、珊瑚和其他贝壳，生活在凹凸不平的海底，四处散落着死亡的、破碎的贝壳，这样的装扮能起到保护和伪装的作用。

梯螺

玉螺科在英国有几个物种，贝壳浑圆，螺纹少。其捕食模式属动物眼盲，在沙中掘洞寻找双壳类动物。

车轮螺来自热带海域，从下面看，其螺纹边缘呈螺旋形，像小的螺旋楼梯。

海狮螺科动物分布广泛，螺纹呈肋骨状。绮蛳螺一度十分稀有，一只绮蛳螺竟能卖到 40 英镑，而现在只需花费几便士就能买到。

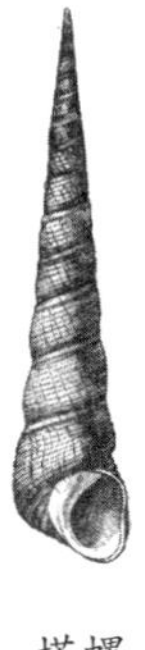

塔螺

有些蟹守螺生活在陆源低盐水中，但大多数仍是海洋生物。婆罗洲有一个物种，能用有黏性的丝线将身体附着在水生植物的上表面。

有些蟹守螺壳可以烧制石灰。

塔螺身体细长，向上逐渐变细。它们分布十分广泛，但大多集中在热带海域。同科的还有蛇螺，幼体时行动自由，呈螺旋形，随后身体的形状逐渐固定，或缠在一起，或附着于岩石上。

田螺遍布全世界的各种淡水水域，卵胎生。人们用一只淡水水缸就能观察小田螺的成长过程。任何一个池塘和沼泽溪流中都能找到它们的身影，捉回来放进水缸中，几片水草就能提供充足的食物。瓶螺是一个热带物种，旱季将自己埋藏于淤泥之下。

马蹄螺为海洋生物。一些热带马蹄螺的鳃盖十分美丽，常被制作成精美的珠宝。英国也有一些马蹄螺和国外的近亲们一样美丽。

鲍科动物用巨大的足牢固地吸附在岩石上，其贝壳内层呈珍珠样，在镶嵌工艺中被广泛应用。这种动物并不在英国的海岸边生活，但海峡群岛盛产鲍鱼，可食用，需先不断鞭打，使它变得柔软。

紫螺聚集在公海，有时会被墨西哥湾暖流冲至英国的西海岸。它们会分泌一种可漂浮的孵囊，卵黏附在卵囊下方，随波逐流。

帽贝无须赘述，大家都见过它们圆锥形的外壳散布在海边的岩石上。欧洲帽贝大都用作鱼饵，有些地区也会食用帽贝。与滨螺一样，帽贝也能用水箱养殖，能有效去除水箱中的杂草。如果将滨螺和帽贝放在同一只水缸中，就能注意到它们如刮刀般的舌头会留下不同的痕迹，十分有趣。有些帽贝物种可能吸附在大型海藻的茎干和根状花盘上，它们的壳比普通帽贝薄。墨西哥帽贝的一条足横贯外壳基部。钥孔科的外壳顶部有一个小孔。

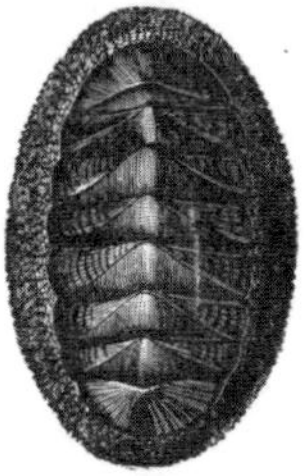

石鳖

多板纲通称“石鳖”，背部覆有8片板状硬壳，像屋顶的瓦片一样相互重叠。它们能像鼠妇那样蜷缩成球。热带的一些石鳖背部长有许多突出的眼，这种微眼，仅一只石鳖就多达1万只。

掘足纲动物的外壳像微型的象牙。它们没有头、眼睛和触手，在沙中掘洞，搜寻微生物。英国也有一些掘足纲动物，印第安人将北美的一种掘足纲贝壳当作货币使用。

后鳃亚纲包括头楯目和无楯目，头楯目的贝壳十分发达，而无楯目的外壳退化，仅鳃部有保护壳。英国的海岸边分布着头楯目的普通海兔，在海峡群岛上十分常见。它们体长2～3英寸（约5～8厘米），爬行时，头部的触手直立，形似小兔子。海牛的鳃裸露无壳。它们及其他亲缘关系较近的物种都被称为“海蛞蝓”，当然，海参也可以称为“海蛞蝓”。英国的海岸与靠近低潮线的潮池中有近一百种海蛞蝓。它们大都体形较小，外形美丽，不过考虑到它们肉食的习性，不宜与其他动物同养于一个水族箱中。

背鳃亚纲中有一些可自由游动，外壳透明。龙骨螺一度一只就卖到100英镑。但后来价格持续下跌，如今可能仅需几先令。

肺螺亚纲软体动物有蜗牛、蛞蝓和椎实螺等。少数陆生蜗牛有鳃盖。这些软体动物大都深埋于土壤中越冬，分泌黏液，形成干膜封闭壳口。它们在这种状态下可休眠数年，直到天气温暖后便破壳而出。罗马蜗牛在欧洲大陆十分普遍，但在英国却十分罕见，据说原由罗马人引入欧洲，他们和许多现代人一样，十分喜爱这种软体动物。英国最大的蜗牛与一些热带物种比起来就显得非常娇小了，比如非洲大蜗牛体长就有6～8英寸（约15～20厘米）。蛞蝓的足向前延伸至全身，身体无外壳。它们常出没于潮湿地带，给庄稼的生长造成极大的破坏。

小壳螺在英国比较罕见，身体后部有耳状小壳。石磺属和石鳖一样，背后长有微眼，但微眼数量不如石鳖多。

椎实螺大量分布于全国的溪流与死水中。在水族箱中适合与其他动物共同饲养。

双壳类

这些软体动物有两片外壳，没有头部、眼睛和舌头。两片外壳由弹性角质韧带相连，连接部称为绞合部，绞合部多有绞合齿。强有力的肌肉控制壳的开闭。许多双壳动物附着于岩石或营底栖生活；有些则在沙子、珊瑚、石头和木头上掘洞而居，有的通过双壳的开闭自由游动。它们都是水生生物，大部分生活在海洋中。附着于岩石上的那一类不具备用于呼吸的虹管。

普通牡蛎是牡蛎的典型代表。牡蛎的外壳打开，身体暴露，可看到绞合部的韧带。向外辐射的丝线就是牡蛎鳃，鳃的边缘分裂为细小的绒毛，可将双壳类动物的食物——有机颗粒抚入口中。牡蛎分布广泛，大多数可为人类食用。英国牡蛎是一味高档美食，牡蛎文化是一项重要产业。牡蛎于每年 9 月 1 日至次年 4 月 30 日上市，其余时间为禁捕期。设置禁捕期可避免牡蛎在产卵时被捕。狗岩螺给牡蛎养殖场造成的破坏较大。

海岸上能看到大量扇贝壳，冬季的扇贝壳白橙相间，颜色鲜艳，装点着每一个卖鱼的摊位。扇贝有一近源物种，中世纪圣地朝圣者的徽章就是用它的壳制成。女王扇贝体形较小，食用价值高，在英国的海岸边十分常见。

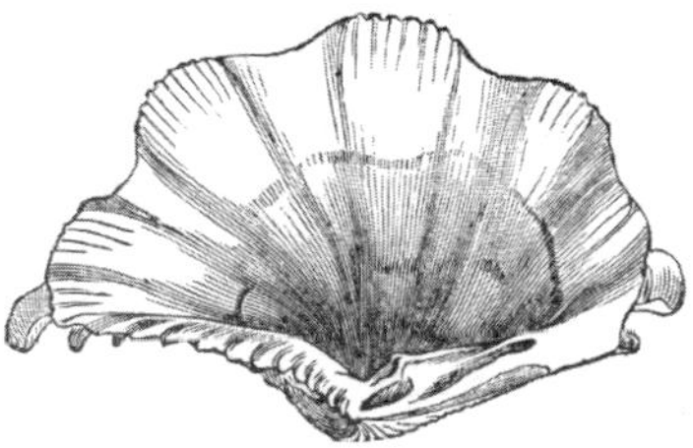

大砗磲壳

珠母贝分布于热带海域。珍珠大都产自普通珠母贝，可制作昂贵精美的装饰品，可在波斯湾、锡兰（今斯里兰卡）和澳大利亚西部捕捞。贝壳上有密集厚实的珍珠层，珍珠或生长在其中，或松散地落在肉质部分。自然历史博物馆里，一条鱼和一只小螃蟹钻进珍珠母的壳中，珍珠母将它们变成了珍珠。丁蛎和栉江珧的丝足与丝绸混纺，可织成手套和长袜。

贻贝，壳呈楔形，通过丝足附着于岩石、木桩和桥墩上定居。大量贻贝被送往市场，但在特定季节会变得腐败有害，原因不详。紫贻贝可在小水缸中养殖，会牢固地附着在缸壁上，如果附着的地方不适合贻贝生存，它们还能自如地转移到另一处。石蛏能钻入坚硬的石灰岩中，位于普特奥利的塞拉皮斯神庙柱子上的石蛏洞表明了近代海平面的变化。斑马贻贝通过外来木船进入英国的码头和河流中。英国北部溪流中的珍珠贻贝属于淡水贻贝，苏格兰珍珠由此而来；无齿蚌遍布欧洲。

在有虹管的双壳类动物中，所有沙滩上都能见到普通鸟蛤的身影。它足部弯曲，可用于跳跃。

印度洋的大砗磲是已知最大的双壳类动物。牡蛎店的橱窗中常能见到它的贝壳。自然历史博物馆中有一只砗磲壳，重达 510 磅（约 231 千克），最大长度为 3 英尺（91.44 厘米）。

帘蛤外形和颜色富有美感，常埋藏在土中生活。北美印第安人将一种特殊的帘蛤当作货币使用。

岩石中的海笋

刀蛏分布于所有沙质海岸。它们竖直地钻进沙中，表面留下一个个小洞。在德文郡的海岸上，人们用一头是螺丝钉的铁棒钻孔挖刀蛏，将刀蛏肉收集起来拿到市场上贩卖，这是一道美味。

石蛏藏身于岩石裂缝和潮池石灰质海藻的花盘中。该属只有一种，但变化多端，因而有许多别称。同科的盘筒蛎藏身于热带地区的泥沙之中，呈管形，一端由穿孔的圆盘将壳口封闭，另一端有石灰质褶边。

海笋钻入岩石、树木和泥沙之中，亨斯坦顿附近的海底森林之中有大量海笋，在英国的海岸边十分常见。德文郡居民一般将海笋用作鱼饵，国外有些品种可食用。足是钻孔工具，脊状贝壳翻来覆去，将洞扩大，用虹管清除垃圾。

船蛆的一端有小贝壳，身体封闭于管中，体长6英寸（15.24厘米）至1英尺（30.48厘米）。另一端的两根小管为虹管，短管吸水进鳃，长管冲走水和用足掘出的木浆。这些软体动物对船舶、木桩和码头造成了巨大破坏，人们唯一的应对措施是在木材外包裹金属鞘或钉入平头铁钉。

第二十六章　节肢动物——昆虫

节肢动物的身体由多个环或节组成，有的像甲壳虫一样用骨质沉淀物，或像螃蟹一样用碳酸钙沉淀物使身体变得坚硬，并与柔软的皮肤相连，皮肤中无硬质。节肢动物包括昆虫、蜘蛛、蝎子、螨、蜈蚣和马陆，以及海螯虾、螃蟹及其近亲。

昆虫的身体分为三部分——头、胸和腹。头部有眼、口器和触角。眼通常很大，由许多个（甚至上千个）小眼面构成，复眼之间、头顶上方还有一对单眼，只有一个眼面。触角的形态和大小不一，除感知触觉外，也可用于感知声音。胸部有翅膀和腿：通常有两对翅，不过有的为一对翅，有的甚至没有翅膀；昆虫的成虫一般有三对足，功能不同（行走、挖掘或游泳），形态也不同。腹部为生命器官之所在。气管是昆虫的呼吸器官，直接与空气相通，气孔控制着气管的开合。它们一般会经历几次完全变态，卵孵化成幼虫，经过一段时间的成长后化为蛹，在蛹中改变形态，最终成为成虫。

完全变态的昆虫可分为两类，一类的口器适于咀嚼，另一类的口器适于刺吸。第一类有甲虫、蜜蜂、胡蜂、蚁、蚁蛉和蝎蛉；第二类有蝶、蛾、蝇和蚤。拥有刺吸式口器的半翅目昆虫和拥有咀嚼式口器的直翅目和弹尾目昆虫，其成长过程均为不完全变态，也就是说，幼虫与成虫非常相似。

甲虫

鞘翅目昆虫统称为“甲虫”，前翅变为后翅的角质壳，后翅用于飞行。鞘翅很容易便能打开，我们可以看到翅膀整齐地折叠覆盖在腹部顶端。

虎甲在英国很有代表性，其中，绿虎甲是一种十分常见的物种，生性活泼，肉食性，任何小型或中型昆虫都无法轻易逃脱它们的攻击。

虎甲科有一千多个物种，大多分布于阳光充足的地带，在东方，它们数量之多，堪比飞蝇。

步甲科种群更为庞大，在世界任何角落都能看到它们的身影。金大步甲和金步甲在英国十分罕见。金步甲在欧洲数量较多，在英国出现的金步甲有可能是随进口蔬菜引入的。

气步甲在英国十分常见，它们的防御方式非常特别。受到攻击后，它们的身体后部会释放恶臭液体，接触空气后会爆炸，发出玩具枪一样的声响，因此又称为“炮兵甲虫”。液体爆炸后伴随白色烟雾。同科的小提琴甲虫来自日本，马来半岛的一个奇异的变种外形像小型低音提琴。

几乎每个水塘中都能发现边龙虱的身影，它们为掠食性，后腿侧扁，边缘有毛，是主要的游泳器官。雄性前腿处有一个独特的气垫。边龙虱应单独饲养，喂以小块的肉或鱼。它们凶残强壮，胃口极大，只要有它们在，就几乎不可能饲养其他活物。它们不时地浮到水面补给新鲜空气，空气从鞘翅下方流至张开的气管。在水面上方不停飞旋的豉甲是边龙虱的近亲。水龟虫的游泳方式并非用腿划水，而是狗刨式。它们以植物性食物为主。雌性水龟虫将卵封闭于卵囊中。

隐翅虫的鞘翅非常短小，其中最著名的是魔鬼隐翅虫。这种黑色大甲虫在公路上十分常见，会释放浓烈的恶臭。被惊扰后，它们会像蝎子一样抬起腹部试图震慑对手。红隐翅虫在英国比较罕见。蜂隐翅虫常出没于粪堆上，外形似蜜蜂。

埋葬甲多以腐肉为食，有些埋葬甲还将卵产于腐肉中，为孵化后的幼虫提供充足的食物资源。普通埋葬甲在英国十分常见，通体为黑色，鞘翅上有两道橙色带状花纹。曾听说 4 只埋葬甲在 7 周之内埋葬了 2 只鼹鼠、4 只青蛙、3 只小鸟、1 对蝗虫、1 条鱼的内脏和两块肉。它们的近亲有主要以熟肉为食的火腿皮蠹和以干燥的动物标本为食的标本皮蠹。标本皮蠹会毁坏填充的动物标本，一旦入侵昆虫标本藏品，一定会吃个片甲不留，只剩下钉标本的铁钉。

锹甲虫以树木伤口流出的汁液为食。其幼虫阶段在树干中度过，以树木为食。普通锹甲虫分布于英格兰南部各郡，体长能达到 3 英寸（7.62 厘米）。雄性锹甲虫有巨大的犄角状下颌，可作为打斗的武器。雌性的下颌较小，用于在橡树和柳树上掘洞产卵。罗马人十分喜爱吃锹甲虫的幼虫。

蜣螂是埃及人的圣甲虫，它们会用纤长的后腿滚粪球，作为自己的幼虫的食物，但蜣螂在粪球中产卵的说法有待考证。粪金龟是蜣螂的近亲，体长约 1 英寸（2.54 厘米），身体呈蓝黑色，飞行时发出巨大的蜂鸣声。

鳃角金龟在欧洲地区极为多见，拥有扇子似的巨大触须。

角蛀犀金龟原产于东方，其角向前突出，对椰子树造成极大破坏。长戟大兜虫是角蛀犀金龟的近亲，分布于几内亚和西印度群岛，其头和胸向前远远地凸起，常被人误以为是颌部的钳子。

金花金龟中，英格兰南部比较多见的是普通品种。

叩甲虫肚皮朝上时，能弹跳起来，在空中翻身后重新恢复站立姿势。胸部的棘刺嵌入腹部的凹槽中，弯腰时会释放棘刺，身体平直后棘刺又嵌入凹槽中。将它们抛向空中两三英寸高，即可观察到这一特殊构造。一些叩甲虫的幼虫也称为被金线虫，以植物根部为食。普通叩甲虫在英国十分常见。国外有一些物种甚至会发光，比如来自墨西哥和南美洲的萤叩头虫。

萤火虫也是一种甲虫。大萤火虫在英国有分布。其雌性无翼，发出的光比有翼的雄性更加明亮。食蜂郭公虫是萤火虫的近亲，常出没于花海之中，其幼虫捕食蜜蜂。红毛窃蠹，体形小，呈棕色，体长不足 0.25 英寸（约 0.6 厘米），生活在旧家具和护墙板中。雄性头部撞击木材，发出嘀嗒声，成为了某些家具即将“寿终正寝”的预兆。

紫短翅芫菁为植食性甲虫，但幼虫和郭公虫的幼虫一样，以蜂和蜂蜜为食。同科的还有斑蝥，也叫“西班牙苍蝇”，在英国也有分布，但用于制作芫菁的斑蝥仍从西班牙进口。

象甲的喙十分显著，由前额向前延伸。它们数量庞大，以植物为食，钻入果实、种子和树木中产卵。苹果花象甲、榛实象甲和豌豆象甲的危害家喻户晓，它们的蛆状幼虫也屡见不鲜。

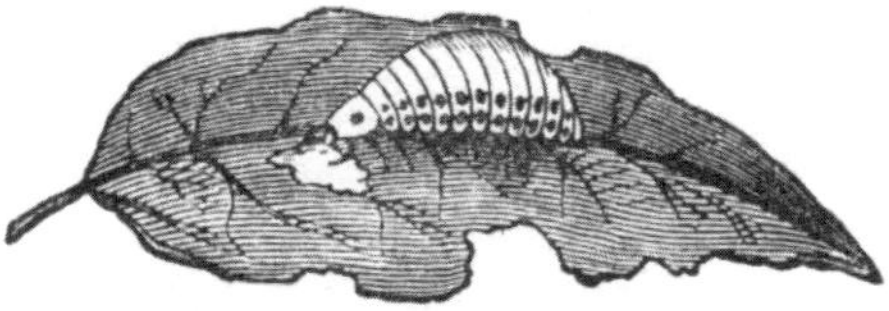

马铃薯甲虫　　　　　　幼虫

杨红颈天牛拥有十分浓烈的麝香味，柳树上十分常见。天牛科昆虫都拥有极长的触角，大多数天牛能摩擦鞘翅发出啁啾声。

植食性甲虫中，我们需要特别介绍的是1860年至1870年间对美国的马铃薯作物造成了巨大破坏的马铃薯甲虫、杨树天牛和百合花叶甲。百合花叶甲的幼虫全身裹满自己的粪便，起到自保的作用，也被称为“百合负泥虫”。

瓢虫停留在植物上，以蚜虫为食。触碰瓢虫后，瓢虫的身体会流出黄色液体。七星瓢虫在英国十分常见。

蚂蚁、蜜蜂、胡蜂等

这些昆虫有两对膜状翅膀，后翅较小，飞行时钩锁在前翅的后缘。雌性的腹部末端有一附器，可将卵产于树叶、草木或其他昆虫体内。有些物种的附器为螫针。

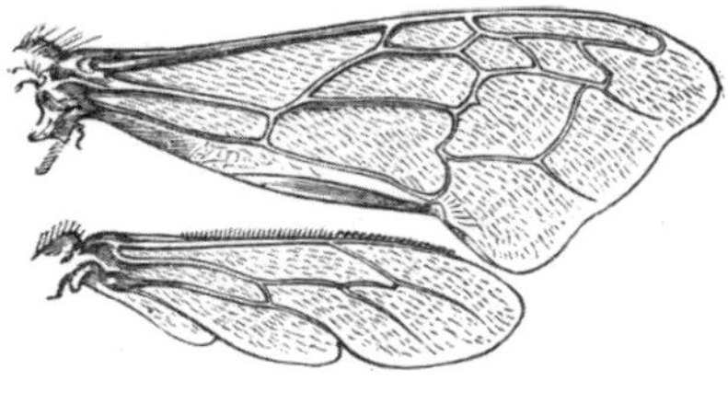

蜜蜂的翅膀（可看到钩锁）

蚁科的种群十分庞大，广泛分布于温带和热带地区，拥有社交习性和高超的智力，是一种非常有趣的昆虫。人们很久以前就对它们十分熟悉，它们的勤劳与节俭已众所周知。少数几种为独居，但绝大多数会筑巢，蚁巢多为复合型，巢室之间有通道相连。它们会利用各种材料筑巢：普通黄蚂蚁在地底筑巢；有些会钻入树木或黏土中，或者吐丝编织巢穴；南美洲还有一种蚂蚁从树叶上切下小圆圈覆盖屋顶。欧洲的一种蚂蚁会囤积越冬的粮食，东方的一些物种也具有这一习性；不过我们并不了解英国蚂蚁的越冬习惯，因为它们在寒冷的季节里会选择蛰伏起来。得克萨斯州的西方收获蚁不仅储存谷物，还会防止谷物发芽。如果种子发芽，收获蚁会咬断种子的细根。一些蚂蚁役使其他物种为它们劳动。有的蚂蚁会让蚜虫留在蚁穴中，获取它们分泌的甜蜜液体。然而发展程度最高的是南美和西印度群岛的切叶蚁，它们是辛勤的园丁，切下叶片培养出一种真菌，以供自己食用和喂养幼虫。任一蚁穴均存在雄蚁、蚁后和没有生殖能力的工蚁，且在一些种群中，工蚁级别分明。种群的形式由幼蚁的食物所决定。

人类饲养蜜蜂，以获取它们所采集的蜂蜜和分泌的蜂蜡，蜜蜂的社会性极强。一个种群中包括一只具有繁殖能力的蜂王、工蜂和只用于繁殖后代的雄蜂。冬季来临时，雄蜂们被驱逐出蜂巢冻死，或者被螫针刺死。蜂巢由蜂蜡筑成，六边形的巢室边对边整齐排列。有些巢室中逐一放置着蜂王产下的蜂卵；其他巢室则用于储存蜂蜜。蜜蜂用吻部收集花蜜，并传入蜜囊中，返回蜂巢后吐入巢室中。它们也会储存花粉，用后腿上的花粉篮运回蜂巢。分群是指蜂巢中的新蜂后出发寻找新的筑巢地的行为。

熊蜂也是社会性动物，但它们的种群与蜜蜂比小得多。一种熊蜂将巢穴外铺满苔藓，铺设时，工蜂从巢穴至苔藓生长地一字排开，第一只蜂拔出一片苔藓，滚成球状，从身体下方传给身后的工蜂，就这样一直传到巢穴中。巢穴中也有一群工蜂负责接收苔藓，铺成屋顶。

独居蜂只有雄蜂和雌蜂，英国有几种独居蜂。它们的巢穴彼此靠近，展现出最初的社会形态。木蜂在树木中掘洞筑巢；壁蜂用口中的分泌物将沙粒黏合起来，筑成巢穴；切叶蜂将巢穴排列在树叶之中，我们可在玫瑰丛中看到它们在叶子上切下的半圆形空洞。罂粟拟孔蜂把巢筑在罂粟花瓣上，它们似乎喜欢鲜艳的颜色。寄生蜂将卵产在其他物种的巢穴之中。

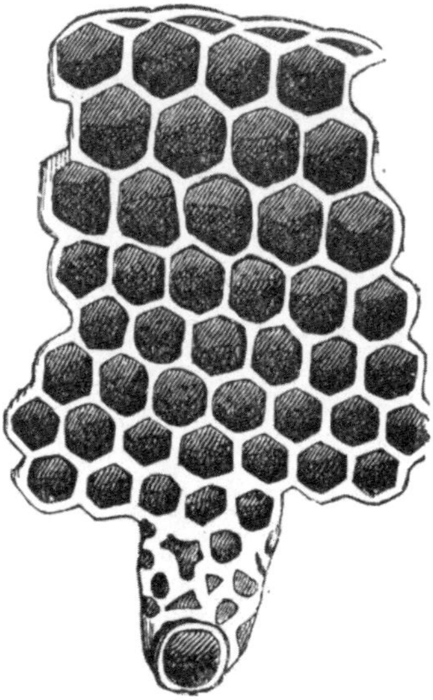

蜂巢（有不同形状的巢室）

胡蜂有的群居，也有的独居。群居的胡蜂将巢穴筑在树皮或树干的洞穴中，或悬挂在树枝上。它们用植物的木纤维织成粗糙的纸类物质，用颌部将材料压实后筑成巢穴。各蜂巢只有一排巢室，蜂巢整齐地排成纵列，而非像蜜蜂一样排成横列。

蜂蜜是胡蜂的食物，有些由它们亲自酝酿，有些是从蜜蜂处掠夺而来。园丁们都非常清楚胡蜂爱吃水果的特点；胡蜂还经常造访杂货店，盗取糖和甜品，让店主不堪其扰。当然，它们也不嫌弃动物性食物。独居的胡蜂蜇晕昆虫，储存起来作为幼虫的食物。

虎头蜂在习性上与独居的胡蜂十分相似，但体形更大，且被虎头蜂蜇伤比胡蜂蜇伤更疼。英国有若干物种。同科的还有普通沙蜂，体长约 1 英寸（2.54 厘米），身体红黑相间。雌蜂产卵后就会离去，但事先会在巢穴附近储存许多毛虫，作为幼虫的食物。

青蜂在英国有若干物种，它们将卵产于蜜蜂或胡峰的巢穴中。普通青蜂又称为红尾蜂，在英国十分常见。

瘿蜂在树叶、嫩芽和植物的其他部位产卵，导致植物长瘿枯萎，比如在橡树叶上就能看到栎瘿和菌状圆盘。玫瑰瘿蜂探入野玫瑰的茎干中产卵，瘿似苔藓球，每只幼虫分别待在独立的巢室中。

姬蜂在其他昆虫，尤其是蝴蝶和甲虫的幼虫体内产卵，卵孵化后，这些幼虫就成为了幼蜂的食物。

人们常将树蜂与虎头蜂混淆，雌性大树蜂拥有长长的产卵器，本应是非常威猛的螫针，它们却用于在树干上钻洞产卵。幼虫在树洞中孵化，以树木为食。小一些的树蜂物种常危害谷物庄稼。

广腰亚目中，许多物种分布于英国，产卵器有锯状凹口，藏于鞘中。茶藨黄叶蜂以醋栗树叶和花蕾为食。

脉翅目

脉翅目昆虫拥有两对透明的膜状翅膀，翅膀大小相同，翅脉呈网状。

体形最大、颜色最为艳丽的当数蜻蜓，在英国就发现了五十多个品种，均以其他昆虫为食。天气晴好的日子里，它们常像燕子一样，在水塘上空捕食昆虫。蟌常出没于活水边。英国的另一种比较常见的蜻蜓普遍称为“马刺虫”，但膜翅目动物都没有刺。体形最大的蜻蜓分布于美国。雌蜻蜓将卵产于水中，幼虫和蛹的阶段过去后，小蜻蜓就变得和父母一样极具掠食性了。

许多膜翅目昆虫的成虫阶段只有几小时的寿命，它们没有口器，无法摄入食物。幼虫和蛹为水栖，身体两侧有鳃，也可作为游泳器官。池塘中一年四季都分布着大量蜉蝣的幼虫和蛹，人工饲养也可成长。蜉蝣在欧洲十分常见，人们将它们的尸体收集起来用作肥料。

蚜狮是草蛉的幼虫，因喜欢捕食蚜虫而得名。草蛉在英国十分常见，会释放恶臭。

一些蝎蛉腹部有钳状骨针，形似蝎子，也因此得名。蝎蝇和蝎蛉一样，也常翘起尾部，假装要蜇刺敌人。

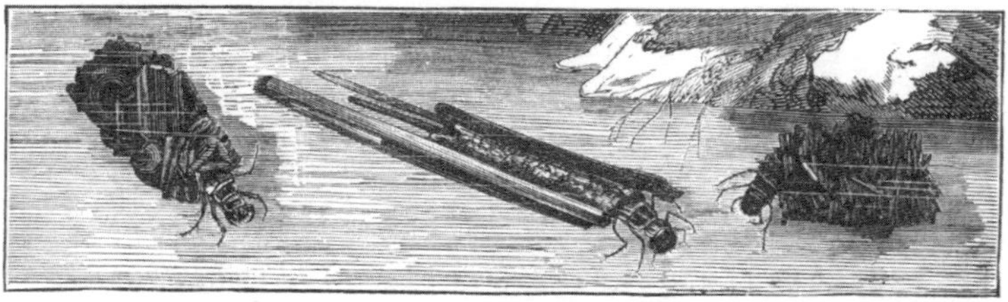

石蛾幼虫

蚁蛉的成虫就像小蜻蜓，但它们真正的有趣之处在于幼虫会掘洞诱捕粗心的昆虫，还会在洞口撒下沙子和尘土，加快猎物下落的速度。

石蛾的翅膀上覆有一层绒毛。它们的幼虫也叫“石蚕”，生活在溪流和水塘中，会将沙粒、植物、石头和贝壳用吐出的丝线黏合起来，筑成盒状巢穴。幼虫即将化蛹时，会吐丝将两端洞口封闭，这样既能隔绝入侵者，又能让水自由流通。垂钓爱好者用石蚕做诱饵。

弹尾目体形较小，无翅，身体覆有鳞片，有的物种的鳞片间有绒毛。衣鱼体长约 0.3 英寸（约 0.8 厘米），全身呈银白色，常生活在朽木中，它们的一些近亲也生活在潮湿的土壤和石头下。水跳虫生活在咸水和淡水湖的水面，身体呈蓝色，很容易被人辨认。

蝶与蛾

这些昆虫需经历卵、幼虫、蛹和成虫四个阶段。幼虫的身体有 12 节，头部后面紧跟着的 3 节各有一对真足。有的身体后部还有假足（通常为 4 对），最后一节有一对抱握器。许多幼虫的身体覆有绒毛或棘刺，人被蜇后有麻醉感。它们的幼虫都有一对强有力的颌，有些幼虫对植物造成极大的破坏。人工除虫是最主要的手段，仅约两个月时间人们就捉了近 36 吨幼虫。如果家中有花园，大家应该对粉蝶幼虫的破坏性并不陌生。蝶蛹用丝线倒挂或固定在一些支撑物上。许多蛾在幼虫吐出的茧中度过蛹的阶段。小喙长吻天蛾幼虫在地底筑出巢室，另一些蛾类出于同一目的，在树上掘洞。成虫的口器为吸管式，用以吸食花蜜。翅膀为两对，覆有密集的鳞片。如果用手抚摩它们的翅膀，手指上便会沾上一层粉末，这就是它们的鳞片。触须的顶端变粗。大多数蝴蝶为昼行性动物，不过热带有一些品种喜欢黄昏时出来活动。当然，也有一些蝴蝶为夜行性。

凤蝶的后翅末端较尖，前翅呈三角形。那些大型的、颜色绚丽的热带物种大多属于这一科，其中最重要的是分布于非洲和东部群岛的鸟翼蝶。英国有一种凤蝶，仅分布于东部的沼泽地带。

粉蝶呈白色，无尾状翅膀。欧洲粉蝶就是其中一种，其幼虫对花园带来巨大破坏，如果没有鸟类控制它们的数量，后果将不堪设想。绢粉蝶如今在英国已不多见。成虫在破茧而出时，会流出一种鲜红色的液体，因此便有了绢粉蝶浴血而生的传说。红襟粉蝶多于四五月份在牧场上翩翩起舞。

峡蝶的前腿并未完全发育，英国有几种颜色鲜艳的蛱蝶，譬如优红蛱蝶和孔雀蛱蝶。此外，同科的还有东方的枯叶蛱蝶，它们的翅膀下表面与枯叶十分相似。英国的一种小型白色菜粉蝶栖息在豌豆花上时，与花朵融为一体，几乎难以辨别。

小豆长喙天蛾摄食

草甸棕蝶的前腿短小，翅膀上有眼睛形或圆环形花纹。欧洲的许多蝴蝶就属于这一类。英国有许多蓝蝶、灰蝶和卡灰蝶。蓝蝶呈蓝色，多分布于南部的白垩质土地上。橙灰蝶已在英国灭绝，但红灰蝶的数量十分庞大。

弄蝶飞行时不断抽动，外形似蛾，身体呈黄褐色，饰以白色斑点。弄蝶的蛹封闭于茧中。

蛾的触须末端无梅花状，雄性多有羽毛，它们大多在黄昏或夜间出来活动，休息时翅膀下垂，而不是像蝴蝶一样将翅膀直立。

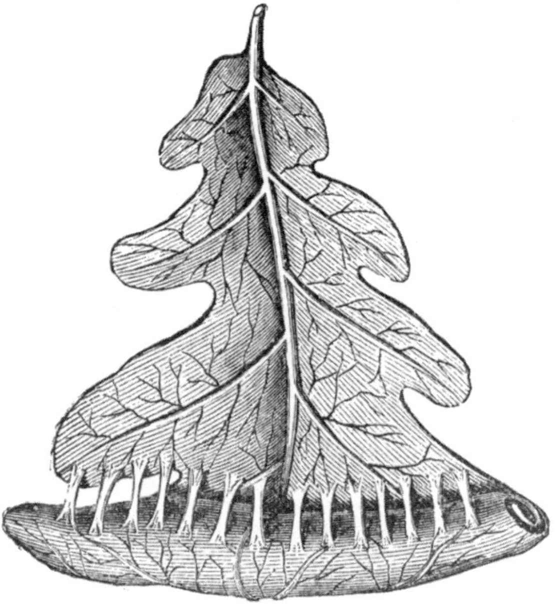

筒中的卷蛾

小喙长吻天蛾是英国最大的一种蛾，吻长，在空中获取食物，在花朵上方盘旋，吸取花蜜。鬼脸天蛾是英国最大的昆虫，胸部背面有骷髅状花纹，因此而得名。如果被捕或被惊扰，鬼脸天蛾会发出老鼠似的叫声。它们会侵入蜂巢盗取蜂蜜，蜜蜂的刺根本无法穿透它们厚实的皮肤，因而成为养蜂人的天敌。某些季节中，小豆长喙天蛾在英国十分常见。这种蛾类，以及它们的一些近亲，飞行时与蜂鸟十分相似，常有博物学者误将它们当成蜂鸟射杀。六星灯蛾多出现于牧场。另有五星灯蛾，斑点排列的方式不同。杨干透翅蛾比较典型，它的翅膀呈透明状，白天出来活动。醋栗透翅蛾就像一只小蚊子。

蚕蛾分布于东方，而欧洲只有一种普通蚕蛾，东罗马帝国时期因商业用途由中国引入。它们非常适应欧洲的天气，甚至能吐出高质量的蚕丝，但数量太少，缺乏利用价值。家养的蚕蛾已失去了飞行的能力。东方还有许多吐丝的蛾类，其中，中国的乌桕大蚕蛾是已知最大的物种。天幕毛虫这一物种在英国十分常见。雌性天幕毛虫绕树枝产卵，它们的幼虫在网幕中生活。模毒蛾在英国也有分布。

缟裳夜蛾在英国比较罕见，但它们的一些近亲数量相当多。

尺蛾幼虫爬行时，先伸长身体，固定前足，再拱起身体，将后足移动到前足处。冬尺蛾极为常见，会对果树造成破坏。

卷蛾将树叶卷成筒状，在其中度过蛹的阶段。衣蛾所代表的一类，以棉织品、皮毛、羽毛等为食，或啃食植物。羽蛾的翅膀分裂，呈羽毛状。

蝇与蚤

这类昆虫只有一对翅，后腿有平衡棒，或真翅欠缺，刺吸式口器，有些蚊虫甚至具有刺血针。幼虫似蛆，蛹的阶段通常在椭圆形的外壳中度过。

小麦红吸浆虫和黑森瘿蚊对小麦作物造成极大破坏。小麦红吸浆虫的幼虫以花粉为食，阻断种子受精的过程；黑森瘿蚊的幼虫生活在麦秆中，并以之为食。

蚋的变态（放大）

蚋的特征是后腿较长，喙部前伸。雌性采食血液，并将毒液注入伤口中。热带地区体形较大的物种为蚊。雌性将卵产于水中的筏形物质上，孵化后在此度过幼虫和蛹阶段。成虫即将诞生时，蛹浮至水面。羽化过程中，蛹壳急促扭动，这一过程可能导致蛹溺亡。大蚊也属于这一类，它们以吸食植物汁液为生，幼虫掘洞，吸食植物根部。

蝇类的触角较短，比较具有代表性的有家蝇、在肉上产卵的反吐丽蝇，或者幼虫以腐肉为食的麻蝇。长尾管蚜蝇，外形似熊蜂，幼虫为鼠尾状蝇蛆，生长于死水潭和污水坑中。虻科的雌性以血液为食；狂蝇将卵产于家畜的皮肤中，幼虫在皮肤中掘洞，让家畜痛不欲生。

舌蝇分布于非洲热带地区，马、牛和狗被它们叮咬后会致命，但野生动物、骡、驴或山羊却并无大碍。对人类而言，被它叮咬的后果和被胡蜂蜇伤差不多。

蚤类无须赘述。人蚤的攻击目标仅限于人类；同样地，猫、狗和其他动物身上也有各自的蚤类寄生虫。美洲地区的沙蚤在人和其他动物脚上的皮肤中掘洞，雌性沙蚤在其中产卵，但幼虫并不在此寄生。

有喙昆虫

这些昆虫为不完全变态，口器适于刺吸。其中，第一类昆虫的前翅比后翅坚硬；第二类昆虫的两对翅材质相似。

长蝽在地面、植物和水面上生活，主要以其他昆虫的内脏体液为食。猎蝽以猎捕近亲臭虫为生，而臭虫在此无须多言。尺蝽体长约 0.5 英寸（1.27 厘米），在英国十分常见，人们常见到它们在水生植物上行走，或掠过死水和流速很慢的水面。水黾属昆虫的分布范围与尺蝽几乎重合，大西洋和太平洋中有一近亲。几乎每个池塘中都有水蝽的身影，其中体形最大、性情最残暴的是蝎蝽，它们拥有尾状呼吸器官，常被误以为是螯针，因外形像蝎而得名。黾蝽的身体要长得多，美洲的一些品种甚至达到了 3 ～ 4 英寸（约 8 ～ 10 厘米）。划蝽游泳时背部朝下，它们的近亲后腿长有浓密的绒毛，因而构成有力的游泳器官。

下一类昆虫以植物汁液为食，前翅与后翅厚度相当。首先是蝉类，能演奏美妙的“夏日协奏曲”。在古典时期，人们十分流行用小笼饲养欧洲南部的普通蝉。只有雄性能发出声音。蝉以白蜡树为食，它们将刺吸式口器插入白蜡树，并在树皮中分泌一种浓稠的蜜露，不过大多时候必须割开树干才能获取这种物质。

蜡蝉分布于热带地区，头部有一块空的灯笼状突起，传说会发光，不过证据并不足以让人信服，可能这种昆虫只在某些特定季节会发光，或者像萤火虫一样，只有某一性别才能发出亮光。大多数蜡蝉会分泌一种蜡状物质，有些地区的人们会收集起来出售。

沫蝉的幼虫会吐出泡沫作为掩护；蚜虫是一种活蹦乱跳的昆虫，它们的一些物种对英国的玫瑰园破坏巨大，还有一些物种会大肆破坏葡萄树；介壳虫深受园丁们的厌恶。亲缘关系较近的还有胭脂虫和紫胶虫，它们具有十分重要的经济价值。干燥的雌性胭脂虫能制成一种红色染料；西印度紫胶虫能分泌虫胶，就像蝉分泌甘露蜜一样。

直翅目

直翅目昆虫有 4 片翅膀——第一对十分狭窄，呈羊皮纸状；和甲虫一样，后翅用于飞行，宽阔并呈膜状。幼虫与成虫外形上十分相似，口器为咀嚼式，许多雌性的腹部末端有卵囊。许多直翅目昆虫喜欢摩擦身体，发出各种噪声。

家蟋蟀，常是只闻其声，不见其形，在英国十分常见，喜欢出没在面包店中。只有雄性蟋蟀才会摩擦鞘翅，导致鞘翅振动，发出啁啾声。田蟋蟀比家蟋蟀个头更大，在英国比较少见。蝼蛄会掘洞，前腿扁平，适合挖掘，常毁坏植物根部，导致植物死亡。蠕虫和昆虫是蝼蛄的主要食物来源。蟋蟀擅跳跃，但较蝗虫逊色几分。

飞蝗产卵

大绿灌丛蟋蟀在欧洲数量庞大，英国稍微少一些。体长超过 1 英寸（2.54 厘米），身体颜色与它们常出没的草叶融为一体。普通蝗虫体形较小，颜色比较暗淡，后腿摩擦鞘翅发出声音。飞蝗在世界上的一些地区横行霸道，大肆破坏植物，但英国没有真正的飞蝗，不过欧洲有一物种——亚洲飞蝗常游荡到英国来。飞蝗的危害尽人皆知，英国政府派出专人前往塞浦路斯灭蝗，仅虫卵一年就消灭了 1500 亿颗，可见其数量之多。

接下来介绍的一族，后腿用于行走或奔跑，而非跳跃。薄翅螳螂也称为“捕食”螳螂，因为它们性情暴虐，会杀害和吞食其他昆虫，在人工饲养的情况下甚至会吃掉自己的同伴。外出捕食时，它们用两条后腿站立，前腿和头部高昂，就像在朝拜一样，足见其心情之急迫。一旦有倒霉的昆虫进入它们的势力范围，它们便伸长前腿，用腿上的棘刺一把将猎物抓牢，猎物无论如何也休想挣脱。薄翅螳螂仅分布于地球上比较温暖的地带。叶竹节虫和竹节虫的分布范围与薄翅螳螂相似，外形分别像叶片和竹枝。欧洲也有一些薄翅螳螂和竹节虫的物种。

蜚蠊遍布世界各地，但在热带地区数量最多。我们家中的蟑螂就是从亚洲引入的普通蜚蠊。有些蜚蠊没有翅膀，其实它们只是蜚蠊的幼虫。雌性的翅膀很小。美洲大蠊体形较大，身体呈红色。

花园里常能发现欧洲球螋，这种昆虫对植物造成极大破坏，不过它们会爬进人类耳朵里的说法纯属无稽之谈，即便真的爬到耳朵上，也根本爬不进耳朵，更别提带来什么伤害，不过大多数欧洲语言中，均以这一莫须有的习性来为它们命名。

白蚁大多分布于热带地区，但欧洲某些地区也引入了一些品种，不过在英国还未发现它们的踪迹。白蚁并不是白色的蚂蚁，但群居的习性与蚂蚁很像，也因为这一点而得名。它们会啃食家具、木制品，以及各种商品。据说就算家里的每件家具都遭到它们的啃食，人们也不一定能发现它们的踪迹。这是因为它们在地底掘洞筑巢，出口或许就在桌腿或椅子下。桌椅被它们吃空，只留下薄薄的外壳，一旦挪动，便会碎成尘埃。白蚁巢的形式不一：有些物种筑成巨大的圆锥形巢穴，外面覆有黏土；也有些在树木中挖掘通道，白蚁巢就黏附在树干上。

多足类

多足类动物包括蜈蚣和马陆——它们身体狭长，形似蠕虫，分成若干等长的小节。蜈蚣身体的每一小节都有一对步足，马陆各有两对，足上有许多关节，末端有爪。头部有一对触角。蜈蚣的身体扁平，以昆虫和蠕虫为食，在噬咬时释放毒液，口器像毒蛇的毒牙一般，刺入受害者的同时，分泌毒液注入伤口中。马陆的身体浑圆，主要以植物和根部纤维为食，无法噬咬。多足动物分布于世界的各个角落，但体形最大的仍分布于热带地区。它们都喜欢待在阴暗之处，栖息在建筑的破洞、石头下或疏松的树皮中。蚰蜒的足极长，有的甚至超过整个身体的长度。身体各节的骨板在背部相互交叠。英国有几种小型蜈蚣——其中，体长约 1 英寸（2.54 厘米）、身体呈红棕色的石蜈蚣十分常见。虽然捉住它们时，它们也会咬人，但它们体形实在太小，难以造成任何伤害。英国还有一种地蜈蚣，外形似蠕虫，生活在地底。它们会发出微弱的磷光，于是便有了会发光的蚯蚓的传说，总在报纸上登出报道。印度和南美洲的赤蜈蚣，体长 9 ～ 10 英寸（约 23 ～ 25 厘米）。霍纳迪曾在婆罗洲被一只赤蜈蚣咬伤过，据说如同被三四根烧红的针深深地扎入皮肤中一般。他用山金车酊解毒，用药几小时后，疼痛感逐渐消失。普通马陆是英国的本土物种，在刚耕过的土块中、石头下或树皮中就可能找到它们的踪影。它们能将身体蜷成螺旋形。马陆根据外形可分为几个物种，有些生活在欧洲，有些生活在气候较炎热的地区。它们用气管呼吸，气管均匀地分布在连接各节的皮肤之中。幼虫与成虫的外形差别较大，这是它们与其他昆虫的相似之处。

普通马陆

接下来要介绍的是真有爪目，以栉蚕为代表。这种蠕虫形的生物，身体并未分节，多足。皮肤颜色鲜艳，质地柔软。它们生活在潮湿地带的石头下、朽木中，夜行，以昆虫为食，用口器两侧的管状突起喷射黏液诱捕昆虫。气管零散地遍布于全身的皮肤之中，卵胎生，在母体内孵化。

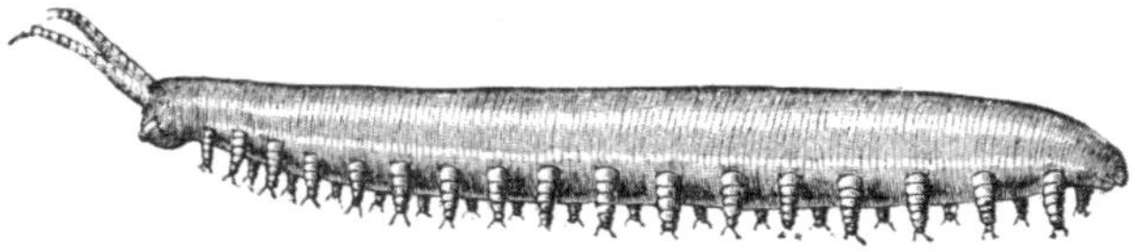

栉蚕

第二十七章　蛛形纲和甲壳纲

蛛形纲包括蜘蛛、螨和蝎子，它们的头部和胸部之间无明显的界线，统称为“头胸部”，正因如此，腹部有的分节，有的不分节。它们通过气管或书肺进行呼吸，或由二者搭配进行。

蜘蛛有四对步足、一对用于抓住猎物的触须和一对螯肢，螯肢上有毒腺。它们以活物为食，用螯肢杀死猎物并吸食其体内的汁液。所有蜘蛛均会吐丝，有些甚至会结网设陷。

蝰蟷

食鸟蛛来自南美洲，正如它们的名字那样，织的网有时真的能捕到鸟类。不过我们也不必感到惊奇，因为伦敦摄政公园动物园中的一只食鸟蛛就曾捕杀过一只大鼠，而它平时的菜谱是蟑螂和粉虱。食鸟蛛有多个物种，据说人类被它们咬伤后，后果不堪设想。

同科的还有蝰蟷，它们在地底掘洞，吐丝筑巢，出入口处常设有门。这些蜘蛛不结网，夜间出来捕食猎物。英国有一物种，在南部海岸的某些地段十分常见，不过它们的巢穴没有门。

跳蛛不织网，捕猎方式同猫科动物一样，潜伏着伺机而动，然后忽然跳起。狼蛛像狼一样追逐猎物，有时生活在水生植物表面，有时潜入水中，潜水时，表面的绒毛能储存一定的空气，足够它们在水下短暂停留。同类的还有狒蛛，曾传闻人被它们咬后会疯狂地手舞足蹈。

温室希蛛和水蛛所代表的一类蜘蛛，蛛网呈金钟罩形，网的主人静候着猎物的到来。水蛛在池塘中十分常见，它们大部分时间在水下生活，并在其中筑巢产卵。在小鱼缸中饲养水蛛并非难事，只需水中有小甲壳类动物和昆虫的幼虫即可，或者用蝇类饲养。

十字园蛛是大家十分熟悉的物种。我们可将一只十字园蛛扔进宽口瓶，封住瓶口，即可观察它的习性。过不了多久，它就开始织网，蛛网的锚固点遍布玻璃瓶的各个角落。我们给它一只反吐丽蝇，会发现蜘蛛用第三对足将猎物翻来覆去，还不断吐丝，如同给苍蝇缠上了裹尸布。

蛛网的锚固点

螨是一种小生物，它们无处不在，有些为水栖。许多螨虫都属于寄生虫，有的则为掠食动物，还有的以腐败物质为食。其中包括酪螨、使人类患上恶疾的疥螨、恙螨、咸水和淡水中都有的水螨，以及让狗、羊等动物痛苦不堪的蜱虫。缓步动物“水熊虫”只能在显微镜下观察，它们拥有 4 对足，足上有爪。

石蟹来自北美洲的海滨和摩鹿加群岛，外形十分怪异，最有趣的是，它们是远古时期遗留下来的生物。

海蜘蛛的 4 对足十分纤长，身体较小。有些在远洋生活，但在潮池的水草中，或海岸的石头下也能发现一些。

英国没有蝎子，但在欧洲发现了一些品种。体形最大的蝎子生活于热带国度。它们有一对巨大的螯爪和四对步足，腹部最后一节带有毒刺，对昆虫和蜘蛛等主要食物具有致命的威胁，有时甚至给人造成非常严重的后果。蝎子具有避光性，白天躲在洞穴中、石头下，黄昏时分外出觅食。欧洲黄脚真蝎的分布范围北至法国和德国。亲缘关系较近的还有盲蛛和拟蝎。其中，盲蛛腿部纤长，形似大蚊（美国人称大蚊为“长腿爸爸”）；拟蝎常出没于布满灰尘的书籍报纸中，也有些寄生在甲虫的鞘翅下。

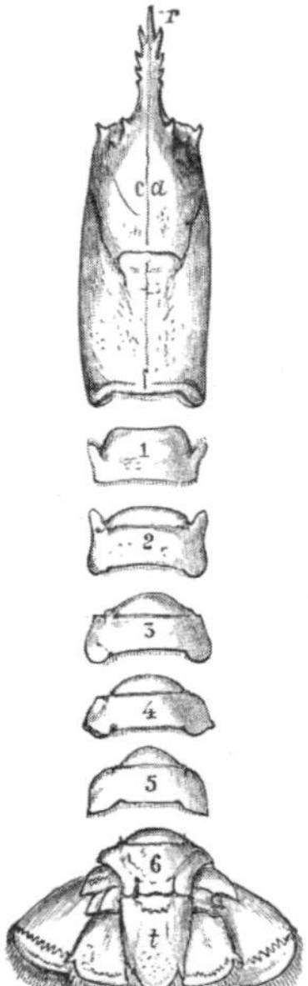

海螯虾的身体分节

甲壳纲

甲壳纲的一些成员是我们非常熟悉的，即使有人从未见过大海，也常在鱼贩的店里看到海螯虾、螃蟹和对虾。在花园的石块下，我们一定能找到甲壳纲另一成员——鼠妇的身影。几乎每一片水塘或溪流中，都有沼虾的存在。

它们的身体均分节，根据尾节决定最后一节究竟是附器还是独立成一节，一般分成 20 节或 21 节，不过我们无法从一只样本身上认识到以上这两种特点。插图为海螯虾的身体分节，其中甲壳由构成整体的头胸部（14 节）组合而成，以下则为腹部。海螯虾和螃蟹有 5 对步足，第一对常演变为大螯，眼固定于柄上。“挑战者”号打捞上一深海品种，其眼上棘竟然比身体还长。它们大都需要经历变态过程。

欧洲龙虾在英国海岸产量丰富，食用价值高，人们从英国渔港和挪威将大批欧洲龙虾送往市场。龙虾无螯，肉质不如海螯虾可口。龙虾的幼体也称为“叶状幼体”。同类的还包括溪流中十分常见的河螯虾，可食用，也可作为装饰菜。

此外还要提到的是真虾和对虾，我们能一眼认出对虾，是因为它们的喙有凹陷，海螯虾也有类似的结构。任何一个潮池中几乎都能发现对虾的踪迹，其中有一物种可根据周围的环境改变身体颜色。

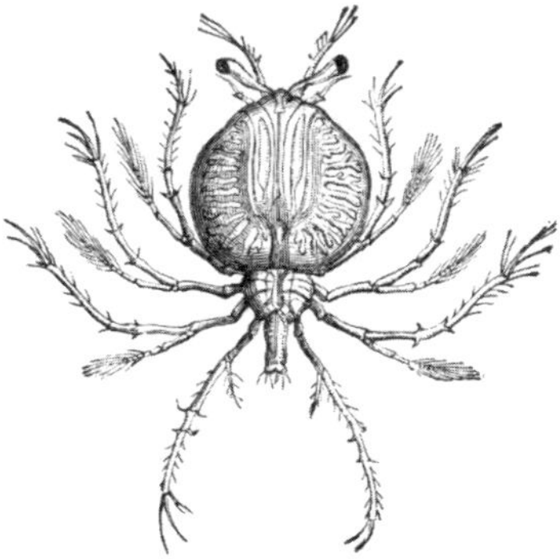

龙虾的幼体（放大）

将普通螃蟹与海螯虾的每一块身体结构进行对比是非常有趣的。将螃蟹翻过身来，会发现腹部有相互嵌合的凹槽。记住这一点后，我们就迈出了认识它们的第一步，这也是极为重要的一步——认识蟹类的外形结构。

普通黄道蟹无须赘述，普通滨蟹的显著特点是甲壳两侧各有5颗牙齿。梭子蟹的最后一对足比较扁平，边缘有毛。人面蟹埋伏在海底的泥沙之中，触角尖端突出于地面。戴维·罗伯森（David Robertson）先生发现，它们的触角其实是呼吸管，而且他发现自己在水族箱中饲养的一只人面蟹竟然用这根管产卵。体形微小的豆蟹寄居在贻贝等双壳类动物的贝壳内。

豆蟹

分布于热带地区的地蟹除产卵外极少进入海洋，许多地蟹已丧失了水栖习性，而有些物种正逐渐习惯，或已经能够直接呼吸新鲜空气了。

蜘蛛蟹的腿部十分细长，甲壳前端渐窄。有些蜘蛛蟹为人类食用，在南部海岸和海峡群岛更是如此。它们的甲壳上覆有刚毛，许多蜘蛛蟹用水藻、海绵、水螅虫和海鞘装饰自己，也起到隐藏掩护的作用。许多泽西人饲养蜘蛛蟹，霍内尔（Hornell）先生发现，如果它们被剥去蟹壳上的水藻，会改用卵石代替。

掘洞的虾

寄居蟹大都寄居在其他动物的壳中，其中最著名的是来自太平洋诸岛的椰子蟹，它们寄居在椰子壳中，不过不确定的是，它们是否真的会爬树摘取最爱吃的椰子。这种螃蟹并不居住在贝壳中，而是在地底掘洞栖息。海滩上有大量的本哈寄居蟹。当危险来临时，寄居蟹便会躲进贝壳房子中，用大螯堵住壳口。

虾蛄分布于地中海地区，有趣的是，它们的第一对足极似螳螂的前腿。糠虾是弓头鲸的主要食物之一，有育仔囊，幼虾早期在其中度过。这两种虾的鳃都在腿部。

接下来介绍的一些物种无眼柄，它们可分为两类——端足目和等足目。端足类动物的足朝向四面八方散开，有些用于游泳，有些用于攀爬；等足类动物的每条足形状相似。它们大都为水栖，在陆地上生活的物种也倾向于潮湿地带。

击钩虾分布于海岸边的各个角落，沙滩上数量最多。它们是食腐动物，但也因嗜食同类而饱受诟病，不过戴维·罗伯森先生营造出了方便它们同类相残的生存环境，却并未发现所饲养的击钩虾会自相残杀。同属此类的沼虾和海洋中的近亲一样，并非真正的虾。海洋中的一些沼虾会挖掘管道式巢穴，我们会发现，英国南部和西部海岸上，许多海藻的枝丫下都有泥质锥形管道，每个洞口伸着一只虾的触角。还有一些沼虾用植物碎片和砂粒修筑管道，并用有黏性的分泌物加固。我的书桌上有一只 4 盎司的瓶子，一只沼虾靠着瓶壁修筑了一条这样的管道。管道在瓶底固定约 1 英寸（2.54 厘米）的距离，然后垂直向上半英寸（1.27 厘米）。沼虾在其中生活了两个月，观察它的活动给我带来了十足的欢乐。大家可以在潮池中捉几只沼虾，便也能感受到它带给我的乐趣了。

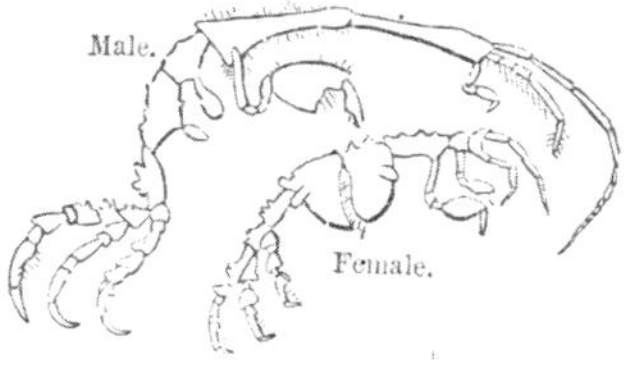

麦秆虫（放大）

麦秆虫有一个形象的名字——骷髅虾，它们在潮池中十分常见，人工饲养也可存活一段时间。鲸虱寄生在鲸身上，是麦秆虫的近亲，尊敬的T.R.斯特宾（T. R. Stebbing）先生在《善言》（*Good Words*）中介绍了它们习性的变化和食物的充足“导致鲸虱形状变得扁平，稳稳地趴在鲸身上”。

鲸虱（放大）

等足目中，人们比较熟悉的是普通鼠妇，它们的一些近亲在受惊时会蜷成球状，因此也叫作“球潮虫”。它们生活在岸边的岩石上、水潭中，其中，蛀木水虱对树木在水下的部分造成了极大的破坏。

切甲亚纲为小型水栖动物，大都只能在显微镜下进行观测。叶脚目动物至少有四对足长有呼吸板，其中，鲎虫是“切甲类动物的巨人”——体长超过1英寸（2.54厘米）。欧洲的水塘中就能发现它们的身影。此外，溞也属于此目，它们在英国的水潭里十分常见。叶肢介外形像微型双壳类软体动物，在世界各地均能发现它们的踪迹，有人将干泥块中东方叶肢介的卵从巴勒斯坦带回英国，将其放入水中后仍能够生长发育。

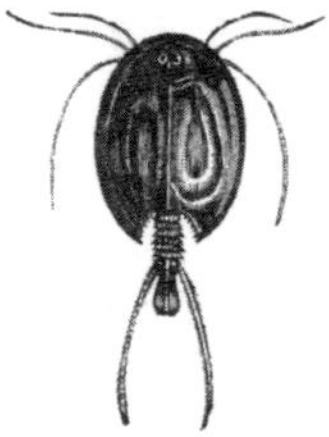

鲎虫

介形虫均封闭于小的双壳内，其中，腺介虫为淡水品种，它们的一些近亲生活在潮池和海洋中。

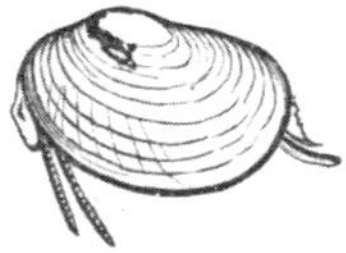

叶肢介

桡足动物无甲壳。淡水桡足动物在海洋中有许多近亲，它们和大多数切甲类动物一样，是鱼类的主要食物。许多桡足动物寄生在其他生物上，称为鱼虱，这些寄生虫的口器适于吸血。鲛虱寄生于海螯虾鳃上，和海螯虾一样呈红色，极难被人辨认。插图为有卵的雌鲛虱，可与自由游动的剑水蚤进行对比。

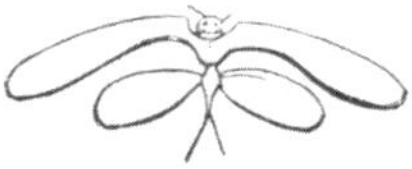

携卵的鲛虱

藤壶单独构成一类。它们在早期可自由游动，但很快安定下来，分泌出多瓣的壳，如此度过余生。正如赫胥黎先生所言，“它们的头部附着在寄主身上，用腿将食物踢入口中”。将在海边岩石、卵石和贝壳上找到的藤壶放入一罐海水中，便可观察它们的进食方式。船体藤壶附着在浮木和船底，长有长柄，柄末端的壳中即为它们的身体，它们的进食方式和大西洋藤壶相同。塔藤壶体形较小，寄生于杯状珊瑚上。

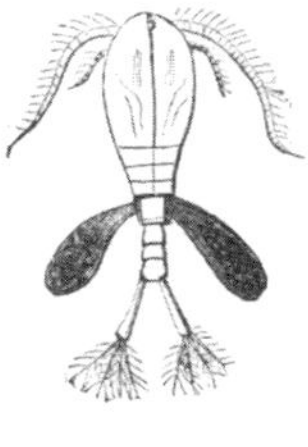

携卵的剑水蚤

第二十八章　棘皮动物和“蠕虫”

棘皮动物有海百合、海蛇尾、海星、海胆和海参，它们的身体有突出明显的鳍刺，鳍刺数量通常为5根；大都拥有吸盘式的管足，由水管进行控制。这些生物会经历变态过程，若身体受伤或断裂，有再生功能。它们都是海洋生物，大部分以泥沙中的有机物碎片为食，也有的为捕食性。

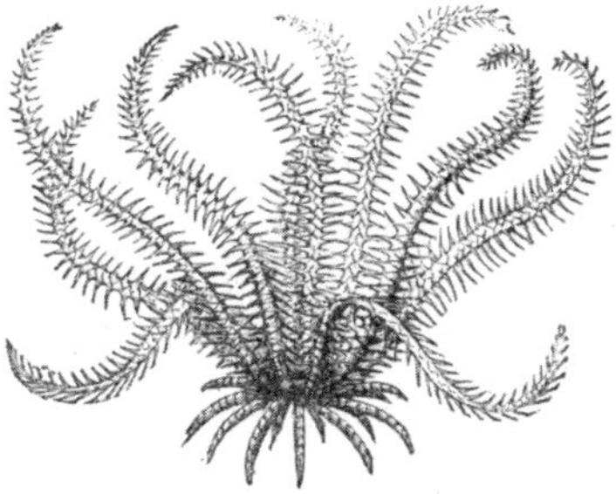

海羊齿

海百合年幼时大都有柄，有些甚至终身保留，英国有一类代表——海羊齿，这种生物十分常见。能自由游动的成体常被拖捞网捕捉上岸，潮池里也能看到它们四处游动的身影。幼体通常黏附在普通珊瑚的主干上，个头短小，呈螺旋形。海百合的嘴位于上表面，腕用于行走和游泳外，还可将微小的食物粒子推入口中。终身有柄的海百合生活在深海，近期还发现出许多新的物种。

海蛇尾的身体中心呈小圆盘形，5条蛇状腕向外延伸，管足极小，无实用。它们或沿地面蜿蜒蠕动，或在岩石和海藻上攀爬。最怪异的海蛇尾当数北大西洋的蔓蛇尾。它们的腕部有多层分枝，像在编织花篮一样缠绕一盘，据说可使小型海洋生物缠绕其中，成为它们的盘中餐。

第二十八章　棘皮动物和“蠕虫”

海星类以欧洲海星为代表，在海边生活的人们无须走太远便能找到一只，我们可仔细观察。它们的嘴在身体下表面，身体顶部、两只腕之间为多孔的板状结构，为管足提供水分。罗马尼斯教授测定一只海星每分钟行走的速度为2英寸（约5.08厘米），而海蛇尾的速度超过6英寸（15.24厘米）。海星的身体散布着有柄的螯状器官，称为“叉棘”，就像“小虱子”，当初命名时，人们将它们误以为是寄生虫。这些叉棘用于抓取，在攀爬时起到辅助作用。

海星

指海星的一根腕断裂后，会在断腕上长出4只新腕和一个中央盘。人工饲养的指海星断裂后，各鳍棘从中央盘脱离，仍可自由活动。

太阳海星的颜色较深，拥有13根鳍棘，多分布于英国海滩附近，但不如普通海星多见。驼海燕直径约1英寸（约2.54厘米），常见于潮池中。英国有一种海星形似一只巨大的针插，还有一种身体扁平，像薄饼。

与海星相比，海胆的鳍棘向上弯曲，包裹整个身体，形成坚硬的壳，称为“海胆壳”，壳上覆有棘刺，管足从刺出的洞中伸出。它们生活在岩石质海岸，有些掘洞而居。普通海胆在英国海岸十分多见，几乎每一个海滨度假胜地都贩卖去掉棘刺的海胆壳，只需花费一两便士就能买到一只。不过，如果在潮池潮痕中间的海藻中仔细搜寻，也可能找到几只小海胆。

海参为海洋生物，身体细长。口位于身体一端，口的边缘有触须。有些海参和海星一样有管足，有些则没有。温暖海域的海参体形庞大，可制成干海参，备受中国人推崇。捕捞海参的工作定期展开，仅昆士兰一地，年出口额就达到约 3 万英镑。英国的海岸边能找到小型海参，体形较大的需要用拖网打捞。

蠕虫

“蠕虫”这一名字十分形象，但也仅此而已，它们彼此之间的关系，以及和更高等或更低等的生物之间的关系尚不清楚。它们外形相似，移动时，都是头部最先向前运动，高等一些的蠕虫身体分节。

管触须目分为两类，分别以蚯蚓和船蛆为代表。蚯蚓的刚毛较少，而船蛆的刚毛比较茂密，且突出于体侧，可充当桨和足。

陆正蚓在土中掘洞，可疏松土壤，对人类十分重要。它们就像犁耙一样，会抛下落在身体上的土壤，因此将底层土壤带到地表。达尔文计算过，一英亩土地上有 53000 条蚯蚓，它们每年穿过的土壤重达 10 吨，能翻新地表以下 3 英寸（7.62 厘米）深的土壤。如果园丁们考虑到这一点，就不会杀害它们，反而会加以鼓励。它们有许多近亲，其中，新西兰的一种体形十分巨大，长度约 6 英尺（约 1.83 米）。

有几种蚯蚓在泥地和淡水中生活，其中，有的挖掘管道，有的在水中自由游动。仙女虫体形微小，每个水潭中都有它们的身影，它们通过分裂来繁殖新的个体，非常特别。身体的环节数目增长，蠕虫后部脱落，形成新的头部、吻部和眼睛，而原来的身体前端长出新的尾巴。甲原来的尾巴现归乙所有，接下来可能传递给丙、丁、戊等，除非因缺乏食物或被水中的甲虫捕食，否则这条尾巴会一直传递下去。

海中的一些管触须目动物漫无目的地游荡，也有一些则会安静地待在虫管之中。

第一类管触须目动物拥有角质爪和吻部，以英国的一些蠕虫为代表。其中最著名的是沙蚕——身体细长，外形似蜈蚣，常出没于潮池中、石头下，或仰卧在沙地上。有一种沙蚕常与寄居蟹一起寄宿在蛾螺的贝壳中，德文郡的渔民认为它们是最好的鱼饵。鳞沙蚕是一种非常可爱的生物，体长四五英寸（约10厘米），在英国南部的海岸十分常见。背部的鳃上覆有鳞板，身体每一环节各有一对，几束棘刺突出于体侧，但射出彩虹般的光芒，居维叶（Cuvier）将其比作蜂鸟的羽衣。多鳞虫在海岸上也十分常见，是另一种背部长有鳞片的蠕虫。裂虫通过胞芽进行繁殖，它们的体形比仙女虫大得多。

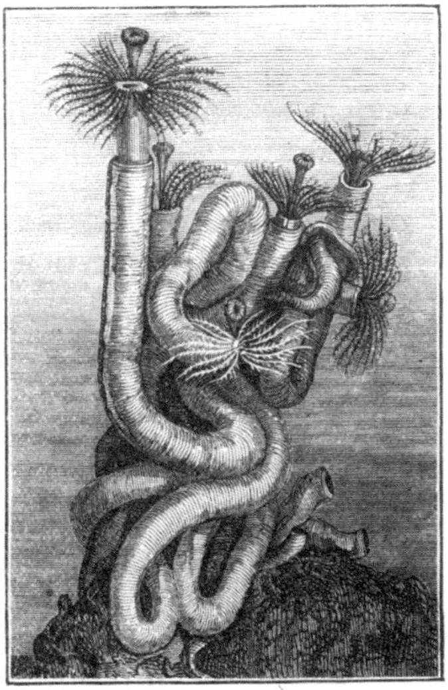

龙介虫群

在虫管中生活的蠕虫无爪，以微小的有机物为食，用触须和鳃推入口中，其中最熟悉的当数龙介虫，它们拥有石灰质外壳，常附着于岩石、卵石和长期待在水下的物体之上。龙介虫的鳃向外延展，场面十分壮观。我们还发现它们有一个宽阔的喇叭形塞子，将鳃缩回后，堵住管道口，蠕虫封闭在管道中时，通过这个塞子进行呼吸。

这些小蠕虫是伯南布哥州海域中天然的挡浪板，正因如此，西班牙人称之为“暗礁”。它们大量聚居，结构十分稳固，如沙堤一般庇护着这片海域。

螺旋虫体形极小，它们的虫管吸附于墨角藻叶上，十分常见。这种蠕虫的塞子也是育儿袋。沙管虫的虫管由砂粒和微小的贝壳碎片筑成，池塘中十分常见。帚毛虫的虫管为大型蜂巢状物质。

海蚯蚓掘洞而居，在沙质海岸十分常见。退潮后，随处都是它们翻起的泥沙。它们没有虫管，体长 8 英寸（20.32 厘米）左右，身体中间的环节上有亮丽的深红色鳃。渔民们将它们从地洞中挖出，大都当作鱼饵。萨摩亚矶沙蚕是海蚯蚓的近亲，分布于南部海域的珊瑚礁上，被斐济人奉为美味。

星虫类动物的身体不分节，吻部不突出。方格星虫在沙地中生活，在英国也有分布，但人们并不能常见到活着的方格星虫。

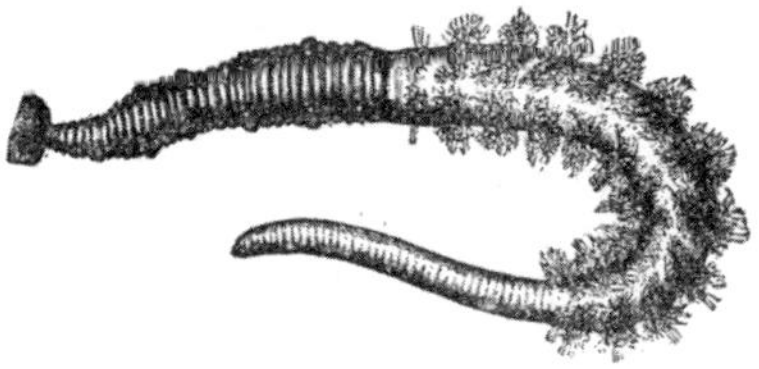

海蚯蚓

水蛭的口具有吸附性，尾部有一个吸盘。它们大多为水栖，擅长游泳，也可通过翻滚身体进行移动，用嘴将前部固定，尾部前移，然后用吸盘固定后部，如此便将身体拱向前方。欧洲医蛭虽在英国比较罕见，但多分布于欧洲。捕捉欧洲医蛭的人通常涉入溪流中，让它们吸附在自己的腿上。这种放血捉水蛭的方法现在已不太常用了。马蛭因其外形而得名，因为它们的牙齿十分软弱，连人类的皮肤都无法穿透，更不用说马皮了。有些马蛭寄生在鱼身上，而在我们的池塘中，有些马蛭还带着即将吸附在水底的幼虫。

山蛭分布于热带地区，生活在近水的植物间。埃默森·坦南特爵士谈起锡兰（今斯里兰卡）十分常见的一种山蛭时，说“它们体长约 1 英寸（2.54 厘米），外形似普通棒针，但身体能膨胀，直径如浮标，长度能达到 2 英寸（5.08 厘米）……它们常吸附在抬轿人和苦力们裸露的双腿上，而他们根本无暇将它们扯出，导致山蛭们就像一串葡萄一样挂在脚踝周围。我曾见过一名欧洲人被无数山蛭叮咬后，血渗透到鞋子的边缘”。

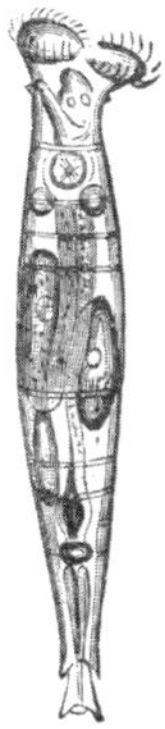

普通轮虫（放大）

轮虫之所以得其名，是因为圆盘状身体前端的纤毛活动起来就像飞速运转的车轮。这些纤毛不断挥舞，因而产生水流，将食物微粒送入口中，许多轮虫也可通过纤毛的转动而四处游动。有些轮虫杯状的身体封闭在水晶似的兜甲中，末端为尾或足，大多分叉，可像船舵一样引导方向，也可像锚一样固定身体。这些生物只能在显微镜下进行观察。有些营固定的生活：簇轮虫和花环轮虫会分泌虫管，普通臂尾轮虫能修筑塔状丸形巢穴。团胶轮虫为群居动物，栖息于虫管中。聚花轮虫与团胶轮虫十分相似，但种群可自由游动。足踏轮虫十分奇特，形似甲壳动物的幼体，有尚未进化的足的痕迹。如果逐渐失水，一些轮虫会分泌一种胶状鞘，可存活一段时间，重新回到水中后复苏。

线形虫属于线虫动物门，过去人们以为它们是马毛变的，现在仍有人这样认为。此外，还有糨糊线虫、醋线虫，以及人体内的一些寄生虫。其中最为致命的是旋毛虫，至今尚未研究出治愈旋毛虫病的方法。它们的幼虫阶段在不同的宿主体内度过，成熟后感染此病。有些旋毛虫也会破坏植物。

纽虫大多为海洋生物，低潮线附近的石块下也能发现一些。它们为肉食性，大都体形较小，但纵沟纽虫能长到12英尺（约3.66米）。

许多扁形虫都是寄生虫，其中对我们影响最大的是吸虫和绦虫。肝吸虫的幼虫寄生于椎实螺中，羊吃了椎实螺后，肝吸虫转至羊的肝部，导致羊肝溃烂。英国每年因肝吸虫造成的畜群损失不少于 300 万头。人类食用患绦虫病的猪肉后感染此虫，它们的头部带有吸盘和弯钩，且有多个关节，每节均含胚胎，但不会在人体内发育。一些低等动物会感染另一种绦虫。

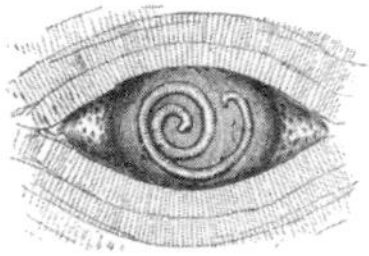

肌肉中的旋毛虫（放大）

外肛动物门均为水栖动物，但寄生在方格星虫尾部的斜体节虫除外。这些外肛动物构成群落，口周围有触手，排列成半月形或环形。幼虫可自由游动，同样通过分裂的方式繁殖，在淡水中生活的外肛动物有生殖胞。每个种群生活于一个小巢室内，巢室为革质、胶质或石灰质。大多数淡水外肛动物的身体有分支，一些海洋物种也是如此，但海洋外肛动物大都遍布于海藻、石块和贝壳上。普通苔藓虫常被人误当作海藻，在任何一片海岸上都十分常见。人们在英吉利海峡的海滩上可收集好几蒲式耳的苔藓虫，不过要观察它们的身体构造，还是需要动用显微镜，用手持放大镜就能清晰地看到它们的巢室。数数 1 平方英寸的范围内有多少个巢室，然后粗略地估算一下半英里长的海滩上有多少平方英尺的苔藓虫，大家就能更充分地理解海洋中的生物资源有多么丰富。这是任何书本所无法涵盖的，是任何课程所无法描述的，海洋真是所有生命的摇篮。体验海洋生物之瑰奇将引人深思，而思考远比阅读重要得多。

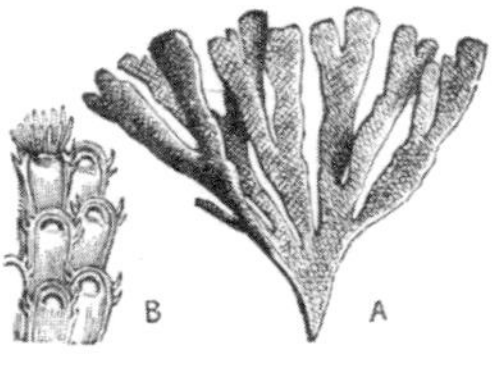

苔藓虫

A. 自然大小　B. 部分放大后

第二十九章　刺胞动物和海绵

“刺胞动物”的外形千差万别，但几乎都具有刺细胞，能通过接触猎物，喷射很长的有毒纤维，从而麻痹猎物。它们几乎都和海葵一样呈管状，口周围有触须。有些刺胞动物呈铃状或伞状，比如水母。有些刺胞动物年幼时与水母有些相像，然后会像普通水螅一样稳定下来。

栉水母的刺细胞变化多端，似乎具有黏性。它们雌雄同体，幼体与成体外形相似。它们生活在远洋地区，以小生物为食，通过球形纤毛带的运动而运动。一种栉水母名为“太平洋侧腕水母”，在英国的海岸上十分常见，它们就像一颗颗小水晶球，闪烁着彩虹般的光芒。和那些近亲一样，也是海洋上出现磷光现象的原因之一。这种栉水母有两根长触手，一侧边缘有螺旋形细丝，能缩回各侧的囊中。地中海的爱神带水母外形似缎带，长约 1 码（约 0.9 米），它们的亲缘关系很近。卵形瓜水母比太平洋侧腕水母体形大，无触手。

太平洋侧腕水母

“珊瑚”泛指任何能构成坚硬骨骼的刺胞动物，这些坚硬骨骼可位于体内作为支撑，比如红珊瑚；或者包裹在身体外侧作为巢穴，如造礁珊瑚。除此之外，还有一些变种。它们都是群居动物。幼体有一段时间可自由游动，随后稳定下来，成为新群落的起点，新的后代源源不断地堆积，将群落建设成植物状。骨骼位于体内的珊瑚，拥有8条羽毛状触手。

海鳃呈羽毛状，沿中轴线向两侧散开，水螅体附于其上。浅水和深海中都有它们的近亲分布。

柳珊瑚呈扁平状，向两侧展开。它们分布于洋底，虽然骨骼颜色暗淡，缺乏美感，但当水螅体为颜色鲜艳的肉质，展开触手搜寻食物时，必将让你叹为观止。

红珊瑚尽人皆知，可做成装饰品，价格昂贵。红珊瑚群落分布于地中海大部分海域的岩石质洋底，人们在渔船甲板上，用绞盘粗暴地将它们从洋底拽起。珊瑚的肉质被剥落，而珊瑚的支撑轴从意大利海港送往市场，贩卖给珠宝商，加工成各式各样的装饰品。

笙珊瑚分布于热带海域，颜色深红，由许多管状构成，层层堆叠，各层之间有平台相隔。绿色的触手与红色的虫管相得益彰。

珊瑚当中最简单的一种是水手珊瑚，它们的骨骼呈微小的针状，散布于整个珊瑚群表面。常有这种珊瑚被冲上英国的海岸，暴风天气过后更是如此。人们常见到附着在扇贝壳上的水手珊瑚呈肉色革状，毫无美感可言，将其投入一罐海水中，这团物质便会逐渐展开，表面出现小凹陷。这些小组织上长出一朵鲜活的花状结构，渐渐膨胀，直至成熟，原来是一只水螅体，用触手激起水流，将周围的猎物送入口中。即使整个珊瑚群都已死亡，人们仍可能见到星形的孔洞中长出水螅体。

下一类刺胞动物包括造礁珊瑚和海葵，它们的亲缘关系很近。将海葵和造礁珊瑚的切片并列放好，我们便可发现坚硬的骨骼之间结构排列如此紧密。这类“珊瑚”的壳由海葵状水螅体分泌，起到支撑作用。几乎所有海葵都群居生活。

鹿角珊瑚有多个分叉，每个水螅体有单独的杯状基质，是最活跃的造礁珊瑚。英国的博物馆中有许多鹿角珊瑚骨，既像树木的枝丫，又像雪白的石头，但活着的鹿角珊瑚呈鲜艳的橄榄棕色，生长点和水螅体为鲜绿或紫罗兰色。石珊瑚群落质地坚硬，体形巨大，水螅体触角伸出的孔洞与水手珊瑚十分相似。脑珊瑚骨沟壑纵横，就像人脑表面蜿蜒的曲线。长须飞盘珊瑚骨就像巨大的蘑菇，从柄状顶端长出，独居。这些珊瑚均分布于热带海域。

小陀螺珊瑚

小陀螺珊瑚常被误认为是鹿角珊瑚，分布于德文郡和康沃尔郡海岸，是水族箱的常客。

人们习惯将珊瑚归为肉食性动物，事实上也是如此，但就像高等一些的生物一样，如果肉质食物不充足，它们也会用其他食物代替。

海葵的体形短小，呈柱状，附着在宽阔的基底上，顶部的圆盘为裂缝状的口器，周围有触手。普通海葵在英国海岸的潮间带上十分常见。它们能忍受极端环境，当大多数动物，或者说当水族箱中的其他生物都无法忍耐时，它们依然能茁壮成长。如果一只触手触碰到一只猎物，其他触手也会弯曲过来，缠住猎物，渐渐送入口中，直到真正将猎物吞食后，这些触手才会松开。这种海葵颜色变化多端，其中最常见的是深红色和绿色。也有混合这两种颜色的情况出现，多有条纹和斑点。戈斯称之为“等指海葵”，身体多为蓝色串珠状，但也有例外，底部为向外伸出的触手。这些触手看似触觉器官，实则为刺细胞。英国海岸附近盛产海葵，其中要介绍的有绣球海葵、花梗仙影海葵、寄生美丽海葵和管海葵。绣球海葵的外形最为华丽，分布于约 20 英寻（约 36.6 米）深的海中；花梗仙影海葵生长在岩石的裂缝中，需极大的耐心才能将它们带走；寄生美丽海葵寄生于寄居蟹壳上；管海葵与绣球海葵一样美丽。

水母多在夏秋两季出现于英国海岸，退潮后，许多水母在岸上搁浅。水母的伞状体不断收缩和扩张，推动身体前进，游泳者被它们的刺细胞蜇伤后会感到疼痛不已。

绣球海葵

淡水中也有一些水母分布，其中最著名的是淡水水母，几年前，裘园的王莲池和植物园中均出现了它们的身影。它们的成长过程与普通水母十分相似。非洲坦噶尼喀湖和波斯（今伊朗）的湖泊中各发现了一种淡水水母。

热带海域的僧帽水母为群居生物，可自由游动，被比作“孩子的小船模型，刷上了玩具店里最艳俗的颜色”。它们有浮囊体，浮囊体下为水螅体，有些用于为群落获取食物，有些则用于繁殖。触手极长，覆有刺细胞。这种生物有剧毒，萨维尔·肯特（Saville Kent）先生说，最近在大堡礁附近发现了僧帽水母的一个近源物种，人被它们蜇伤后，必死无疑。

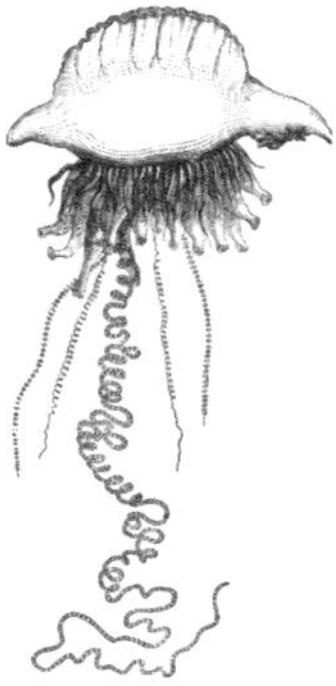

僧帽水母

水螅纲曾被当作植物而被称为“植虫”，其实它们是真正的动物，只不过生长方式如植物，但在黑斯廷、拉姆斯盖特以及许多其他地点，有人将这些生物的分支公开贩卖，标榜为“海藻”。水螅可分为两个主要类型，第一种水螅的水螅体封闭在杯状结构中，是群落外壳的延续；第二种水螅的水螅体可自由游动。这两种水螅中，有一些物种一生中会经历水母阶段，自由游动一段时间。

海榧和桧叶螅的身体多分支。海榧的水螅杯位于分支的上侧，桧叶螅的水螅杯位于分支的上下两侧。钟形螅的水螅体分布于钟形罩中，像美丽的水晶。

至于水螅体裸露的一类水螅，最美的当数筒螅，几乎在每一片海滩上都能捡到珊瑚藻。有生命力的群落就像紧靠的稻草，每棵草的顶端伸出一只花状水螅体，十分可爱。棍螅是英国最常见的一种水螅。棒螅也同样多见。淡水棒螅与普通水螅亲缘关系很近，只分布于淡水中。

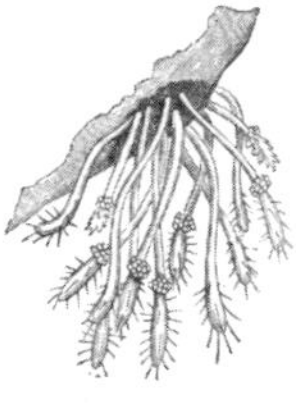

棒螅

普通水螅是一种非常有趣的小生物，数量多，十分容易捕捉，大家可自行捕捉观察。从池塘中采几株浮萍，放入有水的容器中，将容器放置在阳光下。过不了多久便看到浮萍的叶片和茎干下，有一些体长 0.5 ～ 0.75 英寸（一二厘米）的小生物，呈绿色、棕色或橙色，口器边缘有长触须。水藻中如果碰巧夹带了一些甲壳动物，那么水螅虫很快就会用触手捕捉猎物了。它们是最低等的刺胞动物，有趣的是，如果将它们纵向或横向一分为二，每个部分都会发育成一只新的水螅。人们甚至一度相信，如果将水螅从里到外翻过来，那么原来的皮肤将成为消化器官，而原本的消化器官将充当皮肤的角色。不过后来证明这种想法是错误的。

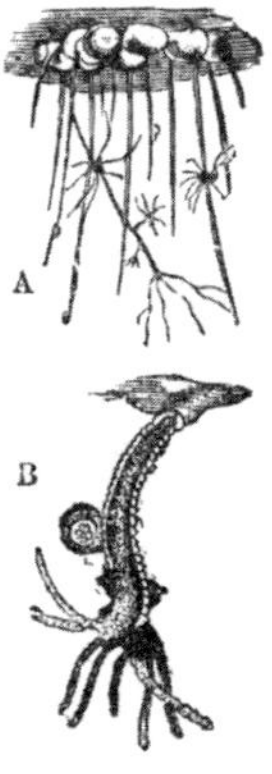

绿水螅

A. 自然大小
B. 局部放大后

海绵

大多数人都十分熟悉沐浴海绵的角质骨骼，英国的海绵资源极为丰富，它们附着在岩石上，钻入贝壳中，或者从生活的海域被冲刷到岸上。有的海绵颜色鲜艳夺目。霍内尔先生将泽西海岸的潮间带称为“海绵之乡”，那里被暗淡的棕色海藻覆盖的岩石上，装点着猩红色、砖红色、橙色、黄绿色、黄色、白色、灰色和黑色的海绵。即使在英国也能看到这样的场景，海滨度假时，捡海绵是一项十分有趣的活动。

沐浴海绵上有许多开口，有的小，有的大。切开海绵，我们发现这些小洞的末端是通向内腔的管道。活的海绵，骨骼上覆有一层胶质肉，管道和腔室由鞭状细胞相连。这些鞭毛不断挥舞，将携带食物微粒的水流推入小孔，并从大孔将排泄物排出，如下图中的箭头所示。因此，“城市中的人们”，即单个细胞，就有充足的食物送上门了。沐浴海绵的身体框架为骨质，从海绵肉中的骨针性质来看，有些为燧石或石灰质。

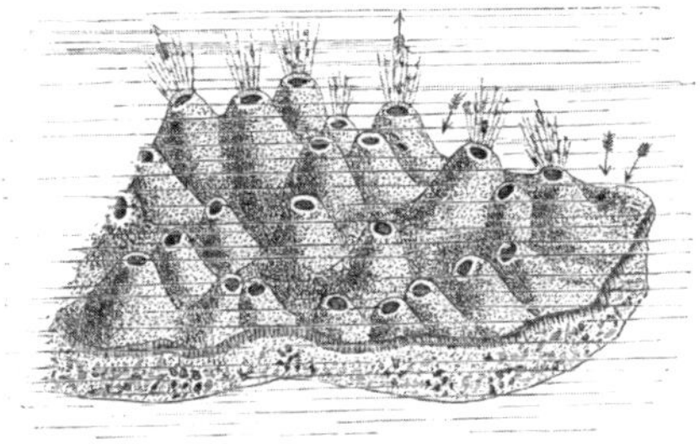

海绵的生活

海绵的繁殖方式为卵生和分裂，充分利用其植物型的生长模式的特点，将身体一分为二后可成功繁殖出两个个体。最好的沐浴海绵来自地中海，西印度群岛次之。地中海的潜水员从半甲板船上潜入水中捕捞海绵，每名潜水员每天要下水 15 到 20 次。

英国的海岸边有许多燧石质海绵，其中体形最大的是蜂海绵，有分枝，呈植物状，常被海水冲到岸上。纤维状的骨骼与沐浴海绵十分接近，但其中散布着骨针。繁茂膜海绵的颜色从灰黄到各种绿色，附着在潮间带的岩石表面。最近，布莱顿水族馆水潭里的一块岩石上就附着着一大片这种海绵。可自由游动的海绵幼体一定是随着海水来到这里，并就此定居下来。海水的不断涌入为它们提供了丰富的食物，海绵群体因此生机勃勃。

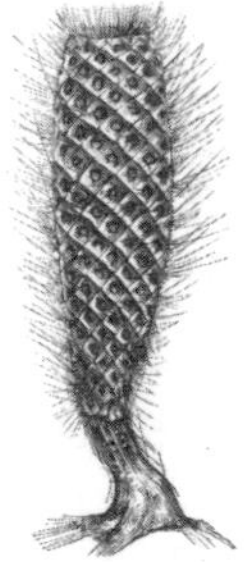

阿氏偕老同穴

穿贝海绵穿牡蛎壳而居，在石灰岩上掘洞。皮海绵附着在蛾螺壳上，并将蛾螺的肉质吃光，甚至让借住其中的寄居蟹难受不已。不过就算贝壳房子被海绵抢占，寄居蟹也有自己的办法转变局势。它们拒绝转移，甚至还会将海绵掏空。普通淡水海绵外形展开或呈植物状，骨针为燧石质。

石灰质海绵通常呈杯形，分布于世界各地，从潮间带到 400 英寻（约 731.5 米）的海底都能发现它们的踪影。英国的潮池中也能发现一些石灰质海绵，它们附着在海藻的叶片上。

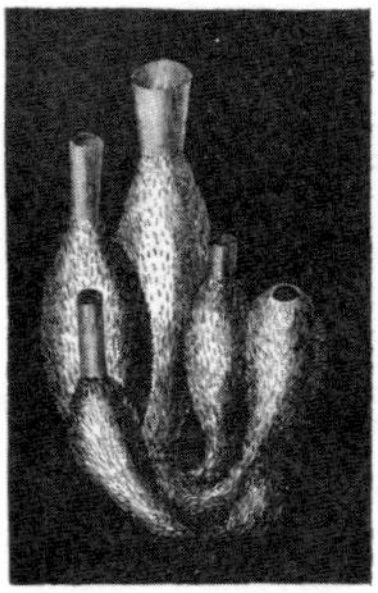

英国普通石灰质海绵

第三十章　最原始、最低等的动物

最原始、最低等的生物中，绝大多数都是非常微小的，就算能用肉眼识别，看起来也只像一粒粒在水中移动的黑点。由于我们最初发现并研究的这些微生物来自植物浸液，因此曾将其命名为“纤毛微生物”。其实许多地方都有它们的身影，有些生活在海洋里，有些藏身于沙滩和草叶中，有些活跃于苔藓和潮湿的土地上，还有一些寄生于高等动物。它们大多数由单个细胞组成，其中最低等的就像一粒微小的果冻。有些也由多个细胞组成，但这些细胞的功能完全相同，这些多细胞的简单生物连接着“单细胞生物”与“多细胞生物（从海绵到人类）”的巨大鸿沟。然而，所有高等动物的生命，最初都是从单细胞开始的。

眼虫属（放大）

在最简单的动物中，我们只需要注意那些具有纤毛或鞭毛的纤毛生物，以及与阿米巴虫十分相似的原生动物。原生动物的原生质向外流入手指状或螺纹状突起。纤毛动物和原生动物都活跃于池塘或溪流中，而原生动物在海洋中也大量存在。

眼虫为鲜绿色的微小斑点，前端为鞭状突起，被称为“鞭毛”，可使它们四处游动。或许有人好奇它们究竟有多小，记住，350 只眼虫首尾相连才能有书中的图片那么大。如果池塘中的水呈绿色，它们一定功不可没。无数纤毛虫相互联合，才能形成一团凝胶状物质，团藻便是通过这种方式形成的。团藻的结构就像手指插入空心橡胶球那样插入团藻的中心凹陷成的形状，也像最简单的海绵。我们需要用显微镜才能欣赏团藻的美丽。

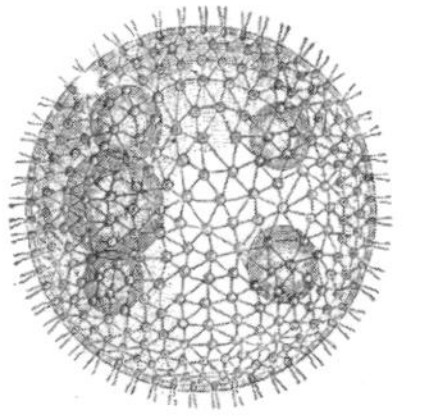

团藻

钟形虫

草履虫通过边缘纤维的移动而四处游动，并将食物颗粒推入“口”中——身体上的一个开口。

我们可以将钟形虫比作微小的杯子，杯子下有一根茎干，这些茎干可收缩和扩张。它们初成型时可自由游动，成熟后只有杯口边缘有纤毛，用于摄取食物。

喇叭虫形似邮递员的号角，但它们身体扭曲，用象征丰收的“丰饶角”来比喻或许更为贴切。这些小动物似乎想努力组成群落，但它们分泌的鞘中通常只能发现一只喇叭虫，偶尔有的鞘中有多只喇叭虫，它们的底部固定在胶状物质上，遇到干扰时会向下收缩。

夜光虫是海上磷光的来源之一。英国的海岸便聚集着无数这样的微生物，在风平浪静的夏日夜晚，海浪拍击海岸时闪闪发光的就是这些微小的生物。

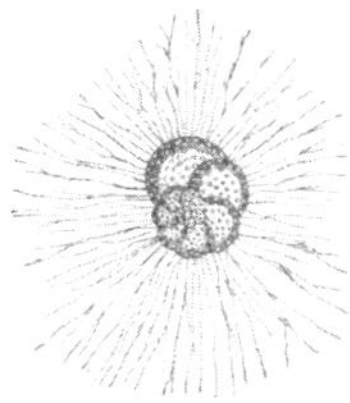

有孔虫

类似阿米巴虫的生物中，首先要提到的是太阳虫。它们是微小的胶状斑点，身体呈球形，均匀分布着刺状突起，用于摄入植物。约400只太阳虫首尾相接，大约长1英寸（2.54厘米），它们大量存在于池塘之中，海洋里也能发现它们的身影。

有孔虫大多生活在海洋中，外侧有壳，表面遍布无数只开口，就像单壳软体动物的口器。通过线状物质中的原生质寻找食物。外壳或为它们所收集的石灰、燧石或沙砾。有一种有孔虫以海绵骨针为外壳，长期伪装成海绵的模样。放射虫为海洋生物，拥有燧石状或角状骨骼，呈美丽的几何形状，它们寄居在生物体上，遍布于各个角落。

比有孔虫更简单的是阿米巴虫。它们没有外壳，表面的凸起较粗，呈手指状，聚成一团不可名状的生物质。人们曾认为阿米巴虫群落没有形状，但在显微镜下可看到这些生物质呈网状。它们吸收周围游动的微小动植物，用身体吸取其中的营养，排出无法消化的部分。

这些单细胞动物通过一分为二的简单分裂进行繁殖，它们的生命里并没有生与死。

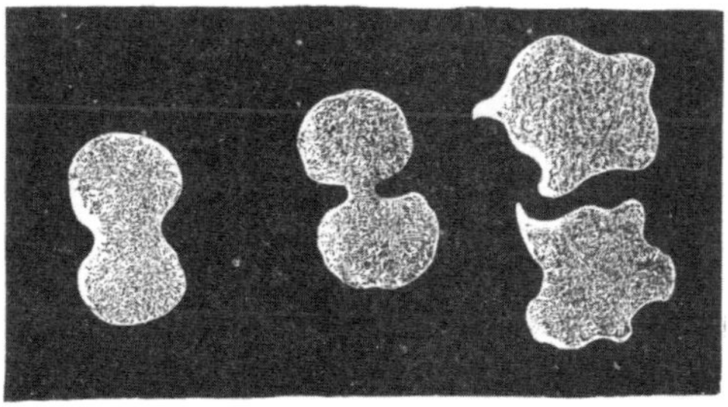

阿米巴虫分裂